# SpringerBriefs in Electrical and Computer Engineering

SpringerBriefs present concise summaries of cutting-edge research and practical applications across a wide spectrum of fields. Featuring compact volumes of 50–125 pages, the series covers a range of content from professional to academic. Typical topics might include: timely report of state-of-the art analytical techniques, a bridge between new research results, as published in journal articles, and a contextual literature review, a snapshot of a hot or emerging topic, an in-depth case study or clinical example and a presentation of core concepts that students must understand in order to make independent contributions.

More information about this series at http://www.springer.com/series/10059

Nuno Pereira • Nuno Paulino

# Design and Implementation of Sigma Delta Modulators (ΣΔM) for Class D Audio Amplifiers Using Differential Pairs

 Springer

Nuno Pereira
Faculdade de Ciências e Tecnologia
UNINOVA
Caparica
Portugal

Nuno Paulino
Department of Electrical Engineering
UNINOVA
Caparica
Portugal

ISSN 2191-8112           ISSN 2191-8120 (electronic)
SpringerBriefs in Electrical and Computer Engineering
ISBN 978-3-319-11637-2           ISBN 978-3-319-11638-9 (eBook)
DOI 10.1007/978-3-319-11638-9

Library of Congress Control Number: 2014957621

Springer Cham Heidelberg New York Dordrecht London

Printed on acid-free paper

Springer is part of Springer Science+Business Media (www.springer.com)

*To our families*

# Preface

Sigma-Delta Modulators ($\Sigma\Delta$M) have gained a lot of ground over the last several years as one of the premier solutions in signal conversion, for low frequency, high-resolution applications. $\Sigma\Delta$Ms use negative feedback to reduce the quantization error, where a filter circuit is placed before the quantizer in order to define the frequency band where the quantization error is attenuated.

This filter is traditionally built using ideal integrator stages, implemented with operational amplifiers (OpAmps) in an integrator configuration. These OpAmps require a large DC gain and bandwidth in order for the behaviour of the integrator circuits to be close to the ideal integrator behaviour. If the $\Sigma\Delta$M is built using discrete components in a Continuous-Time (CT) design, it is difficult to find fully differential OpAmps, resulting in a circuit that uses a single ended topology with all the disadvantages associated.

The work reported in this book focuses on the design of a 3rd Order CT-$\Sigma\Delta$M where the integrator stages of the filter are implemented with Bipolar-Junction Transistors (BJT) differential pairs. By replacing the OpAmps with differential pairs, it is possible to build an equivalent filter circuit for the $\Sigma\Delta$M using lossy integrators. The finite gain and bandwidth of the differential pairs can be accommodated during the filter design process.

Both 1-bit and 1.5-bit quantization are studied, as well as the effect of spreading the zeros of the CT-$\Sigma\Delta$M along the signal bandwidth. Electrical simulations and experimental results validate the feasibility of the proposed design and demonstrate that it is possible to design a CT fully-differential BJT-based $\Sigma\Delta$M with a performance fairly similar to that of a OpAmp-based $\Sigma\Delta$M, without an increase in power dissipation and area.

# Acknowledgements

We would like to thank several people, who, through their support and work, improved the design of some of the circuits presented in this book and enhanced the quality of the text of some chapters. These people, in no particular order, are: Prof. Luís Oliveira, Prof. João Goes and Prof. Rui Tavares.

We would also like to thank all our colleagues and friends at the research lab, especially João de Melo and Pedro Leitão.

Lastly, we would like to thank the Department of Electrical Engineering of the Faculdade de Ciências e Tecnologia of the Universidade Nova de Lisboa and CTS-UNINOVA, which, through projects PEst-OE/EEI/UI0066/2014 and DISRUPTIVE (EXCL/EEI-ELC/0261/2012), financed the trips to all conferences, workshops, and cooperations, where some of the work developed in this book was presented.

# Contents

# Acronyms

| | |
|---|---|
| $\Sigma\Delta$M | Sigma Delta Modulator |
| A/D | Analog/Digital |
| ADC | Analog-to-Digital Converter |
| BJT | Bipolar-Junction-Transistor |
| BTL | Bridge-Tied-Load |
| CIFF | Cascade of Integrators Feedforward |
| CIFB | Cascade of Integrators Feedback |
| CMRR | Common-Mode Rejection Ratio |
| CRFF | Cascade of Resonators Feedforward |
| CRFB | Cascade of Resonators Feedback |
| CT | Continuous Time |
| D/A | Digital/Analog |
| DAC | Digital-to-Analog Converter |
| DC | Direct Current |
| DR | Dynamic Range |
| DT | Discrete Time |
| EMI | Electromagnetic Interference |
| FFD | Flip-Flop D-type |
| FFT | Fast Fourier Transform |
| GBW | Gain Bandwidth Product |
| IC | Integrated Circuit |
| KCL | Kirchhoff's Current Law |
| NTF | Noise Transfer Function |
| OpAmp | Operational Amplifier |
| OSR | Oversampling Ratio |
| PCB | Printed Circuit Board |
| PDM | Pulse Density Modulation |
| PSSR | Power Supply Rejection Ratio |
| PWM | Pulse Width Modulation |
| SC | Switched Capacitor |
| SNDR | Signal-to-Noise-plus-Distortion Ratio |
| SNR | Signal-to-Noise Ratio |
| STF | Signal Transfer Function |
| THD | Total Harmonic Distortion |

# Chapter 1
# Introduction

## 1.1 Background and Motivation

Over the years, there is a growing concern with the energy efficiency of electronic appliances, due to the global sustainability issue. Audio amplifiers are one example where the efficiency can be improved. Class D amplifiers, due to their output power devices operating as switches, can reach an efficiency of 100% in theory. The main goal of this book is to study and develop a CT-$\Sigma\Delta$M for use in a Class D full-bridge audio power amplifier, where the CT integrators are based on bipolar junction-transistor (BJT) differential pairs.

In Class D amplifiers the output power devices operate as switches, and therefore an efficiency of 100 % can be reached in theory [7, 8]. Thus, Class D amplifiers pose themselves as the best solution in terms of efficiency for audio power amplifiers.

In order to generate the digital control signal for the power output devices of a Class D amplifier, it is necessary to convert the input analog signal into a digital signal. Thus, an Analog-to-Digital Converter (ADC) is employed. Sigma-Delta Modulators ($\Sigma\Delta$M), given their native linearity, robust analog implementation and reduced anti-aliasing filtering requirements, are the best option for low frequency, high-resolution applications [9, 10].

Continuous-Time (CT) implementations of $\Sigma\Delta$M have come a long way in recent years and present some advantages over pipeline ADCs, which many thought were the only conversion technique available for high dynamic performance, sub-100 Mega-samples per second applications. Some of these advantages are the inherent anti-aliasing filtering (reducing/eliminating the need for an external Anti-Aliasing Filter) and low power operation.

The main goal of this book is to study and develop a CT-$\Sigma\Delta$M for use in a Class D full-bridge audio power amplifier, where the CT integrators are based on bipolar-junction-transistor (BJT) differential pairs. By relying on simple gain blocks (instead of operational amplifiers) to build the loop filter, a simpler overall circuit with lower power dissipation is obtained. The non-ideal effects, such as the low gain and finite bandwidth of the differential pairs, are embedded in the loop filter transfer function. Although this leads to a more difficult design process, this problem can be solved

© Springer International Publishing Switzerland 2015
N. Pereira, N. Paulino, *Design and Implementation of Sigma Delta Modulators*
*(ΣΔM) for Class D Audio Amplifiers using Differential Pairs*,
SpringerBriefs in Electrical and Computer Engineering, DOI 10.1007/978-3-319-11638-9_1

through the use of a optimization procedure based on genetic algorithms, proposed in [6].

Since these Differential Pairs and most of the circuit will be designed using discrete components, BJTs are used instead of MOSFETs, largely in part due to their high transconductance, robustness against electrostatic discharge and lower cost.

## 1.2 Main Contributions

The main contribution behind this book is the implementation of a robust and high-performance CT-$\Sigma\Delta$M based on simple circuitry, recurring to BJT Differential Pairs to implement the integrator stages.

This is done instead of using traditional OpAmps in an integrator configuration, which are more expensive and sometimes not very efficient. The finite gain and bandwidth of these differential pairs are accommodated during the design process.

Also, by designing the integrator stages based on differential pairs, a fully-differential topology can be obtained from scratch without the use of a balun circuitry.

A paper resulted from the developed research work:

Nuno Pereira, João L. A. de Melo and Nuno Paulino. "Design of a 3rd Order 1.5-Bit Continuous-Time Fully Differential Sigma-Delta ($\Sigma\Delta$) Modulator Optimized for a Class D Audio Amplifier Using Differential Pairs", presented at the 4th Doctoral Conference on Computing, Electrical and Industrial Systems (DoCEIS 2013), Caparica, April 2013. [21].

## 1.3 Book Organization

Besides this introductory chapter, this book is organized in four more chapters:

Chapter 2 - Class D Audio Amplifiers and Data Conversion Fundamentals
  In this chapter, a brief theoretical overview of Class D Audio Amplifiers and Signal Conversion is presented. The main building blocks of the former, as well as its advantages and disadvantages, are described. Regarding the latter, the sampling and quantization concepts are explained, ultimately leading to the Nyquist-Shannon Theorem. The theory behind quantization noise and oversampling is presented as background to the topic presented next in this chapter, $\Sigma\Delta$ Modulation. Finally, the last section of this chapter focus on the analysis of several $\Sigma\Delta$M architectures. The constituting blocks are shown and their signal and noise transfer functions are determined. Also, the 1.5-bit quantization advantages are exploited.
Chapter 3 - Implementation of the $\Sigma\Delta$M
  After selecting the appropriate architecture at the end of Chap. 2, its implementation is explained in this chapter. Two different integrator stages are proposed,

through the use of Operational Amplifiers (OpAmps) or Differential Pairs. In each case, a thorough analysis is made, equations are drawn and the advantages/disadvantages of each implementation are presented. Next, the design of the ADC is realized, through the implementation of the quantizer and the encoding logic. Finally, electrical simulations are performed and the overall performance of several $\Sigma\Delta$Ms is evaluated.

Chapter 4 - Measured Prototypes and Experimental Results

In Chap. 4, the performance of two $\Sigma\Delta$Ms, where their integrator stages are implemented with BJT differential pairs, is evaluated through two prototypes and the experimental results obtained. The main difference between these two prototypes is the use of 1-bit quantization in one and 1.5-bit quantization on the other. Considerations are drawn over the results obtained.

Chapter 5 - Conclusions and Future Work

In the fifth and last chapter, a discussion of the obtained results is performed and conclusions revolving around this work are drawn.

# Chapter 2
# Class D Audio Amplifiers and Data Conversion Fundamentals

**Abstract** This chapter provides a theoretical overview of the relevant aspects addressed in this book. Therefore, its purpose is to cover all aspects of the developed work. First, a brief presentation of Class D audio amplifiers is made. The reasons behind its high theoretical efficiency, in regards to traditional audio amplifiers, are presented. Also, the most common issues with Class D amplifiers are also discussed. Afterwards, the main concepts behind signal conversion in general and $\Sigma\Delta M$ in particular are addressed. These include the matters of Sampling, Oversampling and Quantization. The advantages of Oversampling over Nyquist Sampling are given. A comparison between CT and DT designs is performed, the noise-shaping concept is defined and the known stability issues of $\Sigma\Delta Ms$ are addressed. Finally, an analysis of several $\Sigma\Delta M$ architectures is performed as well as the use of 1.5-bit quantization.

## 2.1 Class D Audio Amplifiers

Audio amplifiers are used to amplify input audio signals in order to drive output elements (like speakers) with suitable volume and power levels, with low distortion. These amplifiers must have a good frequency response over the range of frequencies of the human ear (20 Hz to 20 kHz).

Power is dissipated in all linear output stages, because the process of generating the output signal unavoidably causes non-zero voltages and currents in at least one output transistor. The amount of power dissipation strongly depends on the method used to bias the output transistors.

Traditional Class A audio amplifiers have a maximum efficiency of about 25 % (50 % if inductive coupling is used), which is considerably low. Class B audio amplifiers can reach an efficiency of 78.5 % (theoretically), but have known disadvantages (cross-over distortion being the main one). The combination of both, Class AB audio amplifiers, can reach a similar efficiency, while practically eliminating the crossover [13].

In a Class D amplifier, the output transistors are operated as switches. They are either fully on (the voltage across it is small, ideally zero) or fully off (the current through it is zero). This leads to very low power dissipation, which results in high efficiency (ranging from 90 % to 100 % [7, 8]).

The basic block diagram of a Class D amplifier is shown in Fig. 2.1.

© Springer International Publishing Switzerland 2015                                    5
N. Pereira, N. Paulino, *Design and Implementation of Sigma Delta Modulators*
*(ΣΔM) for Class D Audio Amplifiers using Differential Pairs,*
SpringerBriefs in Electrical and Computer Engineering, DOI 10.1007/978-3-319-11638-9_2

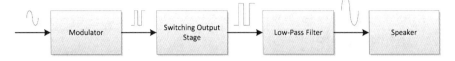

**Fig. 2.1** Class D amplifier block diagram

**Fig. 2.2** Half-bridge output
stage

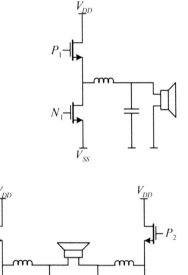

**Fig. 2.3** Bridge-tied-load
output stage

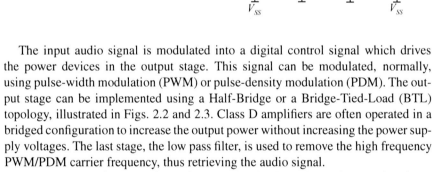

The input audio signal is modulated into a digital control signal which drives
the power devices in the output stage. This signal can be modulated, normally,
using pulse-width modulation (PWM) or pulse-density modulation (PDM). The output stage can be implemented using a Half-Bridge or a Bridge-Tied-Load (BTL)
topology, illustrated in Figs. 2.2 and 2.3. Class D amplifiers are often operated in a
bridged configuration to increase the output power without increasing the power supply voltages. The last stage, the low pass filter, is used to remove the high frequency
PWM/PDM carrier frequency, thus retrieving the audio signal.

In a BTL amplifer, both sides of the speaker load are driven in opposite phase.
Thus, a single supply can be used, while doubling the voltage swing across the load,
yielding four times more output power than a Half-Bridge amplifier. Since this is
a balanced operation, even order distortion is cancelled. However, a BTL amplifier
needs twice the number of power switches and inductors [8].

Concerning the Half-Bridge amplifier, since it is a single-ended circuit the output signal contains a Direct-Current (DC) component with a $\frac{V_{cc}}{2}$ amplitude that might damage the speaker due to the high output power. Moreover, in the Half-Bridge Class D amplifier the energy flow can be bi-directional, which leads to the *Bus pumping* phenomena that causes the bus capacitors to be charged up by the energy flow from the load back to the supply. This occurs mainly at low audio frequencies and can be limited by adding large decoupling capacitors between both supply voltages ($V_{cc}$ and $V_{ss}$, the latter being typically ground) [15].

Considering both topologies, the BTL output stage is often used as the primary solution for high quality audio applications since it provides superior audio performance and output power. Nevertheless, neither topology can reach a power efficiency of 100 % in reality since there is always switching and conduction losses that need to be considered and that limit the output stage's power efficiency.

A problem called *shoot-through* can reduce the efficiency of class-D amplifiers and lead to potential failure of the output devices [8, 15]. This results from the simultaneous conduction of both output stage's complementary transistors (when one is being "turned off" and the other is "turned on"), during which a low impedance path between $V_{cc}$ and $V_{ss}$ is created, leading to a large current pulse that flows between the two. This is caused by each transistor's response time, which is never immediate. The power loss that comes from shoot-through is given by

$$P_{ST} = I_{ST} \cdot (V_{cc} - V_{ss}), \qquad (2.1)$$

where $I_{ST}$ is the average current that flows through both transistors. This can be eliminated by driving the output stage transistors with non-overlapping signals, avoiding simultaneous conduction.

The high switching frequency used in class-D amplifiers is a potential source of RF interference with other electronic equipment. The amplifiers must be properly shielded and grounded to prevent radiation of the switching harmonics. In addition, low-pass filters must be used on all input and output leads, including the power supply leads [8].

Another concern related to the use of Class D audio amplifiers is their Power Supply Rejection Ratio (PSRR). Due to the very low resistance that the output stage transistors have when connecting the power supplies to the low-pass filter, there is little to no isolation to any noise or voltage variation from these sources. If this problem is not properly addressed, the output signal will present a considerable level of distortion. A way of taming this problem is through the use of feedback directly from the output stage [16].

The pulses from the modulator and output stage contain not only the desired audio signal but also significant high-frequency energy (originated in the modulation process). As stated before, the low-pass filter removes this high frequency, allowing the speaker to be driven without such energy, thus minimizing the electromagnetic interference (EMI). If the modulation technique used is PWM, EMI is produced within the AM radio band. However, if PDM is employed (by a $\Sigma\Delta M$) much of the high-frequency energy will be distributed over a wide range of frequencies. Therefore, $\Sigma\Delta M$ present a potential EMI advantage over PWM [15].

**Fig. 2.4** Sampling and
quantizing the x(t) input
signal

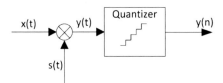

## 2.2  Signal Conversion Fundamentals

In this section, the ADCs theoretical behaviour will be presented. Most of the information presented is also valid for Digital-to-Analog Converters (DACs). Both sample an input signal at a certain sampling frequency and convert it to a bitstream. For ADCs, the input signal is analog and the resulting bitstream is the digital representation of the analog signal. In the DACs case, the input signal is digitally represented by an $N$ bit word, which is converted into a bitstream (that is a digital representation of the input signal as well) that is then applied to a filter that recovers the analog version of the input signal.

Signal conversion in ADCs is performed when an analog input signal is transformed into a digital output signal. Since an analog signal can assume infinite values in a finite time interval and it is impossible to process infinite samples, it is necessary to acquire a finite number of values. This is done by *sampling* the analog signal (usually with a constant sampling period $T_s$) and *quantizing* its amplitude (so that it assumes one of a finite number of values) [10]. A representation is shown in Fig. 2.4, where x(t) is the input signal, s(t) the sampling function and y(t) the output signal.

The output signal is a result of the product of the input signal by the sampling function (Eq. 2.2).

$$y(t) = x(t) \cdot s(t) \tag{2.2}$$

This sampling function is a periodic pulse train (Eq. 2.3), where $\delta(t)$ is the Dirac delta function and $T_s$ is the sampling interval.

$$s(t) = \sum_{n=-\infty}^{+\infty} \delta(t - nT_s) \tag{2.3}$$

The Fourier transform of a periodic impulse train is another periodic impulse train. Thus,

$$S(j\omega) = \frac{2\pi}{T_s} \sum_{k=-\infty}^{+\infty} \delta\left(\omega - k\frac{2\pi}{T_s}\right) \tag{2.4}$$

From Eq. 2.2, since the multiplication procedure in the time domain is the equivalent of performing a convolution in the frequency domain, it is possible to write Eq. 2.5.

$$Y(j\omega) = \frac{1}{2\pi} X(j\omega) \bigotimes S(j\omega) = \frac{1}{T} \sum_{k=-\infty}^{+\infty} X\left(j\omega - \frac{jk2\pi}{T_s}\right) \tag{2.5}$$

**Fig. 2.5** Sampling process in the time domain

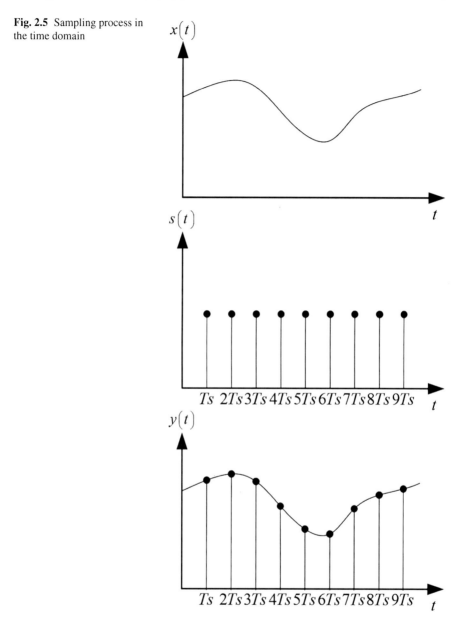

Figures 2.5 and 2.6 illustrate the sampling process in the time and frequency domain respectively. Concerning Fig. 2.5, x(t) represents the input signal, s(t) the sampling function (Dirac pulses) and y(t) the sampled signal. In regards to Fig. 2.6, the spectrum of the input signal X(f), the sampling signal S(f) and the sampled output Y(f) are shown.

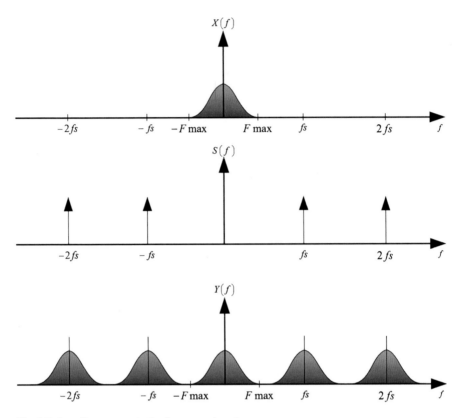

**Fig. 2.6** Sampling process in the frequency domain

The spectrum separation between each spectral repetition of the input signal depends directly on the sampling frequency $\left( f_s = \frac{1}{T_s} \right)$, as Eq. 2.5 shows. Thus, smaller sampling frequencies narrow the gap between each spectral repetition. If $f_s$ is too low, an effect called *aliasing* occurs (shown in Fig. 2.7). This refers to a high-frequency component in the spectrum of the input signal apparently taking on the identity of a lower frequency in the spectrum of a sampled version of the signal (espectral overlap). Figure 2.7 shows that it is impossible to recover the original input spectrum without distortion, due to *aliasing* [9, 11, 14].

In order to avoid this effect, as stated by the *Nyquist-Shannon Theorem* [9], a signal can be sampled with no loss of information if the sampling frequency ($f_s$) is at least two times higher than the maximum signal frequency ($B$)[1]. This sampling

---

[1] This can be enforced if a low pass pre-alias filter is used, prior to sampling, to attenuate the high-frequency components of the signal that lie outside the band of interest.

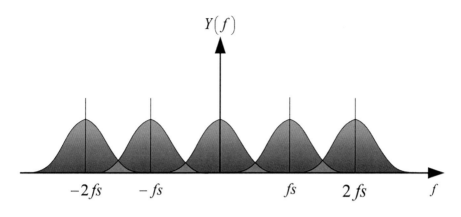

**Fig. 2.7** Aliasing effect

frequency is called the Nyquist Frequency ($f_N$):

$$f_N = 2 \cdot B \qquad (2.6)$$

It is possible to recover the original signal through the use of an ideal low pass filter with a cut-off frequency of $B$.

Data converters that use $f_s = 2 \cdot B$ are called Nyquist converters, while converters that use sampling frequencies that are greater than two times the maximum signal frequency ($f_s \gg 2 \cdot B$) are called Oversampling converters. The latter will be further explored in Sect. 2.4.

Data converters in general have common performance metrics, which are usually classified in two categories: static and dynamic. The latter can be further subdivided into spectral, frequency domain and power metrics [18]. Those most used to evaluate the overall performance of a $\Sigma\Delta$M and used in this work are briefly discussed below.

- **Signal-to-Noise Ratio (SNR):** The SNR of a converter is given by the ratio of the signal power to the noise power at the output of said converter, for a certain input amplitude. It doesn't take into account the harmonically related signal components.
- **Signal-to-Noise-and-Distortion Ratio (SNDR):** The SNDR of a converter is the ratio of the signal power to the noise and all distortion power components. Thus, it takes into account several of the harmonics (at least the 2nd and the 3rd harmonic) that lie inside the band of interest.
- **Dynamic Range (DR):** The range of signal amplitudes over which the structure operates correctly, i.e. within acceptable limits of distortion. It is determined by the maximum amplitude input signal and by the smallest detectable input signal.
- **Total Harmonic Distortion (THD):** Ratio of the sum of the signal power of all harmonic frequencies above the fundamental frequency to the power of the fundamental frequency. The harmonic distortion generated by a specific $n^{th}$ harmonic can also be determined and is given by the ratio between the signal power and the power of the distortion component at that $n^{th}$ harmonic of the signal frequency.

**Fig. 2.8** Quantizing characteristic

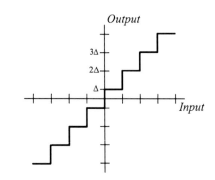

## 2.3   Quantization Noise

The Nyquist-Shannon Theorem ensures that if the sampling frequency is at least two times the signal bandwidth, no distortion will be introduced. The same cannot be said about quantization. While sampling concerns time, quantization deals with amplitude [11].

After the samples of the analog input signal are acquired (through sampling), they must then be converted into a digital signal. This is done through the quantizing process. It has a staircase characteristic (shown in Fig. 2.8) and the difference between two adjacent quantized values is called *step size* ($\Delta$). For large input values the quantizer output may saturate. The conversion range for which the quantizer doesn't overload is referred as the full scale ($FS$) range of the quantizer. A quantizer with a $N$ number of bits, can represent up to $2^N$ amplitude levels, resulting in a $\Delta$ given by

$$\Delta = \frac{FS}{2^N} \tag{2.7}$$

All input values will be rounded off to the nearest corresponding amplitude level, when applied to a quantizer with such characteristic (Fig. 2.8). Since these amplitude levels cannot possibly be exactly equal to each input value, there is always some error associated with the quantizing process [10, 11, 14]. This error is called *Quantization Error* $(q_e)$[2]. Also, since the input and output range of the quantizer are not necessarily equal, the quantizer can show a non-unity gain $k$.

From Fig. 2.8, it's apparent that this quantization error has a maximum value of $\frac{\Delta}{2}$ and the total range of variation of this error is distributed over a range of values that go from $-\frac{\Delta}{2}$ to $+\frac{\Delta}{2}$ [10, 11]. Since the quantization error is considered a random process, uncorrelated with the input signal, it can be regarded as white noise, spread across the considered range with equal likelihood.

---

[2] If the input signal exceeds the valid input range of the quantizer, the result is a monotonously increasing quantization error.

**Fig. 2.9** Spectral density of
quantization noise when
using oversampling

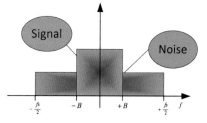

The average power of $q_e$ ($P_{q_e}$) can thus be determined by averaging $q_e^2$ over all possible values of $q_e$, as follows

$$P_{q_e} = \frac{1}{\Delta} \int_{-\Delta/2}^{\Delta/2} q_e^2 \, dq_e = \frac{\Delta^2}{12} \qquad (2.8)$$

From Fig. 2.8, the higher the resolution of the quantizer, the smaller $\Delta$ is. Thus, by increasing the number of bits ($N$) of the quantizer, the noise power decreases. Specifically, for each additional bit in the quantizer, the noise power decreases by 6.02 dB [9–11]. Hence the SNR is increased by 6 dB.

When a signal is sampled at a frequency $f_s$, the quantization noise distribution is uniform along the frequency range $\left[-\frac{f_s}{2}; +\frac{f_s}{2}\right]$, since it is considered white noise. Thus, the spectral noise power distribution is given by Eq. 2.9.

$$E(f) = \frac{\frac{\Delta^2}{12}}{f_s} = \frac{\Delta^2}{12 \cdot f_s} \qquad (2.9)$$

It is clear from Eq. 2.9 that an increase of the sampling frequency will result in the quantization noise being spread over a wider band, thus reducing the noise in the band of interest, as shown in Fig. 2.9. This is one of the major advantages of using a sampling frequency higher than the Nyquist Frequency (in other words, using oversampling).

## 2.4 Oversampling

In many applications, such as digital audio, high resolution and linearity are required. Most standard Nyquist converters cannot provide the accuracy needed, and those that do, are too slow for signal-processing applications. Oversampling converters are capable of trading conversion time for resolution, by using simple high-tolerance analog components. Nevertheless, they require fast and complex digital signal processing stages [10, 11].

This tradeoff becomes acceptable since high-speed digital circuitry can be easily manufactured in less area, while high-resolution analog circuitry is harder to realize due to low power-supply voltages and poor transistor output impedance caused by short-channel effects [9].

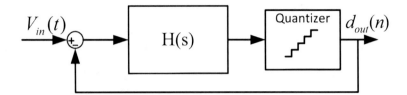

**Fig. 2.10** Block diagram of a generic CT-$\Sigma\Delta$M

For an input signal bandlimited to $B$, oversampling occurs when $f_s$ is higher than two times $B$ ($2B$ being the Nyquist frequency). The ratio between $f_s$ and the Nyquist frequency is called Oversampling Ratio (OSR) [11] and is given by

$$OSR = \frac{f_s}{2B} \tag{2.10}$$

From Eq. 2.10, $f_s = 2 \cdot B \cdot OSR$. Applying it to Eq. 2.9 leads to Eq. 2.11,

$$E(f) = \frac{\frac{\Delta^2}{12}}{2 \cdot B \cdot OSR} = \frac{\Delta^2}{24 \cdot B \cdot OSR} \tag{2.11}$$

Equation 2.11 shows that if the OSR is doubled (i.e., sampling at twice the rate), the spectral noise power decreases by 3 dB.

As seen in Sect. 2.1, to recover the information from the sampled signal, a low pass filter is used to remove the spectral repetitions. This low-pass filter requires a sharp cut-off frequency response when Nyquist converters are used, since they cause the spectral repetitions to be very close to each other. This is another advantage of Oversampling converters: by using greater sampling frequencies, the spectral repetitions are more distant from one another. Therefore, simpler filters can be used.

Since the audio band is composed by low frequencies (ranging approximately from 20 Hz to 20 kHz), the use of Oversampling converters in audio applications should not pose a problem since today's electronics maximum frequency can be very high (up to GHz). However, due to the parasitics of the output stage, $f_s$ should not be very high (above 2 MHz) in order to achieve high efficiency.

## 2.5  Continuous-Time (CT) Sigma-Delta Modulators ($\Sigma\Delta$M)

The block diagram of a generic $\Sigma\Delta$M is shown in Fig. 2.10. It's composed of a certain filter (typically designated as the *loop filter*) with a $H(s)$ transfer function, followed by the quantizer and a feedback loop.

In the last decades most of the work regarding $\Sigma\Delta$M has been realized in discrete-time (DT) circuits, through a switched-capacitor (SC) implementation. DT-$\Sigma\Delta$M are used due to the design ease of SC filters and the high degree of linearity obtained in the circuits realized. However, the design of CT-$\Sigma\Delta$M is also feasible. In fact, $\Sigma\Delta$M was first proposed in the 1960s [19] through a CT implementation. CT-$\Sigma\Delta$Ms can be distinguished from their discrete-time counterparts by the following:

- **Sampling Operation**: In CT-$\Sigma\Delta$M, the sampling operation takes place inside the $\Sigma\Delta$ loop, whereas in the DT-$\Sigma\Delta$M a sample-and-hold circuit is placed before the input of the converter. Therefore, all the non-idealities of the sampling process are included, when using a CT-$\Sigma\Delta$M. However, as it will be shown next, the errors inside the loop of a CT-$\Sigma\Delta$M are filtered out. Moreover, the use of a CT-$\Sigma\Delta$M can result in some kind of implicit antialiasing filtering, making unnecessary the use of a pre-alias filter. In regards to the DT case, every error that the sample-and-hold circuit generates is added to the input signal. Concerning clock jitter, CT-$\Sigma\Delta$Ms are more susceptible to timing errors and the resulting SNR can be degraded, unlike DT-$\Sigma\Delta$Ms who use SC circuits to realize the loop filter. However, the sampled noise may be aliased if the switch and capacitance time constant are much smaller than the sampling period. Therefore, the gain-bandwidth product (GBW) of the loop filter amplifiers in a DT-$\Sigma\Delta$M realization limits the sampling frequency used.
- **Filter Realization**: As it will be explained ahead in this section, the loop filter is typically implemented with integrators (which can be DT or CT). While in DT implementations, based on SC circuits, the gain is determined by a capacitor ratio and is very precise, CT integrator gains typically depend on a RC or gmC product. These are subject to large process dependent variations, that may lead to mismatches and, in worst case, an unstable system. Also, the non-linearity of the passive/active components used contributes to the harmonic distortion at the modulator output. In CT-$\Sigma\Delta$Ms, the first stage generally defines the overall accuracy of the system.
- **Quantizer Realization**: In both DT and CT implementations, the non-idealities of the quantization process are averaged out, since the quantizer resides within the feedback loop. However, the decision time of the quantizer has a different influence for each implementation: CT-$\Sigma\Delta$Ms ideally require a very fast quantization since the result is needed right away to generate the correct CT feedback signal. DT systems, on the flip side, allow this decision time to last until half of a sampling period.
- **Feedback Realization**: In the DT system the feedback signal is applied by charging a capacitor to a reference voltage and discharging it onto the integrating capacitance, while in the CT realization the feedback waveform is integrated over time. Therefore, CT-$\Sigma\Delta$Ms are sensitive to every mismatch on the feedback waveform that may occur, due to clock jitter or loop delay, for example. Nevertheless, there are a set of solutions to overcome this problem [2, 1].

These differences and many more that distinguish DT and CT-$\Sigma\Delta$Ms are presented and exploited in literature [10, 11, 18]. Table 2.1 highlights the main ones.

In order to analyse the theoretical behaviour of a CT-$\Sigma\Delta$M, a linear model of the block diagram presented in Fig. 2.10 is shown in Fig. 2.11. Since quantization is a non-linear operation (thus impossible to include directly in the model), the model is

**Table 2.1** Main differences between CT and DT $\Sigma\Delta$Ms

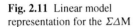

|  | CT-$\Sigma\Delta$M | DT-$\Sigma\Delta$M |
|---|---|---|
| Sampling frequency | Not very sensitive to the amplifiers GBW | Limited by the GBW of loop filter amplifiers |
| Power consumption | Lower | Higher |
| Anti-aliasing | Inherent | External filter needed |
| Sampling errors | Shaped by the loop filter | Appear directly at the ADC output |
| Clock jitter | Sensitive | Robust |
| Process variations | Sensitive | Accurate |

**Fig. 2.11** Linear model representation for the $\Sigma\Delta$M

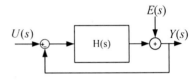

shown having two independent inputs, the quantized input signal and the quantization error (the latter is perceived as noise).

Two separate transfer functions can be derived from Fig. 2.11. *STF* concerns the signal transfer function, while *NTF* represents the noise transfer function.

$$S_{TF}(s) = \frac{Y(s)}{U(s)} = \frac{H(s)}{1 + H(s)} \tag{2.12}$$

$$N_{TF}(s) = \frac{Y(s)}{E(s)} = \frac{1}{1 + H(s)} \tag{2.13}$$

Equation 2.13 shows that when $H(s)$ goes to infinity, *NTF* goes to zero. This is due to the feedback loop, capable of averaging out the quantization error, since it is fed back negatively. Therefore, it's possible to greatly attenuate the noise over the frequency band of interest, while leaving the signal itself unaffected, by choosing $H(s)$ such that it has a large gain over the signal band. This process is called *noise-shaping* [9]. The use of noise-shaping applied to oversampling signals is commonly referred to as $\Sigma\Delta$ modulation. It refers to the process of calculating the difference ($\Delta$) between both the output and the input signal and then integrating ($\Sigma$) it [9, 11].

To perform noise-shaping, *NTF(s)* should have a zero at dc (i.e., s = 0) so that it has a high-pass frequency response. Since the zeros of *NTF* correspond to the poles of $H(s)$, letting $H(s)$ be a continuous-time integrator (having a pole at s = 0) allows the *NTF* to present such response, as shown in Eqs. 2.14 and 2.15. For a single stage $\Sigma\Delta$M, this results in a noise-shaping with a + 20 dB/dec slope.

$$S_{TF}(s) = \frac{1}{s + 1} \tag{2.14}$$

$$N_{TF}(s) = \frac{s}{s + 1} \tag{2.15}$$

Equations. 2.14 and 2.15 also show that the use of integrators allows the *STF* to have unitary gain. Thus, the quantization noise is reduced over the frequency band of interest and the signal is left largely unaffected. Therefore, a greater SNR/SNDR can be achieved, as desired. A $\Sigma\Delta$M can be implemented through a cascade of integrator stages. For each stage, the noise-shaping slope increases by $+20$ dB/dec [10].

To design the *NTF* of the loop filter, several noise-shaping functions can be used. The most common are the Butterworth High-Pass response and the Inverse Chebyshev High-Pass Response (although others could be used, like pure differentiators [11]).

Intuition would lead to think that in order to nearly eliminate the noise from the frequency band of interest, all that is needed to do is to add further integrator stages. However, this cannot be done in a direct fashion.

Through all the advantages that $\Sigma\Delta$M bring, as all systems employing feedback they present some *stability* issues that need to be addressed. These issues are justified, since each integrator stage adds a -90 phase shift. Thus, $\Sigma\Delta$Ms can become unstable whenever the loop filter order is larger than 2.

Unfortunately, there is no certain solution for the stability issues of the $\Sigma\Delta$Ms, since they include a quantizer, which is a non-linear element. Therefore, circuit designers usually follow a *rule of thumb* (Lee's Criterion), which states that the peak frequency response gain of the *NTF* should be less than 1.5 [10, 11]. In mathematical terms,

$$\left| N_{TF}(e^{j\omega}) \right| \leq 1.5 \qquad (2.16)$$

for $0 \leq \omega \leq \pi$. This *rule* is not mandatory, as its value may range from 1.3 to 1.8 depending, but not limited, to the order of the modulator.

Another way of performing a stability analysis of the system is through the use of the root-locus graph. As with any CT system, the poles must be positioned on the left-half of the complex plane and should not cross over to the right-half of the imaginary axis. Each integrator stage of the $\Sigma\Delta$M adds a pole at the origin. It's shown in [18, 17] that each of these poles moves directly into the right-half plane, if a linear model is used and the quantizer is modelled as $ke^{s\theta}$ (where $k$ is the quantizer gain and $\theta$ the phase shift), for any value of $k$ and $\theta$.

Hence, to stabilize the $\Sigma\Delta$M, a zero (or more than one) can be introduced in the loop filter transfer function to counter the -90 phase shift that each pole of each integrator stage causes. This allows the $\Sigma\Delta$M to be stable for a certain quantizer gain $k$ where the poles are placed in the left-half plane, and can be achieved through feedforward or feedback compensation which can be implemented through several architectures (that in turn implement the noise-shaping functions). These are explored in Sect. 2.6. Also, the amplitude of the input signal should not be too large since it may push the poles to non-stable regions [10, 11, 17].

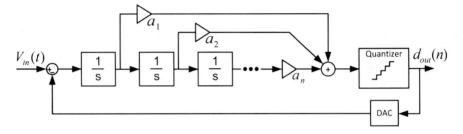

**Fig. 2.12** Block diagram of a $n^{th}$ order $\Sigma\Delta$M with distributed feedforward

## 2.6   Analysis of the $\Sigma\Delta$M Architecture

In this section, the design of the loop filter of the $\Sigma\Delta$M through several architecture options is presented. Both feedforward and feedback techniques are described, and a comparison between the two is made. Although both techniques provide the same *NTF*, they have different signal transfer characteristics. As seen in Sect. 2.5, the *NTF* determines how much of the quantization noise is attenuated, thus determining the overall SNDR of the converter. Furthermore, the increase of the quantizer's resolution by 0.5 bit (from traditional 1-bit to 1.5-bit quantization) is discussed and its major advantages presented.

### 2.6.1   Feedforward Summation

The first topology that is subject of analysis is one in which a cascade of several integrators is put together, where a fraction of the output of each integrator stage is added to the output of the last stage, by means of a weighted feedforward path. It is commonly known as a cascade of integrators with feedforward (CIFF) structure.

The block diagram of a $n^{th}$ order $\Sigma\Delta$M with distributed feedforward is shown in Fig. 2.12. The *STF* of this structure is given by Eq. 2.17, while the *NTF* is given by Eq. 2.18.

$$STF = \frac{\sum_{i=1}^{n} a_{n-i+1} \cdot s^{i-1}}{s^n + \sum_{i=1}^{n} a_{n-i+1} \cdot s^{i-1}} \tag{2.17}$$

$$NTF = \frac{s^n}{s^n + \sum_{i=1}^{n} a_{n-i+1} \cdot s^{i-1}} \tag{2.18}$$

In this topology, only the error signal is fed into the loop filter, which consists mainly on quantization noise. Therefore, the first integrator can have large gain to suppress the subsequent stage's noise and distortion [10].

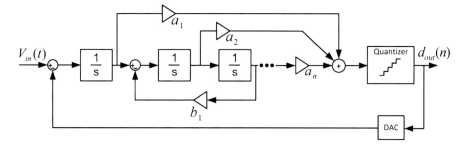

**Fig. 2.13** Block diagram of a $n^{th}$ order ΣΔM with distributed feedforward and local resonator feedback

From Eq. 2.18, the zeros of the *NTF* are all placed at dc. To implement such architecture Butterworth high-pass filters are used, since Inverse Chebyshev *NTF*s have stopband zeros at non-zero frequencies and thus cannot be used. The cut-off frequency of this filter function is selected in order to limit the maximum gain of the *NTF* and eliminate the instability of the ΣΔM.

A drawback of adding zeros to the *STF* is that it will create peaking at a certain frequency due to the resulting filter characteristic [17]. If input signals with these frequencies are applied to this structure, the modulator could overload due to the gain of this peaking. Possible solutions to this issue are the use of a pre-filter or the modification of the *NTF* such that flat *STF*s are obtained [11, 18].

## 2.6.2   Feedforward Summation and Local Resonator Feedback

In the previous structure the *NTF* zeros are all placed at dc, which limits the effectiveness of noise-shaping only to low frequencies. However, a much better performance can be achieved if these zeros are optimally distributed inside the signal bandwidth, as shown in [11].

This can be achieved by adding a negative-feedback term around pairs of integrators in the loop filter, creating local resonator stages, which allows to move the open-loop poles (that become the *NTF* zeros when the loop is closed). This structure is commonly known as a cascade of resonators with feedforward summation (CRFF).

The block diagram of a $n^{th}$ order ΣΔM with distributed feedforward is shown in Fig. 2.13. The general transfer function of a resonator is given by Eq. 2.19, where $k_u$ is the unity-gain frequency of the integrators.

$$H(s) = \frac{k_u \cdot s}{s^2 + k_u{}^2} \tag{2.19}$$

In this case, it is possible to implement the inverse Chebyshev *NTF*, by picking the stopband edge frequency of the filter. With the zeros spread across the signal bandwidth a better SNR/SNDR can be obtained, when compared to the Butterworth

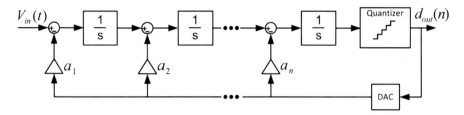

**Fig. 2.14** Block diagram of a $n^{th}$ order $\Sigma\Delta$M with distributed feedback

alignment, as the filter presents greater attenuation over the frequency band of interest. From inspection, the *NTF* of odd order $\Sigma\Delta$Ms have always one zero placed at dc, while the *NTF* of even order $\Sigma\Delta$Ms have none, when using this architecture since odd order $\Sigma\Delta$Ms have always a plain integrator beyond the cascade of resonators. Typically, this integrator is the input stage of the loop filter in order to minimize the input-referred contributions of noise sources from following stages, as stated in the previous subsection.

In this architecture the drawback of high frequency peaking of the feedforward architecture is alleviated. However, the local resonator coefficients scale with $OSR^{-2}$. Therefore, they rapidly decrease with the *OSR* and this technique is more viable for low *OSR*. The resonators themselves are unstable, due to their pole locations. But since they are inside a stable feedback system local oscillations are prevented. The *NTF* magnitude response will exhibit one or more notches in its frequency response [10, 11, 18].

### 2.6.3  Distributed Feedback

In the previous Sects. 2.6.1 and 2.6.2, feedforward was used to improve stability and provide a higher performance for the $\Sigma\Delta$M. Onwards, alternative methods recurring to feedback paths are presented. These paths also create the zeros of the *NTF*, as in the previous subsections. The structure presented in Fig. 2.14 is a group of cascaded integrators with distributed feedback (CIFB), with each integrator stage receiving a fraction of the output from the DAC, by means of a weighted feedback path.

The block diagram of a $n^{th}$ order $\Sigma\Delta$M with distributed feedback is shown in Fig. 2.14. The *STF* of this structure is given by Eq. 2.20, while the *NTF* is given by Eq. 2.21.

$$STF = \frac{1}{s^n + \sum_{i=1}^{n} a_i \cdot s^{i-1}} \qquad (2.20)$$

$$NTF = \frac{s^n}{s^n + \sum_{i=1}^{n} a_i \cdot s^{i-1}} \qquad (2.21)$$

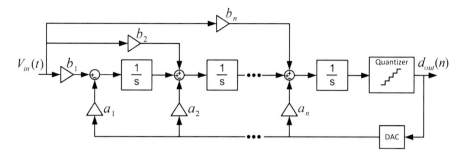

**Fig. 2.15** Block diagram of a $n^{th}$ order ΣΔM with distributed feedback and distributed feedforward inputs

While in the CIFF and CRFF structures only the error signal was fed into the loop filter, in the distributed feedback topology the entire output signal (including the input signal and the quantization noise) is fed back to every internal node of the filter.

As in the CIFF structure (Sect. 2.6.1), all zeros of the *NTF* lie at $s = 0$ (dc). Again, the *NTF* can be seen as a Butterworth high-pass filter and the *STF* as a Butterworth low-pass filter (note that the *STF* has no zeros in this structure). As in the CIFF structure, the cut-off frequency of this filter function is selected in order to limit the maximum gain of the *NTF* and eliminate the instability of the ΣΔM.

One of the downsides of this architecture is that the integrator outputs contain significant amounts of the input signal as well as filtered quantization noise [11].

In this architecture, the *STF* is somewhat dependent of the *NTF*: by determining the latter, the former is automatically fixed. To overcome this, feedforward paths can be added between the input node and each integrator's summing junction. This is depicted in Fig. 2.15. The *STF* of this structure is given by Eq. 2.22, while the *NTF* is given by Eq. 2.23.

$$STF = \frac{\sum_{i=1}^{n} b_{n-i+1} \cdot s^{n-i}}{s^n + \sum_{i=1}^{n} a_i \cdot s^{i-1}} \tag{2.22}$$

$$NTF = \frac{s^n}{s^n + \sum_{i=1}^{n} a_i \cdot s^{i-1}} \tag{2.23}$$

Eq. 2.22 shows that the addition of these paths allows the *STF* to be independent from the *NTF*, by properly choosing the values of the *b* coefficients. Notice that the order of the numerator of Eq. 2.22 is one less than that of the denominator. The zeros of Eq. 2.22 can be placed in a way that it cancels some of the poles, allowing the *STF* to have a lower roll-off rate [11]. The *NTF* is exactly the same for both structures (Figs. 2.14 and 2.15).

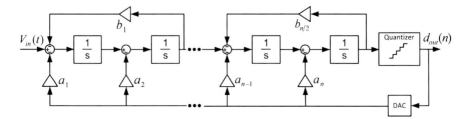

**Fig. 2.16** Block diagram of a $n^{th}$ order $\Sigma \Delta$M with distributed feedback and local resonator feedback

### 2.6.4 Distributed Feedback and Local Resonator Feedback

As in the CRFF structure, local resonator stages can be added to the CIFB structure in order to shift the *NTF* zeros away from dc and spread them over the signal band. Again, this will improve the SNR/SNDR of the modulator. This structure is commonly known as a cascade of resonators with distributed feedback (CRFB).

The block diagram of a $n^{th}$ order $\Sigma \Delta$M with distributed feedback and local resonator feedback is shown in Fig. 2.16.

The filter coefficients are determined using the same method as in the CRFF structure, i.e. considering the *NTF* as a representation of a Chebyshev type II filter and choosing its stopband edge frequency.

### 2.6.5 Comparison Between Feedforward and Feedback Compensation

As seen in the previous Sects. (2.6.1–2.6.4), both feedforward and feedback compensation yield similar results, since both are capable of improving the stability of the loop while the SNR/SNDR of the modulator can be improved by adding local resonator stages. Yet, these topologies are not entirely equal since some differences exist between the two.

The feedforward summation topology only feeds the quantization noise into the loop filter while the distributed feedback topology feeds both the input signal and the quantization noise. Also, the dissipated power of the feedforward compensation is less than in the feedback compensation due to lower internal signal swings.

However, while the *STF* of an $n^{th}$ order CIFF structure has $n$ poles and $n$-1 zeros, the *STF* of an $n^{th}$ order CIFB structure has only $n$ poles. Thus, the former can be interpreted as a first order lowpass filter and the latter as a $n^{th}$ order lowpass filter, meaning that the CIFB structure can provide much stronger filtering for high frequency signals.

Also, due to the non-ideal compensation of *STF* poles and zeros, the CIFF *STF* shows peaking at a certain frequency. In contrast, the CIFB *STF* has no zeros and this peaking is practically non-existent.

Therefore, for the reasons stated above, the architecture chosen for the loop filter is the feedback compensation (both the CIFB and the CRFB structures) since it presents no peaking and provides much stronger filtering. Also, the addition of local resonator stages allows the distribution of the *NTF* zeros along the signal bandwidth in such a way that the filter presents greater attenuation over the frequency band of interest.

### 2.6.6  1.5-bit Quantization

As stated in Sect. 2.1, Class D amplifiers typically achieve a power efficiency of at least 90 %. However, these efficiency values are obtained through tests that assume ideal situations, where a maximum amplitude signal is applied to the load. Thus, there is a maximum power transfer to the load and the ratio between transferred power and total power consumption leads to a very high power efficiency. When subjected to non-ideal situations, i.e. the input signal's amplitude is not maximum, the power efficiency decreases due to the reducing of power delivered to the load and the impact of switching losses that remain mostly unaltered.

For input signals of zero or near zero amplitude, the power transferred to the load is roughly non-existent but the switching activity remains high. In this case, a very low power efficiency is obtained. Since under normal working conditions the input signal's amplitude may vary from low to high levels, the resulting average Class D power efficiency will be lower than the maximum efficiency obtained through ideal conditions.

Several solutions can be employed to tackle this issue: reducing the power device's parasitic capacitances and conduction resistances, the use of a smaller switching frequency, among others [15]. However, most of them consist in some sort of trade-off where a slight increase in efficiency leads to a decrease in another important factor or the proposed solution although feasible is not viable.

Still, there is an option that has not yet been discussed: the use of multi-bit quantization instead of traditional 1-bit quantizers. This can reduce unnecessary switching of the output stage power devices, due to the existence of a number of other quantization levels besides the two levels that 1-bit quantization provides.

However, the number of quantization levels that a Class D amplifier can provide is limited by the number of amplitude levels that the output stage can represent. The Half-Bridge circuit can only represent two amplitude levels, those being when the load is connected to either supply voltage ($V_{cc}$ and $V_{ss}$), making multi-bit quantization impossible. Fortunately, the BTL circuit can provide three levels (1.5-bit), the third being when the load is connected to the same potential on both terminals. This state is generally denominated the *zero-state*, since zero power is transferred to the load.

1.5-bit quantization in general and the zero-state in particular ease the representation of zero/near-zero amplitude input signals, significantly reducing switching activity for both high and low amplitude signals. Therefore, greater power efficiency can be achieved.

Multi-bit quantization exhibits far more advantages than only a power efficiency improvement. For multi-bit quantizers, the loop filter is inherently more stable since the quantizer gain $(k)$ is well-defined (i.e. it can be approximated to be unity) and the no-overload range of the quantizer is increased, improving the linearity of the feedback in the modulator.

Also, as stated in Sect. 2.3, the higher the resolution of the quantizer, the lower the quantization noise is [9, 10, 11, 18]. This will improve the SNR/SNDR of the circuit.

In the particular case of the 1.5-bit quantizer, going from two to three levels leads to the decrease of the quantization error by a factor of two (6 dB). Also, the input range of the modulator is increased by 1.6 dB. A total improvement of around 7.6 dB of the SNDR can be achieved [20].

# Chapter 3
# Implementation of the $\Sigma\Delta$M

**Abstract** In the first section of this chapter, the design and sizing of a $\Sigma\Delta$M using Active RC-Integrators is shortly presented. The use of active RC-Integrators is one of the most common approaches when aiming to design the integrator stages of the $\Sigma\Delta$M. However, the performance is severely dependent on the resistor area and the DC gain of the amplifier. Afterwards, the implementation of the integrator stages using BJT Differential Pairs is proposed. The main advantages behind this option are presented, as well as the precautions that are needed when using such architecture. The circuit is deeply analyzed, equations are extracted and conclusions are drawn. Two different sizing procedures are presented (analytic and the use of a genetic algorithm). Next, the design of the 1.5-bit quantizer is presented, where only two comparators are required for a fully-differential implementation. The following encoding logic (with and without Dynamic-Element-Matching) and feedback circuitry are also presented. Finally, electrical simulations of the proposed work for several $\Sigma\Delta$M Architectures are presented, which validate the circuit's functionality.

## 3.1 Integrator Stages

This section deals with the implementation of the integrator stages of the $\Sigma\Delta$M. Two different approaches, the use of active RC-Integrators or BJT-based Differential Pairs, are studied. There are more approaches that can be used to implement an integrator circuit, such as gmC-Integrators and LC-Resonators, which will not be studied in this book.

### 3.1.1 Integrator Stages Using Active RC-Integrators

Active RC-Integrators, shown in Fig. 3.1, poise themselves among the commonly used integrator structures in CT-$\Sigma\Delta$M due to their linearity, low sensitivity to parasitic components, large signal swing and overall power consumption [17]. It's transfer function is given by Eq. 3.1.

$$\frac{V_o(s)}{V_{in}(s)} = -\frac{1}{s\,RC} \tag{3.1}$$

© Springer International Publishing Switzerland 2015                                        25
N. Pereira, N. Paulino, *Design and Implementation of Sigma Delta Modulators*
*(ΣΔM) for Class D Audio Amplifiers using Differential Pairs,*
SpringerBriefs in Electrical and Computer Engineering, DOI 10.1007/978-3-319-11638-9_3

**Fig. 3.1** Single-ended active
RC-Integrator

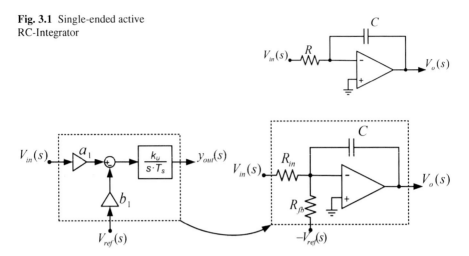

**Fig. 3.2** Conversion from the mathematical model to an electrical circuit [3]

When the input nodes of this structure meet virtual ground conditions (i.e. the amplifier's gain is high), the input resistors perform a linear $V/I$ conversion. The linearity results are as good as the linearity of these resistors and the finite gain of the amplifier.

Distortion can also result from the amplifier's non-linear transfer function and from the matching (or lack thereof) of the input resistors in the fully differential case. The linearity of the integration capacitor is not generally cause for concern, for two main reasons: the inherent linearity of the capacitor is better than that of the resistor and the capacitor itself creates a negative feedback loop around the amplifier, which further reduces distortion [17]. Therefore, the performance of this structure can be improved through the increase of the resistor area or an increase of the DC gain.

#### 3.1.1.1   Sizing of the Active RC-Integrator Stages

In order to design an electrical circuit equivalent to the previously selected architecture, the *NTF* must be defined (i.e. it's coefficients must be known). A simple method of converting the mathematical model to an electrical circuit is proposed in [4] and shown in Fig. 3.2, where $T_s = \frac{1}{F_s}$ is the sampling period and $k_u$ represents the unity-gain frequency of the integrator. The values of coefficients $a_1$ and $b_1$ are determined when defining the *NTF*.

Analysing Fig. 3.2, the $y_{out}(s)$ equation can be written as:

$$y_{out}(s) = \frac{a_1 \cdot k_u}{s \cdot T_s} \cdot V_{in}(s) - \frac{b_1 \cdot k_u}{s \cdot T_s} \cdot V_{Ref}(s) \qquad (3.2)$$

while the $V_o(s)$ equation is given by:

$$V_o(s) = \frac{1}{s \cdot R_{in} \cdot C} \cdot V_{in}(s) - \frac{1}{s \cdot R_{fb} \cdot C} \cdot V_{Ref}(s) \qquad (3.3)$$

By considering an ideal operational amplifier and equating Eq. 3.2 and Eq. 3.3, the expressions that give the value of the $R_{in}$ and $R_{fb}$ resistors are obtained:

$$R_{in} = \frac{T_s}{a_1 \cdot k_u \cdot C} \qquad (3.4)$$

$$R_{fb} = \frac{T_s}{b_1 \cdot k_u \cdot C} \qquad (3.5)$$

The same line of thought can be applied to the other integrator blocks of the modulator. The value of the components can be obtained through this approach, assuming a certain value for the capacitors.

### 3.1.2 Integrator Stages Using Differential Pairs

$\Sigma\Delta$Ms work by using negative feedback to reduce the quantization error, where a filter circuit is placed before the quantizer in order to define the frequency band where the quantization error is attenuated. This filter is traditionally built using ideal integrator stages, which are implemented with OpAmps in an integrator configuration, like the one shown in Sect. 3.1.1. These OpAmps require large DC gain and bandwidth so that the behavior of the integrator circuits is close to the ideal integrator behavior.

This can result in a complex OpAmp circuit that is difficult to design and can dissipate a lot of power. Also, it is difficult to find fully differential OpAmps as discrete components and if the $\Sigma\Delta$M is built using such components, the resulting circuit will most likely be designed in a single ended topology with all the disadvantages associated. By replacing the OpAmps with differential pairs, it is possible to build an equivalent filter circuit for the $\Sigma\Delta$M using lossy integrators. The finite gain and bandwidth of the differential pairs can be accommodated during the filter design process.

A BJT differential pair is constituted by two coupled common-emitter stages through their emitter node, biased by a current source tied to it. Due to its symmetry, the differential output voltage of this circuit does not depend on the input common-mode voltage, leading to a high common-mode rejection ratio (CMRR). However, although the output is independent from the input common-mode voltage, the differential pair's transistors must be biased to operate in the active region. This imposes limits to the input dynamic range [12]. If exceeded, the circuit will cease to behave like its small-signal model and present non-linearities, leading to distortion.

The integrating differential pair circuit is presented in Fig. 3.3. Both capacitors $C_{1,2}$ perform the integration operation, while resistors $R_{C1,2}$ define both the gain and

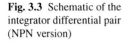

**Fig. 3.3** Schematic of the integrator differential pair (NPN version)

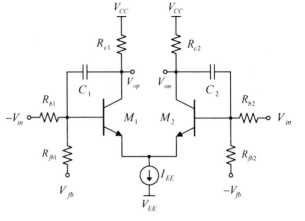

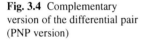

**Fig. 3.4** Complementary version of the differential pair (PNP version)

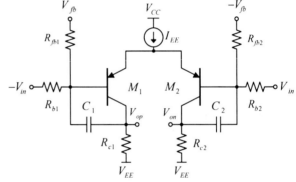

the output common mode DC voltage. Resistors $R_{fb1,2}$ add the feedback signal (a portion of the output signal of the loop filter) to the input signal ($V_{in}$). Both input resistors ($R_{b1,2}$) limit the voltage applied to the base of the BJT, ensuring that it is low enough to prevent saturation. Also, the current gain of each transistor (here designated as $\beta$) must be taken into account. The $I_{EE}$ current source is implemented by a basic BJT current mirror.

One of the downsides of the BJT Differential Pair is that if several of them are connected in a cascade manner, the output common mode DC voltage will increase up until the point where the BJTs will be unable to behave as desired (in the active region). This would render the Differential Pair useless when connecting several of them in cascade.

Therefore, a complementary version of the NPN version of the BJT Differential Pair is needed, based on PNP BJT's, as shown in Fig. 3.4. Through proper sizing, an increase of the output common mode DC voltage of the NPN Differential Pair is cancelled by the decrease of the output common mode DC voltage of the PNP Differential Pair, thereby preventing saturation.

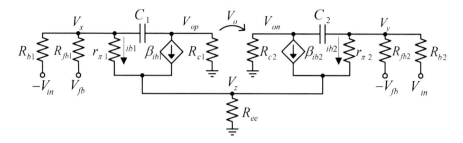

**Fig. 3.5** Small signal model of the integrator differential pair

In the next subsections, the expression of the BJT Differential Pair output voltage is derived. Three expressions are obtained, each concerning the model used to represent the transistor: one where the transistor's output impedance is neglected, another where it is not and another for the local resonator stage (due to the inclusion of another resistor in the model). Since these expressions are obtained through small signal modelling, they are valid for both NPN and PNP versions of the Differential Pair.

### 3.1.2.1  Model Neglecting $r_o$

The expression of the output voltage $V_o = V_{op} - V_{on}$ (from Fig. 3.3) can be obtained by applying Kirchhoff's current law (KCL) to the small signal model (hybrid-pi model), when considering the linear behaviour, as shown in Fig. 3.5. KCL states that the algebraic sum of currents in a network of conductors meeting at a certain point is zero.

For the sake of simplicity, here the transistor's output impedance ($r_o$) is considered infinite, therefore neglected.

Considering the five nodes of the circuit ($V_x$, $V_y$, $V_{op}$, $V_{on}$ and $V_z$), the equations stated in Eq. 3.6 are obtained. The $R_{ee}$ resistor represents the output impedance of the current source.

$$
\begin{cases}
\dfrac{-V_{in} - V_x}{R_{b1}} - \dfrac{V_{fb} - V_x}{R_{fb1}} + (V_x - V_{op}) \cdot s \cdot C_1 + \dfrac{V_x - V_z}{r_{\pi 1}} = 0 \\[2ex]
\dfrac{V_{in} - V_y}{R_{b2}} - \dfrac{-V_{fb} - V_y}{R_{fb2}} + (V_y - V_{on}) \cdot s \cdot C_2 + \dfrac{V_y - V_z}{r_{\pi 2}} = 0 \\[2ex]
-(V_x - V_{op}) \cdot s \cdot C_1 + \dfrac{\beta \cdot (V_x - V_z)}{r_{\pi 1}} + \dfrac{V_{op}}{R_{c1}} = 0 \\[2ex]
-(V_y - V_{on}) \cdot s \cdot C_2 + \dfrac{\beta \cdot (V_y - V_z)}{r_{\pi 2}} + \dfrac{V_{on}}{R_{c2}} = 0 \\[2ex]
-\dfrac{(\beta + 1) \cdot (V_x - V_z)}{r_{\pi 1}} - \dfrac{(\beta + 1) \cdot (V_y - V_z)}{r_{\pi 2}} + \dfrac{V_z}{R_{ee}} = 0
\end{cases}
\tag{3.6}
$$

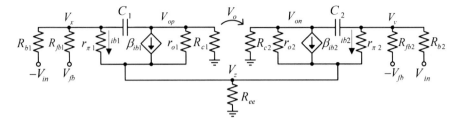

**Fig. 3.6** Small signal model of the integrator differential pair considering $r_o$

Considering that $R_{b1} = R_{b2} \rightarrow R_b$, $R_{fb1} = R_{fb2} \rightarrow R_{fb}$, $R_{c1} = R_{c2} \rightarrow R_c$, $C_1 = C_2 \rightarrow C_{int}$ and $r_{\pi 1} = r_{\pi 2} \rightarrow r_\pi$, it is possible to obtain the output voltage of the integrator differential pair by combining the equations above (Eq. 3.6). This output voltage is given by Eq. 3.7.

$$V_o = \frac{2R_c(V_{fb}R_b - V_{in}R_{fb})(sC_{int}r_\pi - \beta)}{R_{fb}r_\pi(1 + sC_{int}R_c) + R_b(r_\pi + sC_{int}R_c r_\pi + R_{fb}(1 + sC_{int}(\beta R_c + R_c + r_\pi)))}$$

(3.7)

assuming $V_{in}$ and $-V_{in}$ are signals in phase opposition (as are $V_{fb}$ and $-V_{fb}$). In these conditions, even order harmonics ($2^{nd}$, $4^{th}$ and so forth) tend to be canceled when the differential output is retrieved, reducing distortion and intermodulation, since they appear with the same phase shift on both output branches of the differential pair. Thus, the quality of the circuit will be determined by the $3^{rd}$ order harmonic (and subsequent odd harmonics)[1].

A look into Eq. 3.7 shows that capacitors $C_{1,2}$ behave like Miller capacitors, introducing an additional zero to the circuit. However, if $f_s$ of the $\Sigma\Delta$M is low, this zero does not pose itself as a problem, since its value is much higher than $f_s$.

### 3.1.2.2  Model Considering $r_o$

In the previous subsection, the transistor output impedance was assumed infinite. Here, $V_o = V_{op} - V_{on}$ is obtained considering the effect of $r_o$, which is modelled with a resistor between the transistor's collector and emitter.

Again, considering the five nodes of the circuit, the equations stated in Eq. 3.8 are obtained.

---

[1] One could also use emitter degeneration to reduce distortion, but this would decrease the voltage gain of each BJT. Since BJT Differential Pairs are being used to replace high-gain OpAmps, this would result in a performance drop.

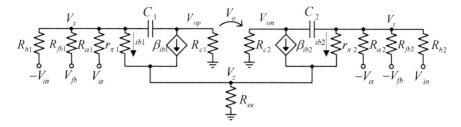

**Fig. 3.7** Small signal model of the integrator differential pair with resonator resistor

$$\begin{cases} \dfrac{-V_{in} - V_x}{R_{b1}} - \dfrac{V_{fb} - V_x}{R_{fb1}} + (V_x - V_{op}) \cdot s \cdot C_1 + \dfrac{V_x - V_z}{r_{\pi 1}} = 0 \\[2mm] \dfrac{V_{in} - V_y}{R_{b2}} - \dfrac{-V_{fb} - V_y}{R_{fb2}} + (V_y - V_{on}) \cdot s \cdot C_2 + \dfrac{V_y - V_z}{r_{\pi 2}} = 0 \\[2mm] -(V_x - V_{op}) \cdot s \cdot C_1 + \dfrac{\beta \cdot (V_x - V_z)}{r_{\pi 1}} + \dfrac{(V_{op} - V_z)}{r_{o1}} + \dfrac{V_{op}}{R_{c1}} = 0 \\[2mm] -(V_y - V_{on}) \cdot s \cdot C_2 + \dfrac{\beta \cdot (V_y - V_z)}{r_{\pi 2}} + \dfrac{(V_{on} - V_z)}{r_{o2}} + \dfrac{V_{on}}{R_{c2}} = 0 \\[2mm] -\dfrac{(\beta + 1) \cdot (V_x - V_z)}{r_{\pi 1}} - \dfrac{(V_{op} - V_z)}{r_{o1}} - \dfrac{(\beta + 1) \cdot (V_y - V_z)}{r_{\pi 2}} \\[2mm] -\dfrac{(V_{on} - V_z)}{r_{o2}} + \dfrac{V_z}{R_{ee}} = 0 \end{cases} \quad (3.8)$$

Making the same assumptions as before ($R_{b1} = R_{b2} \rightarrow R_b$, $R_{fb1} = R_{fb2} \rightarrow R_{fb}$, $R_{c1} = R_{c2} \rightarrow R_c$, $C_1 = C_2 \rightarrow C_{int}$, $r_{\pi 1} = r_{\pi 2} \rightarrow r_\pi$ and $r_{o1} = r_{o2} \rightarrow r_o$), it follows that the $V_o$ voltage is given by Eq. 3.9.

$$V_o = (2 R_c r_o (V_{fb} R_b - V_{in} R_{fb})(s C_{int} r_\pi - \beta))/$$
$$(R_{fb} r_\pi (R_c + r_o + s C_{int} R_c r_o) + R_b (r_o (R_{fb} + r_\pi + s C_{int} R_{fb} r_\pi) \quad (3.9)$$
$$+ R_c (r_\pi + s C_{int} R_{fb} r_o r_\pi + R_{fb} (1 + s C_{int} (r_\pi + r_o (1 + \beta)))))))$$

Comparing Eqs. 3.7 and 3.9 it follows that the $r_o$ resistor slightly decreases the voltage gain of the differential pair. Since in a typical circuit $r_o \gg R_c$, the gain reduction due to $r_o$ can be neglected.

### 3.1.2.3  Model for a Resonator Stage

When designing a CT-$\Sigma\Delta$M in a CRFB structure, the integrator Differential Pair will have another resistor connected to the base of each BJT. This additional resistor, along with the signal from the next integrator stage, allows spreading the zeros along the signal bandwidth as explained in Sect. 2.6. The small signal model is presented in Fig. 3.7.

As before, considering the five nodes of the circuit, the equations stated in Eq. 3.10 are obtained.

$$\begin{cases} -\dfrac{V_{in}-V_x}{R_{b1}} - \dfrac{V_{fb}-V_x}{R_{fb1}} - \dfrac{V_\alpha-V_x}{R_{\alpha 1}} + (V_x-V_{op})\cdot s\cdot C_1 + \dfrac{V_x-V_z}{r_{\pi 1}} = 0 \\[2mm] -\dfrac{V_{in}-V_y}{R_{b2}} - \dfrac{-V_{fb}-V_y}{R_{fb2}} - \dfrac{-V_\alpha-V_y}{R_{\alpha 2}} + (V_y-V_{on})\cdot s\cdot C_2 + \dfrac{V_y-V_z}{r_{\pi 2}} = 0 \\[2mm] -(V_x-V_{op})\cdot s\cdot C_1 + \dfrac{\beta\cdot(V_x-V_z)}{r_{\pi 1}} + \dfrac{V_{op}}{R_{c1}} = 0 \\[2mm] -(V_y-V_{on})\cdot s\cdot C_2 + \dfrac{\beta\cdot(V_y-V_z)}{r_{\pi 2}} + \dfrac{V_{on}}{R_{c2}} = 0 \\[2mm] -\dfrac{(\beta+1)\cdot(V_x-V_z)}{r_{\pi 1}} - \dfrac{(\beta+1)\cdot(V_y-V_z)}{r_{\pi 2}} + \dfrac{V_z}{R_{ee}} = 0 \end{cases}$$

$$(3.10)$$

Making the same assumptions as before ($R_{b1} = R_{b2} \rightarrow R_b$, $R_{fb1} = R_{fb2} \rightarrow R_{fb}$, $R_{c1} = R_{c2} \rightarrow R_c$, $C_1 = C_2 \rightarrow C_{int}$, $r_{\pi 1} = r_{\pi 2} \rightarrow r_\pi$ and $R_{\alpha 1} = R_{\alpha 2} \rightarrow R_\alpha$), it follows that the $V_o$ voltage is given by Eq. 3.11.

$$\begin{aligned} V_o = & (2R_c(V_{fb}R_bR_\alpha + V_\alpha R_bR_{fb} - V_{in}R_{fb}R_\alpha)(sC_{int}r_\pi - \beta))/ \\ & (R_{fb}R_\alpha r_\pi(1+sC_{int}R_c) + R_b(R_\alpha r_\pi(1+sC_{int}R_c) \\ & + R_{fb}(r_\pi + sC_{int}R_cr_\pi + R_\alpha(1+sC_{int}(r_\pi+R_c(1+\beta)))))) \end{aligned}$$

$$(3.11)$$

### 3.1.2.4 Sizing of the Differential Pair Integrator Stages

After selecting the desired loop filter architecture and having determined both the *STF* and the *NTF*, the value of their coefficients must be obtained. This was done by two different ways: by analytical sizing and through the use of a genetic algorithm tool.

- **Analytical Sizing**: The first step in this method is to determine the ideal NTF intended for the loop filter (Butterworth/Inverse Chebyshev High-Pass response, etc.) and obtain its coefficients. Afterwards, the output signal of the generic integrator stage is replaced by the $V_o$ equation that was obtained before and a new transfer function of the loop filter is evaluated. This is then equated to the generic transfer function of the selected loop filter's architecture that was obtained previously. Thus, equations that relate each coefficient of the latter transfer function to the constituting components (capacitors and resistors) of the Differential Pair are obtained. These equations have several degrees of freedom and in order to size the filter, some component values have to be assumed, like the $R_b$ resistors and the capacitor values. As stated before, the $R_c$ resistors define the output common mode DC voltage. Assuming that the Differential Pair is evenly matched, half of the biasing current will flow through each of its branches. Therefore, the equation that defines the value of the $R_c$ resistors is known and depends only on the supply voltage and the biasing current value. Also, the input impedance of the transistor ($r_\pi$ resistor) can be estimated through the following :

$$r_\pi = \frac{2\beta V_T}{I_{EE}} \tag{3.12}$$

where $V_T$ represents the thermal voltage (and at room temperature is estimated to be about 25 mV). Depending on the BJT chosen to implement the Differential Pair, the current gain ($\beta$) for both the NPN and the PNP can also be estimated. After making all of these assumptions, the value of the feedback resistors ($R_{fb}$) can be obtained. With the circuit sized, pole-plotting is performed to verify the stability. Both the $STF$ and the $NTF$ can be plotted to confirm the correct design of the modulator. In order to prevent the BJT from saturation, the signal gain between each integrator stage can be observed and if it is very high, the input resistors ($R_b$) value should be increased. A more detailed description of this method, together with a practical example, is presented in Appendix 1.

- **Genetic Algorithm**: Although fairly accurate, the previous sizing method is very time-consuming and requires care when handling the design equations. In order to optimize the sizing procedure, a genetic algorithm tool was used, proposed in [16]. It uses the design equations to obtain the optimal component values (i.e, capacitors and resistors) and evaluates the overall performance of the $\Sigma\Delta$M. Not only is this method faster than the previous, it also takes into account several details like thermal noise and maximum voltage swing, something that the previous method did not. It also picks the design solution that is the most insensitive to component variations, by running Monte Carlo simulations.

## 3.2   1.5-bit ADC for a Fully Differential Integrator Stage

This section deals with the implementation of the 1.5-bit ADC of the $\Sigma\Delta$M. To achieve 1.5-bit quantization (three levels), the integrator output voltages must be compared with a certain threshold voltage, as stated in Eq. 3.13.

$$\Delta V_o - V_t > 0 \tag{3.13}$$

Typical 1.5-bit quantizers for single-ended architectures use two comparators, like in [4]. For a fully differential architecture, a replica of this structure would result in the use of at least four comparators. Also, this architecture can pose a problem in terms of the common-mode output voltage of each comparator. In the interest of reducing the number of comparators used, and surpass the common-mode issue, the circuit in Fig. 3.8 was designed.

The threshold voltage is generated through a voltage divider between the $V_o$ voltages ($V_{op}$ and $V_{on}$) and two reference voltages (here denoted as $V_R{}^+$ and $V_R{}^-$). Concerning the upper part of the ADC, the threshold voltages are given by Eq. 3.14

**Fig. 3.8** 1.5-bit ADC for a
fully differential architecture

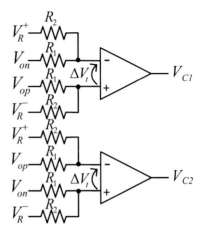

**Table 3.1** ADC codification

| Condition | State |
|---|---|
| $\Delta V_o > +V_t$ | +1 |
| $+V_t > \Delta V_o > -V_t$ | 0 |
| $\Delta V_o < -V_t$ | −1 |

**Fig. 3.9** State variation over
time

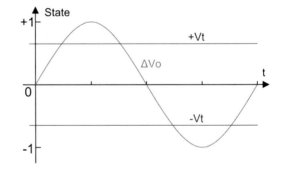

and Eq. 3.15 (applying the superposition theorem).

$$V_t^+ = V_{op} \cdot \frac{R_2}{R_1 + R_2} + V_R^- \cdot \frac{R_1}{R_1 + R_2} \qquad (3.14)$$

$$V_t^- = V_{on} \cdot \frac{R_2}{R_1 + R_2} + V_R^+ \cdot \frac{R_1}{R_1 + R_2} \qquad (3.15)$$

Combining Eqs. 3.14 and 3.15, 3.16 is obtained:

$$\Delta V_t = V_t^+ - V_t^- = \Delta V_o \cdot \frac{R_2}{R_1 + R_2} - \Delta V_R \cdot \frac{R_1}{R_1 + R_2} \qquad (3.16)$$

**Fig. 3.10** Original encoding
logic

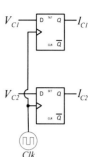

Rearranging the right side of Eq. 3.16, it follows that,

$$\frac{R_2}{R_1 + R_2} \cdot \left( \Delta V_o - \Delta V_R \cdot \frac{R_1}{R_2} \right) \tag{3.17}$$

where the expression within parenthesis is similar to Eq. 3.13. Thus,

$$\Delta V_R \cdot \frac{R_1}{R_2} = V_t \tag{3.18}$$

From Eq. 3.18, it is possible to obtain a relationship (Eq. 3.19) between $R_1$ and $R_2$, for a given $V_t$, $V_R^+$ and $V_R^-$:

$$R_1 = \frac{V_t}{\Delta V_R} \cdot R_2 \tag{3.19}$$

$V_R^+$ and $V_R^-$ voltages can be the positive and negative power supply used in the circuit, in order to reduce the number of independent voltage sources used. The $V_t$ voltage is determined by the Genetic Algorithm proposed in [6], where its optimal value is the one where the best possible SNDR value is obtained. The ADC codification is given by Table 3.1 and a representation of the state variation over time is shown in Fig. 3.9.

As stated, this circuit is also capable of effectively rejecting the common-mode. This can be shown by Eq. 3.20, based on Eq. 3.16.

$$\frac{V_t^+ + V_t^-}{2} = \frac{V_{op} + V_{on}}{2} \cdot \frac{R_2}{R_1 + R_2} - \Delta V_R \cdot \frac{R_1}{R_1 + R_2} \tag{3.20}$$

Dividing the right side of Eq. 3.20 by $R_2$, and considering that $R_2 \gg R_1$, it follows that the output common-mode voltage of the 1.5-bit ADC will be equal to the input common-mode voltage.

## 3.3  Encoding Logic for the 1.5-bit Quantizer

The output of the comparators can be encoded to 1.5-bit representation using only two D-type Flip-Flops (FFD), where the comparator voltage applied to the D-input, in a certain clock cycle, is retrieved at the Q output in the following clock cycle,

**Table 3.2** Original logic codification

| $V_{C1}$ | $V_{C2}$ | State | $I_{C1}$ | $I_{C2}$ |
|---|---|---|---|---|
| 0 | 0 | 0 | 0 | 0 |
| 0 | 1 | -1 | 0 | 1 |
| 1 | 0 | +1 | 1 | 0 |
| 1 | 1 | x | x | x |

**Fig. 3.11** Simplified model of output stage

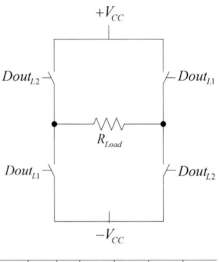

**Table 3.3** New logic codification

| $I_{C1}$ | $I_{C2}$ | $Q$ | $SW_1$ | $SW_2$ | $SW_3$ | $SW_4$ |
|---|---|---|---|---|---|---|
| 0 | 0 | 0 | 1 | 1 | 0 | 0 |
| 0 | 0 | 1 | 0 | 0 | 1 | 1 |
| 0 | 1 | 0 | 1 | 0 | 0 | 1 |
| 0 | 1 | 1 | 1 | 0 | 0 | 1 |
| 1 | 0 | 0 | 0 | 1 | 1 | 0 |
| 1 | 0 | 1 | 0 | 1 | 1 | 0 |
| 1 | 1 | 0 | x | x | x | x |
| 1 | 1 | 1 | x | x | x | x |

as shown in Fig. 3.10. The logic codification of the 1.5-bit quantizer is shown in Table 3.2.

Although simple and capable of performing the required 1.5-bit codification, a problem arises when connecting this encoding logic to the output stage. Since this is a Class D audio power amplifier, its output power devices operate as switches, as stated in Chap. 2, and will most likely be implemented by transistors. These transistors may introduce errors due to excessive use, when the bit stream generated by the encoding logic is the same for long periods of time.

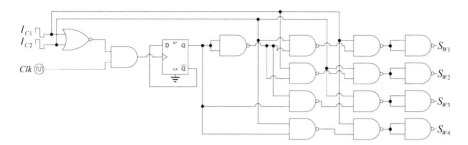

**Fig. 3.12** Proposed new encoding logic—NAND equivalent

To shorten this possibility, another encoding logic is designed, where when the considered bit stream occurs, the switches alternate between the "on" and "off" state between each clock period. This can be achieved through the use of a 1-bit counter, made with another FFD, where its state toggles on every clock period, by wiring the $\overline{Q}$ output to the $D$ input of the considered FFD.

$$SW_1 = I_{C1} \cdot (\overline{I_{C2}} + Q)$$

$$SW_2 = I_{C2} \cdot (\overline{I_{C1}} + Q) \qquad (3.21)$$

$$SW_3 = I_{C2} \cdot (\overline{I_{C2}} + \overline{Q})$$

$$SW_4 = I_{C1} \cdot (\overline{I_{C1}} + \overline{Q})$$

This 1-bit counter should only be used when both outputs of the 1.5-bit quantizer equal 0. Therefore, a NOR (or, in alternative, an XNOR) gate should be used, combining the two outputs of the quantizer. Furthermore, the output of this NOR gate should be connected to the input of an AND gate together with the main clock of the circuit (which defines the sampling frequency). The output of this second AND should then be used as the clock of the 1-bit counter.

By naming each switch of the output stage from $SW_1$ to $SW_4$ (as seen in Fig. 3.11), it's possible to set up a truth table (shown kin Table 3.3) with three inputs (both outputs of the quantizer and the output of the 1-bit counter) and four outputs (from 1 to 4, each connecting to the correspondent switch). This way, boolean equations can be retrieved and the desired encoding logic can be designed.

Recurring to a Karnaugh map, it's easy to obtain the correspondent boolean expressions of each switch. Thus:

These boolean expressions (Eq. 3.21) comprise several logic operations (AND, OR and NOT). In order to avoid having a wide array of different integrated circuits (ICs), all these expressions can be achieved through the use of the NAND logic equivalent. So, the proposed new encoding logic is the one presented in Fig. 3.12:

## 3.4  Feedback Circuitry for a Fully Differential Architecture

In a fully differential architecture, the feedback path can be simply implemented by a pair of resistors (one for each voltage of the differential signal) placed between the circuit output and the input of each integrator stage (when in a feedback structure). This resistor's value is the one that gives the proper feedback coefficient after designing the loop filter, as stated in Sect. 2.6. This single feedback is used in the 1-bit architecture, as shown in Fig. 3.13. Table 3.4 presents the Common Mode Currents

**Fig. 3.13** Feedback circuitry for 1-bit quantization

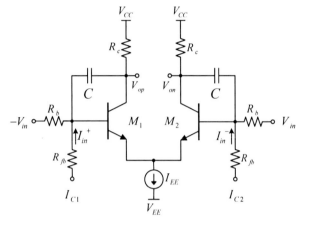

**Table 3.4** Common mode currents and voltages for 1-bit quantization feedback

| State | $I_{C1}$ | $I_{C2}$ | $I_{in}^{+}$ | $I_{in}^{-}$ | $V_{CM}$ |
|-------|----------|----------|--------------|--------------|----------|
| $-1$  | 0 V      | 5 V      | $\frac{V_{CMin}-0}{Rfb}$ | $\frac{5-V_{CMin}}{Rfb}$ | 2.5 V |
| $+1$  | 5 V      | 0 V      | $\frac{5-V_{CMin}}{Rfb}$ | $\frac{V_{CMin}-0}{Rfb}$ | 2.5 V |

**Fig. 3.14** Feedback circuitry for 1.5-bit quantization

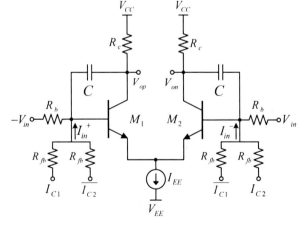

**Table 3.5** Common mode currents and voltages for 1.5-bit quantization feedback

| State | $I_{C1}$ | $\overline{I_{C1}}$ | $I_{C2}$ | $\overline{I_{C2}}$ | $I_{in}^+$ | $I_{in}^-$ | $V_{CM}$ |
|---|---|---|---|---|---|---|---|
| $-1$ | 0 V | 5 V | 5 V | 0 V | $\frac{2\cdot(V_{CMin}-0)}{Rfb}$ | $\frac{2\cdot(5-V_{CMin})}{Rfb}$ | 2.5 V |
| 0 | 0 V | 5 V | 0 V | 5 V | 0 A | 0 A | 2.5 V |
| $+1$ | 5 V | 0 V | 0 V | 5 V | $\frac{2\cdot(5-V_{CMin})}{Rfb}$ | $\frac{2\cdot(V_{CMin}-0)}{Rfb}$ | 2.5 V |

and Voltages. Notice that the feedback voltages (denoted before as $V_{fb}$ and $-V_{fb}$) have been replaced by the feedback signal coming from the encoding logic.

However, in a 1.5-bit architecture ideally there should be no current flowing in the feedback path when in the zero-state. With a single feedback path, there will always be a current flowing in one way or another. The solution to overcome this is to place a second pair of resistors in parallel with the original feedback resistors, as shown in Fig. 3.14. The other alternative was to design a more complex DAC.

To have near non-existent current flow in the feedback path when in the zero state, this second pair of resistors should be connected to the complementary opposite of the original feedback signal used. The downside is that two more feedback paths are necessary (increasing the total to four), instead of the original two. Table 3.5 presents the Common Mode Currents and Voltages.

During the development of this work, possible feedback circuitry for a single-ended implementation were also studied. These were not included in the final design of the CT-$\Sigma\Delta$M, but are nonetheless interesting to consider. Therefore, they are presented and described in Appendix 1.

## 3.5 Simulation Results of the $\Sigma\Delta$M with Differential Pairs

When designing the modulator, one must choose the order and the sampling frequency value of the circuit. Since the main goal is to design an audio amplifier, the signal bandwidth doesn't need to surpass the 20 kHz mark. To reduce the EMI of the amplifier and avoid non-ideal effects in the output power devices a low sampling frequency value should be used. For an ideal 3rd order $\Sigma\Delta$M with an OSR of 32,

**Fig. 3.15** Symbolic view of the integrator differential pair

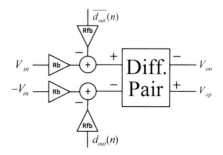

it is possible to achieve an SNDR value of around 95 dB [10, 11]. However, this value could drop to 65 dB due to the limitations imposed by stability. Nevertheless, an OSR of 32 and a signal bandwidth of 20 kHz yields a sampling frequency of 1.28 MHz.

This section deals with the electrical simulation of several $\Sigma\Delta$M architectures. The simulator considered was LTSpice. In order to establish a comparison between CT-$\Sigma\Delta$Ms where the integrator stages are based on traditional Active RC-Integrators (high gain/bandwidth OpAmps) and integrator stages based on differential pairs (the proposed architecture in this work), a 3rd Order 1.5-bit CT-$\Sigma\Delta$M in a CRFB structure using Active-RC Integrators is initially considered. This $\Sigma\Delta$M is sized with the same Genetic Algorithm Tool and its performance is evaluated. Regarding the CT-$\Sigma\Delta$Ms where the integrator stages are based on differential pairs, initially the analytical sizing procedure was used to determine the component values of the 1-bit architecture. The Genetic Algorithm Tool was then used to size the 1.5-bit architecture. The supply voltages used were of $\pm 5$ V. The symbolic view shown in Fig. 3.15 is used to ease the representation of the Integrator Differential Pair in a block diagram.

### 3.5.1  Simulation Results for a 3rd Order 1.5-bit CT-$\Sigma\Delta$M in a CRFB structure using Active-RC Integrators

A 3rd Order CT-$\Sigma\Delta$M with the NTF zeros spread across the signal bandwidth and with a 1.5-bit quantization scheme was considered, since this is the architecture that yields the best theoretical results [10, 11]. It has three integrator stages (although the last two form a local resonator stage), each one comprised by an Active-RC Integrator.

Rail-to-Rail OpAmps with a open loop gain of around 90 dB, a Gain Bandwidth Product (GBW) of 180 MHz and with high Slew Rate (90 V/$\mu$s) were used. The 1.5-bit quantizer is realized by two comparators and the $V_t$ voltage is selected as the one that yields the best possible SNDR value, by the Genetic Algorithm Tool.

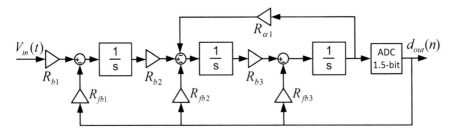

**Fig. 3.16** 3rd order 1.5-bit CT-$\Sigma\Delta$M (CIFB)

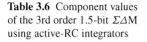

**Table 3.6** Component values
of the 3rd order 1.5-bit ΣΔM
using active-RC integrators

| Component | Value | Units |
|-----------|-------|-------|
| $C$ | 1 | nF |
| $R_{b1}$ | 6.365 | kΩ |
| $R_{b2}$ | 0.966 | kΩ |
| $R_{b3}$ | 2.05 | kΩ |
| $R_{fb1}$ | 15.91 | kΩ |
| $R_{fb2}$ | 8.445 | kΩ |
| $R_{fb3}$ | 8.950 | kΩ |
| $R_{\alpha1}$ | 56.231 | kΩ |

The output of these comparators is then encoded to 1.5-bit representation using two
FFDs.

A block diagram of this circuit is represented in Fig. 3.16.

For this topology, the Genetic Algorithm Tool provides the passive component
values presented in Table 3.6.

After the simulation is concluded, the output bitstream is converted to a txt file so
that FFT analysis can be performed using a computational software like MATLAB®.

For a input sine wave with amplitude of 1 $V_{rms}$ and 2 kHz frequency, the output
spectrum shown in Fig. 3.17 was obtained. The noise floor is around −120 dB.

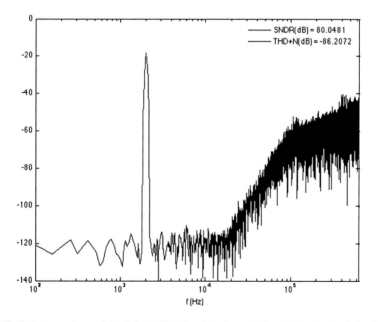

**Fig. 3.17** Output spectrum of the 1.5-bit CRFB architecture obtained with electrical simulations
when using Active-RC Integrators ($2^{16}$ points FFT using a Blackman-Harris window)

Quantization noise is shaped and has a + 60 dB increase per decade as expected, starting from 20 kHz. An SNDR of around 80 dB is obtained with a THD+N of around − 86 dB.

These results should be kept in mind, as they will be used to establish a comparison with the performance of a CT-$\Sigma\Delta$M when Differential Pairs are used to realize each integrator stage, as shown in the next section.

### 3.5.2  3rd Order 1-bit CT-$\Sigma\Delta$M in a CIFB Structure Using Differential Pairs

The first architecture that is subject to analysis is the 3rd Order 1-bit $\Sigma\Delta$M in a CIFB structure. It has three integrator differential pair stages and the 1-bit quantizer is realized by a single comparator. The output of the comparator is then encoded to 1-bit representation using a single FFD. A block diagram of this circuit is represented in Fig. 3.18.

As explained in Sect. 3.1.2.4, the 3rd Order 1-bit $\Sigma\Delta$M was initially sized assuming values for certain components/factors and obtaining the values of the feedback resistors, for a NTF designed as a Butterworth high-pass filter with a cut-off frequency of 140 kHz, which is around a tenth of the sampling frequency. So, for a

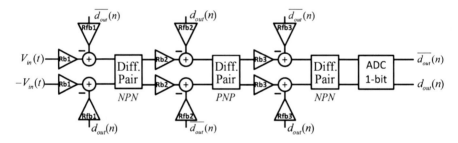

**Fig. 3.18** 3rd Order 1-bit CT-$\Sigma\Delta$M (CIFB)

**Table 3.7** Component values of the 3rd order 1-bit $\Sigma\Delta$M in a CIFB structure through analytical sizing

| Component | Value | Units |
|---|---|---|
| $C$ | 0.47 | nF |
| $R_{b1}$ | 100 | k$\Omega$ |
| $R_{b2} = R_{b3}$ | 2 | k$\Omega$ |
| $R_{fb1}$ | 140.237 | k$\Omega$ |
| $R_{fb2}$ | 29.255 | k$\Omega$ |
| $R_{fb3}$ | 12.220 | k$\Omega$ |
| $R_{Cnpn}$ | 500 | $\Omega$ |
| $R_{Cpnp}$ | 1 | k$\Omega$ |

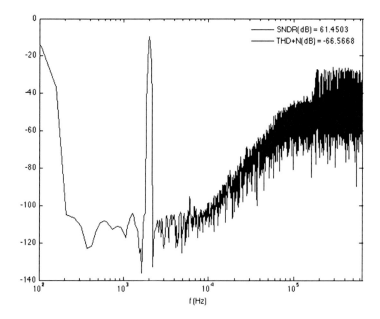

**Fig. 3.19** Output spectrum of the 1-bit CIFB architecture obtained with electrical simulations ($2^{16}$ points FFT using a Blackman-Harris window)

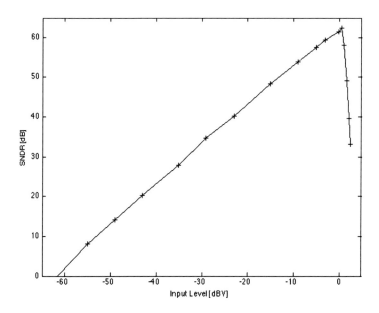

**Fig. 3.20** Measured SNDR as a function of input level of the 1-bit CIFB architecture

biasing current $I_{EE}$ of 10 mA, a thermal voltage $V_T$ of 25 mV and a current gain $\beta$ of 400 for the transistors (both NPN and PNP), it follows that the input impedance of the transistor ($r_\pi$) should be around 2 k$\Omega$. Furthermore, for the output common mode voltage of the NPN and PNP stages to be around 2.5 V (half of the positive supply voltage) and 0 V respectively, the collector resistors ($R_C$) should value 500 $\Omega$ and 1 k$\Omega$ accordingly. Finally, by picking the values of the input resistors ($R_b$) and setting the capacitor value to 0.47 nF[2], the value of the feedback resistors is obtained. The passive component values of the modulator are given in Table 3.7. Note that the value of the input resistors of the first stage is much larger than the rest, due to the large voltage swing of the input signal.

After the simulation is concluded, the output bitstream is converted to a txt file so that FFT analysis can be performed using a computational software like MATLAB®. For a input sine wave with amplitude of 1 $V_{rms}$ and 2 kHz frequency, the output spectrum shown in Fig. 3.19 was obtained.

The noise floor is around $-$ 100 dB. Quantization noise is shaped and has a + 60 dB increase per decade as expected. An SNDR of around 61.45 dB is obtained with a THD+N of around $-$ 66 dB. The measured SNDR as a function of the input level is shown in Fig. 3.20, following that the DR is of about 63 dB.

### 3.5.3  3rd Order 1-bit CT-$\Sigma\Delta$M in a CRFB Structure Using Differential Pairs

As seen in Sect. 2.6, local resonator stages allow for the distribution of the zeros of the NTF along the signal bandwidth. Therefore, the effectiveness of noise-shaping is extended beyond low frequencies. The following architecture is the 3rd Order 1-bit $\Sigma\Delta$M in a CRFB structure. It is composed of an initial integrator stage followed by a local resonator stage. A block diagram of this circuit is shown in Fig. 3.21. Notice the inclusion of another feedback loop that originates the local resonator stage.

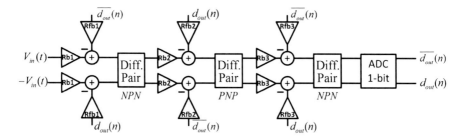

**Fig. 3.21** 3rd Order 1-bit CT-$\Sigma\Delta$M (CRFB)

---

[2] This value presented itself as the most suitable for reducing the inherent noise of the circuit board.

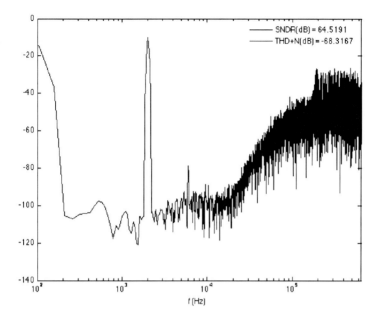

**Fig. 3.22** Output spectrum of the 1-bit CRFB architecture obtained with electrical simulations ($2^{16}$ points FFT using a Blackman-Harris window)

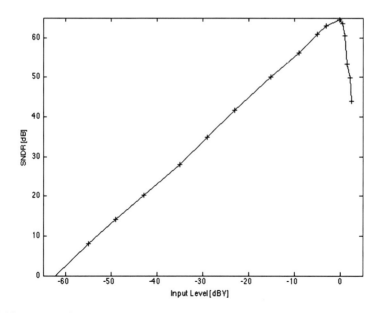

**Fig. 3.23** Measured SNDR as a function of input level of the 1-bit CRFB architecture

To size the components of this architecture, the analytical sizing procedure was once again employed. However, although the TF of the proper Chebyshev type II filter can be determined by specifying a stopband edge frequency of 20 kHz and its coefficients retrieved, the computing software used to determine the values of the feedback resistors (Mathematica®) proved itself unable to determine the value of the local resonator feedback resistor (probably due to insufficient memory or another unknown reason). Therefore, the solution found was to use the same feedback resistors as in the CIFB structure and, by a backtracking process, determining the value of the local resonator feedback resistor that shifts the zeros from DC to the signal bandwidth and shapes the quantization noise so that it has a + 60 dB increase per decade, starting from 20 kHz. This resistor value was found to be about 162 k$\Omega$. All of the other components have the same value as in the CIFB structure (Table 3.7), as stated before.

For a input sine wave with amplitude of 1 $V_{rms}$ and 2 kHz frequency, the output spectrum shown in Fig. 3.22 was obtained. Figure 3.22 shows that the in-band noise floor of the 3rd Order 1-bit $\Sigma\Delta$M is around $-$ 100 dB. Quantization noise is shaped and has a + 60 dB increase per decade starting from roughly 20 kHz, due to the zero spreading. An SNDR of around 64.5 dB is obtained with a THD+N of around $-$ 68 dB. Thus, the zero spreading is capable of improving the overall performance of the $\Sigma\Delta$M by around + 3 dB. The measured SNDR as a function of the input level is shown in Fig. 3.23, following that the DR is of about 65 dB.

### 3.5.4  3rd Order 1.5-bit CT-$\Sigma\Delta$M in a CIFB Structure Using Differential Pairs

As seen in Sect. 2.6.6, another way of improving the SNDR of the $\Sigma\Delta$M is to use a 1.5-bit quantizer, thereby reducing the quantization error (thus improving the linearity of the feedback) in the modulator yielding a more stable loop. Thus, a larger cut-off frequency can be used. Furthermore, for near-zero input signals there is low switching activity. The 1.5-bit quantizer used is the one described in Sect. 3.2. A

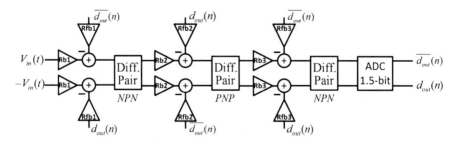

**Fig. 3.24**  3rd Order 1.5-bit CT-$\Sigma\Delta$M (CIFB).

**Table 3.8** Component values
of the 3rd order 1.5-bit ΣΔM
in a CIFB structure

| Component | Value | Units |
|---|---|---|
| $C$ | 0.47 | nF |
| $R_{b1}$ | 69.565 | k$\Omega$ |
| $R_{b2}$ | 2.131 | k$\Omega$ |
| $R_{b3}$ | 2.100 | k$\Omega$ |
| $R_{fb1}$ | 162.832 | k$\Omega$ |
| $R_{fb2}$ | 104.904 | k$\Omega$ |
| $R_{fb3}$ | 57.950 | k$\Omega$ |
| $R_{Cnpn}$ | 500 | $\Omega$ |
| $R_{Cpnp}$ | 1 | k$\Omega$ |
| $R_1$ | 46.6 | $\Omega$ |
| $R_2$ | 5k | k$\Omega$ |

block diagram of this circuit is shown in Fig. 3.24. For this topology, the Genetic
Algorithm provides the passive component values presented in Table 3.8.

For a input sine wave with amplitude of 1 $V_{rms}$ and 2 kHz frequency, the output
spectrum shown in Fig. 3.25 was obtained. Fig. 3.25 shows that the in-band noise
floor of the 3rd Order 1.5-bit ΣΔM is around $-$ 100 dB. Quantization noise is shaped
and has a + 60 dB increase per decade, although it begins still inside the audio band

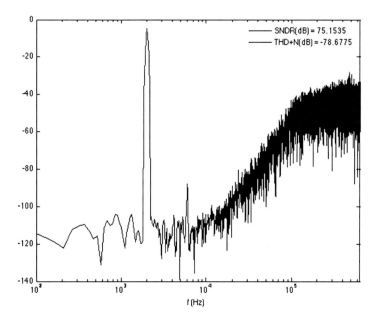

**Fig. 3.25** Output spectrum of the 1.5-bit CIFB architecture obtained with electrical simulations
($2^{16}$ points FFT using a Blackman-Harris window)

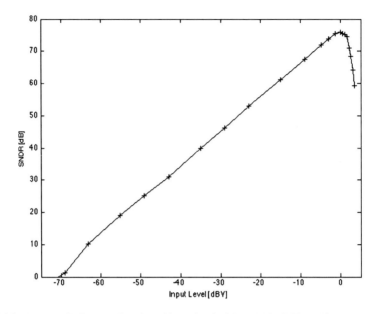

**Fig. 3.26** Measured SNDR as a function of input level of the 1.5-bit CIFB architecture

(roughly 20 kHz). An SNDR of around 75 dB is obtained with a THD+N of around
− 79 dB. The measured SNDR as a function of the input level is shown in Fig. 3.26,
following that the DR is of about 72 dB.

### 3.5.5  *3rd Order 1.5-bit CT-$\Sigma\Delta$M in a CRFB structure Using Differential Pairs*

Again, a local resonator stage is used (CRFB structure) in order to improve the
overall performance of the $\Sigma\Delta$M. Together with 1.5-bit quantization, this is the
architecture that yields the best overall results among those studied and implemented.
A block diagram of this circuit is shown in Fig. 3.27. In this architecture, the Genetic
Algorithm provides the passive component values presented in Table 3.9.

With this sizing, for a input sine wave with amplitude of 1 $V_{rms}$ and 2 kHz
frequency, the output spectrum shown in Fig. 3.28 was obtained.

Figure 3.28 shows that the in-band noise floor of the 3rd Order 1.5-bit $\Sigma\Delta$M is
around − 100 dB. Again, quantization noise is shaped and has a + 60 dB increase
per decade. When compared to Fig. 3.25, it follows that the distribution of the zeros
along the signal bandwidth leads to an increase of the SNDR value of about + 3 dB,
to 78 dB, due to reduced distortion (particularly HD3) and the noise being shaped
further away from the audio band.

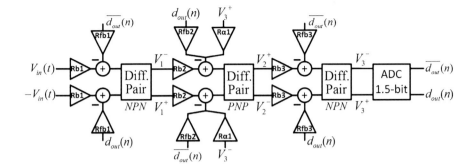

**Fig. 3.27**  3rd order 1.5-bit CT-ΣΔM (CRFB)

**Table 3.9** Component values
of the 3rd order 1.5-bit ΣΔM
in a CRFB structure

| Component | Value | Units |
|-----------|-------|-------|
| $C$ | 0.47 | nF |
| $R_{b1}$ | 85.007 | k$\Omega$ |
| $R_{b2}$ | 1.904 | k$\Omega$ |
| $R_{b3}$ | 2.269 | k$\Omega$ |
| $R_{fb1}$ | 164.320 | k$\Omega$ |
| $R_{fb2}$ | 127.518 | k$\Omega$ |
| $R_{fb3}$ | 68.910 | k$\Omega$ |
| $R_{\alpha1}$ | 216.613 | k$\Omega$ |
| $R_{Cnpn}$ | 500 | $\Omega$ |
| $R_{Cpnp}$ | 1 | k$\Omega$ |
| $R_1$ | 38.1 | $\Omega$ |
| $R_2$ | 5k | k$\Omega$ |

The measured SNDR as a function of the input level is shown in Fig. 3.29,
following that the DR is of about 68 dB.

By recalling the results obtained for a ΣΔM when Active-RC Integrators were
used (Fig. 3.17), it follows that there was a decrease of no more than 3 dB. Thus, it
is safe to assume that replacing high gain and bandwidth OpAmps by Differential
Pairs, who behave like lossy integrators, can be done as long as their finite gain and
bandwidth is accommodated during the filter design process.

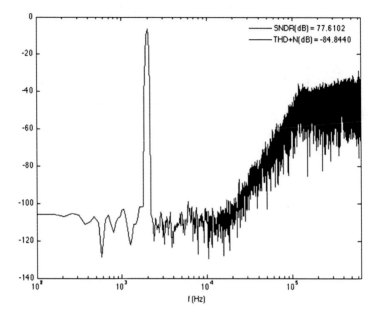

**Fig. 3.28** Output spectrum of the 1.5-bit CRFB architecture obtained with electrical simulations ($2^{16}$ points FFT using a Blackman-Harris window)

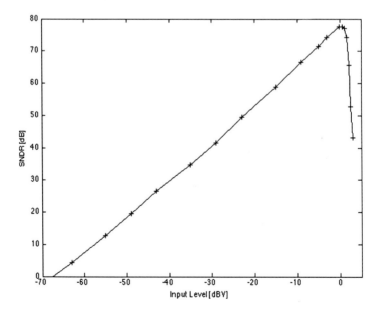

**Fig. 3.29** Measured SNDR as a function of input level of the 1.5-bit CRFB architecture

# Chapter 4
# Measured Prototypes and Experimental Results

**Abstract** This chapter discusses the implementation of two PCB prototypes manufactured (one for each quantization scheme, 1-bit or 1.5-bit), with the objective of evaluating their performance and functionality. Both boards were designed in such a way that they could implement both the CIFB and the CRFB structure. To do so, a jumper was placed in between the local resonator feedback path. The first circuit concerns the $3^{rd}$ Order 1-bit CT-$\Sigma\Delta$M in a CIFB structure, presented in Sect. 3.5.2. The second prototype concerns the $3^{rd}$ Order 1-bit CT-$\Sigma\Delta$M in a CRFB structure, presented in Sect. 3.5.3. Finally, the third prototype concerns the $3^{rd}$ Order 1.5-bit CT-$\Sigma\Delta$M in a CRFB structure, which was presented in Sect. 3.5.5. For each prototype, a layout of the PCB will be shown and some design and layout considerations will be given. Each section will end with the experimental results achieved and a comparison with the electrical simulation results will be carried out at the end of the chapter. The layout was performed with the aid of the program EAGLE®.

## 4.1  $3^{rd}$ Order 1-bit CT-$\Sigma\Delta$M in a CIFB Structure

The PCB layout of the $3^{rd}$ Order 1-bit CT-$\Sigma\Delta$M is presented in Fig. 4.1. The 1206 package was used for both the resistors and capacitors. BC109 BJTs are used for the NPN differential pair(s) and current mirror(s), while BC179 are the BJTs chosen to implement the PNP differential pair(s) and current mirror(s). Both BJTs are manufactured in a TO-18 package. These were chosen due to their high current gain and low noise.

Each current mirror was implemented as a LED current source and has a variable resistor (potentiometer) that adjusts the current flowing through each Differential Pair stage. The comparator was implemented by LT1720 single-supply comparators with rail-to-rail outputs, while the FFD was implemented by a Quadruple FFD with clear (Ref: CD74AC175). The clock signal ($f_s$ = 1.28 MHz) was applied to a SMA connector. Decoupling capacitors of 100 nF were used.

At first, the component values listed in Table 3.7 that were given by the Analytical Sizing procedure were used. Their nominal values are presented in Table 4.1.

The $3^{rd}$ Order 1-bit CT-$\Sigma\Delta$M PCB after manufacturing and soldering the components is shown in Fig. 4.2.

© Springer International Publishing Switzerland 2015                                      51
N. Pereira, N. Paulino, *Design and Implementation of Sigma Delta Modulators*
*(ΣΔM) for Class D Audio Amplifiers using Differential Pairs*,
SpringerBriefs in Electrical and Computer Engineering, DOI 10.1007/978-3-319-11638-9_4

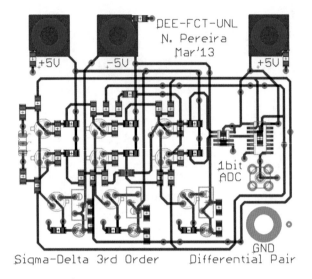

**Fig. 4.1** PCB layout of the 3$^{rd}$ order 1-bit CT-$\Sigma\Delta$M

**Table 4.1** Component values of the 3$^{rd}$ order 1-bit $\Sigma\Delta$M in a CIFB structure through analytical sizing

| Component | Theoretical value | Nominal value | Units | Error (%) |
|---|---|---|---|---|
| $C$ | 0.47 | 0.47 | nF | 0 |
| $R_{b1}$ | 100 | 99.8 | k$\Omega$ | 0.2 |
| $R_{b2} = R_{b3}$ | 2 | 1.99 | k$\Omega$ | 0.5 |
| $R_{fb1}$ | 140 | 137 | k$\Omega$ | 2.14 |
| $R_{fb2}$ | 29.255 | 29.4 | k$\Omega$ | 0.15 |
| $R_{fb3}$ | 12.220 | 12.4 | k$\Omega$ | 1.47 |
| $R_{Cnpn}$ | 500 | 499 | $\Omega$ | 0.2 |
| $R_{Cpnp}$ | 1 | 0.998 | k$\Omega$ | 0.2 |

After properly connecting the supply voltages and the clock signal onto the PCB and shunting both inputs, the DC operating point of the circuit was adjusted, by regulating the value of the potentiometers of each current mirror (Fig. 4.3). Afterwards, an input sine wave of 1 $V_{rms}$ amplitude and 1 kHz frequency was applied to the circuit. The experimental setup is shown in Fig. 4.4. The test equipment used is described as follows: the input signals were produced with a Audio Precision ATS-2 audio analyser and the output signals were read with a probe and a Tektronix TDS3052 oscilloscope. The clock signal was produced by a Wavetek CG635 signal generator and the supply voltages were produced by a Tektronix PS2521G power supply.

The bitstream signal was retrieved and converted to a txt file so that an FFT analysis could be performed, using a computational software like MATLAB®, in

**Fig. 4.2** Manufactured 3$^{rd}$ order 1-bit CT-$\Sigma\Delta$M PCB

**Fig. 4.3** Connecting the input signal to the 3$^{rd}$ order 1-bit CT-$\Sigma\Delta$M PCB

order to obtain the SNDR and THD+N value. The output spectrum is shown in Fig. 4.5. A series of tests was also performed in order to trace the SNDR vs Input Signal curve. To do so, sine waves with different amplitudes were applied to the circuit. For instance, Fig. 4.6 shows the output spectrum when an input sine wave with 0.5 $V_{rms}$ amplitude is applied. The SNDR vs Input Signal curve is shown in Fig. 4.7.

Figure 4.5 shows that the in-band noise floor of the 3$^{rd}$ Order 1-bit $\Sigma\Delta$M is around $-110$ dB. Quantization noise is shaped as expected and has a $+60$ dB increase per decade. The resulting SNDR is of around 57 dB, which is slightly lower than the

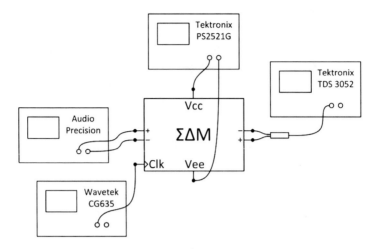

**Fig. 4.4** Experimental setup for the 3$^{rd}$ order 1-bit CT-$\Sigma\Delta$M PCB

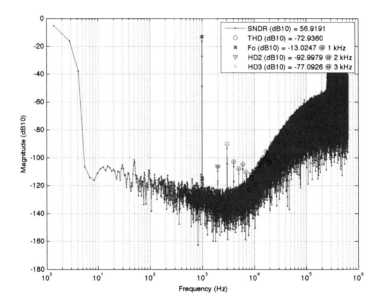

**Fig. 4.5** Output spectrum of the 1-bit CIFB architecture obtained through experimental measurements for an input sine wave with 1 $V_{rms}$ amplitude ($2^{16}$ points FFT using a Blackman-Harris window)

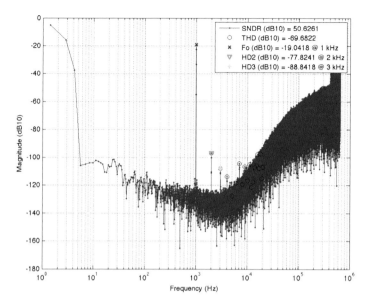

**Fig. 4.6** Output spectrum of the 1-bit CIFB architecture obtained through experimental measurements for an input sine wave with 0.5 $V_{rms}$ amplitude ($2^{16}$ points FFT using a Blackman-Harris window)

simulation results obtained for the same circuit (about $-4$ dB), as seen in Fig. 3.19. This may be due to the inherent noise of the PCB and component mismatches. From Fig. 4.7, it follows that this ΣΔM has a DR of around 60 dB.

## 4.2   3rd Order 1-bit CT-ΣΔM in a CRFB Structure

The next step was to solder a pair of resistors in the local resonator feedback path in order to shift the zeros placement. The same transistors, comparator and FFD were used. The component values of this architecture are listed in Table 4.2.

After redoing the procedures stated before (shunting both inputs, adjusting the DC operating point, etc), an input sine wave of 1 $V_{rms}$ amplitude and 1 kHz frequency was applied. Again, the bitstream signal was retrieved and used to obtain the SNDR and THD+N value. The output spectrum is shown in Fig. 4.8. For a sine wave with 0.5 $V_{rms}$ amplitude, the obtained output spectrum is shown in Fig. 4.9. Another series of tests was performed in order to trace the SNDR vs Input Signal curve shown in Fig. 4.10.

Figure 4.8 shows that the in-band noise floor of the 3rd Order 1-bit ΣΔM in a CRFB structure is around $-100$ dB. Quantization noise is shaped as expected and has a +60 dB increase per decade, starting from $\pm 20$ kHz. This shows that the local resonator feedback is capable of shifting the zeros from DC to the signal bandwidth.

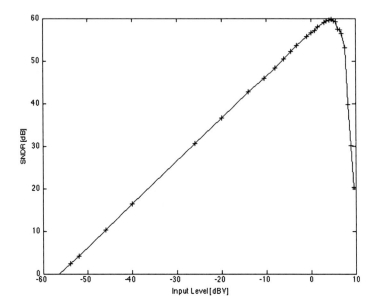

**Fig. 4.7** Measured SNDR as a function of input level for the 3$^{rd}$ order 1-bit CT-$\Sigma\Delta$M in a CIFB structure

**Table 4.2** Component values of the 3$^{rd}$ order 1-bit $\Sigma\Delta$M in a CRFB structure through analytical sizing

| Component | Theoretical value | Nominal value | Units | Error (%) |
|---|---|---|---|---|
| $C$ | 0.47 | 0.47 | nF | 0 |
| $R_{b1}$ | 100 | 99.8 | k$\Omega$ | 0.2 |
| $R_{b2} = R_{b3}$ | 2 | 1.99 | k$\Omega$ | 0.5 |
| $R_{fb1}$ | 140 | 137 | k$\Omega$ | 2.14 |
| $R_{fb2}$ | 29.255 | 29.4 | k$\Omega$ | 0.15 |
| $R_{fb3}$ | 12.220 | 12.4 | k$\Omega$ | 1.47 |
| $R_{\alpha1}$ | 162 | 161.2 | k$\Omega$ | 0.49 |
| $R_{Cnpn}$ | 500 | 499 | $\Omega$ | 0.2 |
| $R_{Cpnp}$ | 1 | 0.998 | k$\Omega$ | 0.2 |

Therefore the resulting SNDR is of around 60 dB, which is a slight improvement (about +3 dB) over the performance obtained for the CIFB architecture, as seen in Fig. 4.5. Also, from Fig. 4.10, it follows that this $\Sigma\Delta$M has a DR of around 62 dB.

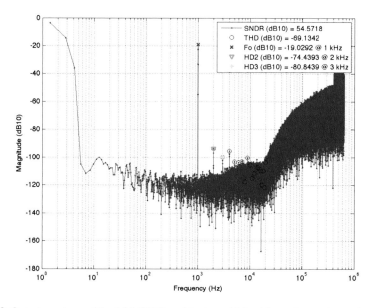

**Fig. 4.8** Output spectrum of the 1-bit CRFB architecture obtained through experimental measurements for an input sine wave with 1 $V_{rms}$ amplitude ($2^{16}$ points FFT using a Blackman-Harris window)

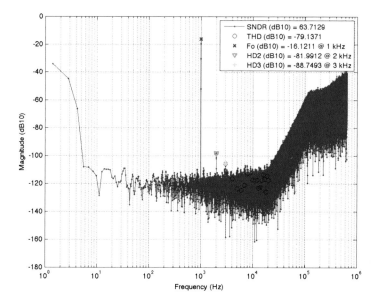

**Fig. 4.9** Output spectrum of the 1-bit CRFB architecture obtained through experimental measurements for an input sine wave with 0.5 $V_{rms}$ amplitude ($2^{16}$ points FFT using a Blackman-Harris window)

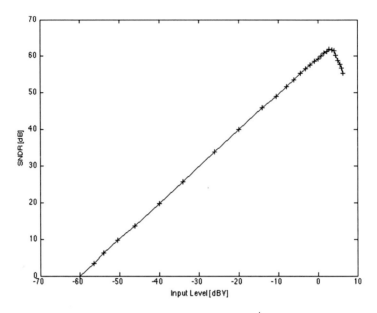

**Fig. 4.10** Measured SNDR as a function of input level for the 3$^{rd}$ order 1-bit CT-$\Sigma\Delta$M in a CRFB structure

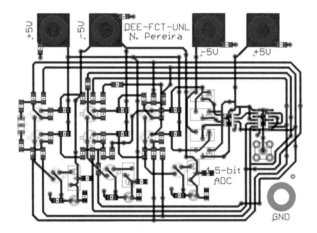

**Fig. 4.11** PCB layout of the 3$^{rd}$ order 1.5-bit CT-$\Sigma\Delta$M

## 4.3  3$^{rd}$ Order 1.5-bit CT-$\Sigma\Delta$M in a CRFB Structure

The PCB layout of the 3$^{rd}$ Order 1.5-bit CT-$\Sigma\Delta$M is presented in Fig. 4.11. Again, the 1206 package was used for both the resistors and capacitors. The component values of this architecture are listed in Table 4.3.

**Table 4.3** Component values of the 3$^{rd}$ order 1.5-bit $\Sigma\Delta$M in a CRFB structure sized through a genetic algorithm

| Component | Theoretical value | Nominal value | Units | Error (%) |
|---|---|---|---|---|
| $C$ | 0.47 | 0.47 | nF | 0 |
| $R_{b1}$ | 85.007 | 84.8 | k$\Omega$ | 0.24 |
| $R_{b2}$ | 1.904 | 1.910 | k$\Omega$ | 0.32 |
| $R_{b3}$ | 2.269 | 2.262 | k$\Omega$ | 0.31 |
| $R_{fb1}$ | 164.320 | 164.8 | k$\Omega$ | 0.29 |
| $R_{fb2}$ | 127.518 | 127.7 | k$\Omega$ | 0.14 |
| $R_{fb3}$ | 68.910 | 69.4 | k$\Omega$ | 0.71 |
| $R_{\alpha1}$ | 216.613 | 215.4 | k$\Omega$ | 0.56 |
| $R_{Cnpn}$ | 500 | 499 | $\Omega$ | 0.2 |
| $R_{Cpnp}$ | 1 | 0.998 | k$\Omega$ | 0.2 |
| $R_1$ | 38.1 | 38.3 | $\Omega$ | 0.52 |
| $R_2$ | 5 | 4.98 | k$\Omega$ | 0.4 |

**Fig. 4.12** Manufactured 3$^{rd}$ order 1.5-bit CT-$\Sigma\Delta$M PCB

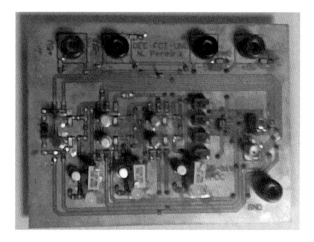

The 3$^{rd}$ Order 1.5-bit CT-$\Sigma\Delta$M PCB after manufacturing and soldering the components is shown in Fig. 4.12.

After performing the same preliminary steps as with the 1-bit CT-$\Sigma\Delta$M PCB, an input sine wave of 1 $V_{rms}$ amplitude and 1 kHz frequency was applied to the circuit. The bitstream signal was retrieved and used to obtain the SNDR and THD+N value. The output spectrum is shown in Fig. 4.13.

A series of tests was also performed in order to trace the SNDR vs Input Signal curve shown in Fig. 4.15. For a sine wave with 0.5 $V_{rms}$ amplitude, the obtained output spectrum is shown in Fig. 4.14.

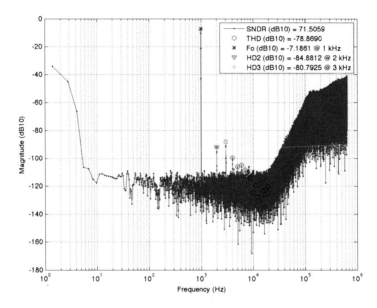

**Fig. 4.13** Output Spectrum of the 1.5-bit CRFB architecture obtained through experimental measurements for an input sine wave with 1 $V_{rms}$ amplitude ($2^{16}$ points FFT using a Blackman-Harris window)

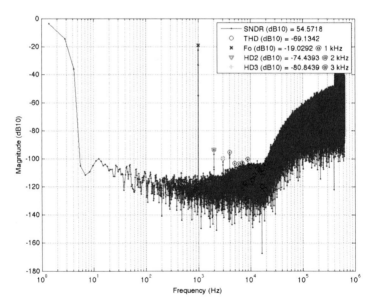

**Fig. 4.14** Output spectrum of the 1.5-bit CRFB architecture obtained through experimental measurements for an input sine wave with 0.5 $V_{rms}$ amplitude ($2^{16}$ points FFT using a Blackman-Harris window)

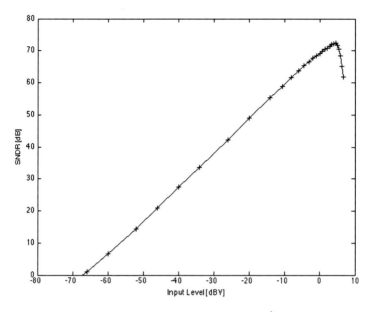

**Fig. 4.15** Measured SNDR as a function of Input Level for the 3$^{rd}$ Order 1.5-bit CT-$\Sigma\Delta$M in a CRFB structure

Figure 4.13 shows that the in-band noise floor of the 3$^{rd}$ Order 1.5-bit $\Sigma\Delta$M in a CRFB structure is around $-100$ dB. Quantization noise is shaped and has a +60 dB increase per decade, starting from $\pm$ 20 kHz. The resulting SNDR is of around 72 dB, which is slightly lower than the simulation results obtained for the same circuit (about $-6$ dB), as seen in Fig. 3.28. As before, this may be due to the inherent noise of the PCB and component mismatches. Also, the 2$^{nd}$ harmonic is clearly visible, which may indicate that the differential pairs are not perfectly balanced. Fig. 4.15 shows that this $\Sigma\Delta$M has a DR of about 73 dB.

## 4.4   Comparison Between Theoretical and Experimental Results

Table 4.4 presents a comparison between the Theoretical Results obtained through electrical simulations and the Experimental Results provided by both PCBs, for the different $\Sigma\Delta$Ms considered.

As Table 4.4 shows, the experimental results are fairly close to the theoretical performance. The differences may be explained by the inherent noise of the PCBs and component mismatches.

It should be stated that the PCBs were subjected to a series of tests and soldering of components, particularly different BJT's, that may have inadvertently degraded its quality.

**Table 4.4** Theoretical vs experimental results

| Architecture | Theoretical result (dB) | Experimental result (dB) |
|---|---|---|
| 3$^{rd}$ order 1-bit | SNDR = 61.45 | SNDR = 56.92 |
| $\Sigma\Delta$M (CIFB) | THD+N = $-66.57$ | THD+N = $-72.94$ |
| 3$^{rd}$ order 1-bit | SNDR = 64.52 | SNDR = 59.86 |
| $\Sigma\Delta$M (CRFB) | THD+N = $-68.32$ | THD+N = $-67.88$ |
| 3$^{rd}$ order 1.5-bit | SNDR = 77.61 | SNDR = 71.51 |
| $\Sigma\Delta$M (CRFB) | THD+N = $-84.84$ | THD+N = $-78.87$ |

Nevertheless, the results validate the theoretical work performed and show that Integrator Differential Pairs, with their low gain and bandwidth, are capable of properly replacing OpAmps with high gain and bandwidth, without degrading the performance of the $\Sigma\Delta$Ms in a considerable fashion.

# Chapter 5
# Conclusions

## 5.1 Final Remarks

The objective of the work presented in this book was to design and implement a $\Sigma\Delta M$ for a Class D audio amplifier in a fully-differential topology where the loop filter's integrator stages were based on BJT Differential Pairs.

In the second chapter, after presenting the fundamental concepts behind Class D audio amplifiers and Data conversion, where the advantages of $\Sigma\Delta Ms$ were described, a deep analysis on several $\Sigma\Delta M$ architectures was performed. The advantages/disadvantages of Feedforward and Feedback techniques were described. It was shown that although both provide the same NTF, the Feedback structure provided much stronger filtering and nearly no peaking at high frequencies. Also, the introduction of local resonator stages led to the distribution of the NTF zeros along the signal bandwidth which resulted in a greater attenuation over the frequency band of interest.

Furthermore, the use of 1.5-bit quantization over traditional 1-bit architectures showed that it was possible to improve the SNDR of the circuit by around 7.6 dB. Concerning the output stage, the addition of a third quantization level significantly reduces switching activity and a greater power efficiency can be achieved since, in this third state, zero power is transferred to the load.

In the third chapter the design of the $\Sigma\Delta M$ is presented. Two possible solutions for the implementation of the integrator stages are shown, Active-RC Integrators and Integrator Differential Pairs. The former is one of the most common solutions for the integrator stages of the $\Sigma\Delta M$, mainly due to its linearity and power consumption. The latter composes the main contribution behind this work, where BJT Differential Pairs replace the commonly used Active-RC Integrators in a CT design. Their main advantages are the inherent fully differential topology, a high CMRR and having a similar performance as the Active-RC Integrators despite their lower gain and bandwidth. Two different ways of sizing the loop filter are proposed, one where the design equations are used and certain assumptions of component values are made (Analytical Sizing) and another where a Genetic Algorithm Tool is used to find the

© Springer International Publishing Switzerland 2015

N. Pereira, N. Paulino, *Design and Implementation of Sigma Delta Modulators*
*(ΣΔM) for Class D Audio Amplifiers using Differential Pairs,*
SpringerBriefs in Electrical and Computer Engineering, DOI 10.1007/978-3-319-11638-9_5

component values while taking into consideration factors like RC mismatches and maximum voltage swing.

Also, a 1.5-bit ADC that relies on only two comparators is designed, capable of generating three different voltage levels and effectively rejecting the input common-mode voltage. These voltage levels are encoded to 1.5-bit representation using only two FFDs. However, an alternative encoding logic is proposed, capable of alternating the output stage's switches state whenever the bitstream is the same for long periods of time. Also, for 1-bit quantization the feedback circuitry consists only in single feedback resistors, while if 1.5-bit quantization is performed two resistors in parallel are used. This is necessary to ensure that in the zero-state no current is flowing in the feedback path.

Simulation results are shown at the end of the third chapter, for several $\Sigma\Delta$Ms. A $3^{rd}$ order $\Sigma\Delta$M with an OSR of 32 was considered. Since this $\Sigma\Delta$M is to be used as an audio amplifier, the signal bandwidth considered was of 20 kHz. As a result, a sampling frequency of 1.28 MHz was used. This relatively low sampling frequency value also helps reducing the EMI of the amplifier and avoid non-ideal effects in the output power devices.

For a 1-bit CIFB structure, an SNDR value of 61.45 dB was obtained, together with a THD+N of $-$ 66.5 dB. This $\Sigma\Delta$M has a DR of about 63 dB. With local resonator stages (CRFB structure), the SNDR value was of 64.5 dB, a + 3 dB increase when considering the CIFB structure. The DR was of about 65 dB. These performances could hopefully be improved if the Genetic Algorithm Tool was used to size the components, instead of the analytical sizing. This was done when sizing the 1.5-bit quantization structure (for both the CIFB and CRFB architectures). As expected, the results were improved. For the CIFB structure, simulations of the modulator show that it has a SNDR value of 75.2 dB and a DR of about 72 dB, with a THD+N of $-$78.7 dB. Finally, for a 1.5-bit CRFB structure, a SNDR value of 77.6 dB, DR of about 68 dB and a THD+N of $-$ 84.8 dB were obtained. This shows that both the increase of the resolution of the quantizer and spreading the zeros along the signal bandwidth improve the overall performance of the $\Sigma\Delta$M.

These results also show that a $\Sigma\Delta$M with integrator stages implemented by Integrator Differential Pairs is capable of reaching a performance fairly similar to that of $\Sigma\Delta$M with integrator stages implemented by Active-RC Integrators, with high gain and bandwidth. This is possible as long as the finite gain and bandwidth of the Differential Pairs is accommodated during the filter design process.

Finally, the experimental results are presented in Chap. 4. Three architectures were implemented: $3^{rd}$ Order 1-bit CT-$\Sigma\Delta$M in a CIFB structure and in a CRFB structure and $3^{rd}$ Order 1.5-bit CT-$\Sigma\Delta$M in a CRFB structure. The component values of the former two were found through Analytical Sizing while the latter was sized through a Genetic Algorithm Tool. The experimental results obtained for these architectures were fairly close to those obtained through simulations, therefore validating the work done theoretically. The $3^{rd}$ Order 1-bit CT-$\Sigma\Delta$M in a CIFB structure yielded an SNDR of around 57 dB while for the CRFB structure, the obtained SNDR was of about 60 dB (+3 dB increase due to the implementation of the local resonator stage). Both are about −4 dB below the theoretical results. Regarding the 3$^{rd}$ Order 1.5-bit CT-$\Sigma\Delta$M in a CRFB structure, the SNDR obtained was of around 72 dB (around − 6 dB below the theoretical results). These slight disparities may be due to the inherent noise of the PCBs and component mismatches.

# Appendix 1:
# Analytical Sizing of the CT-$\Sigma\Delta$M Implemented with Differential Pairs

This appendix explains the procedure taken to determine the feedback resistor values of a CT-$\Sigma\Delta$M implemented with Differential Pairs through an Analytical Sizing. The software used to do such were Mathematica® and MATLAB®, and the commands presented follow each programs syntax.

## A.1.1  Design of a CIFB structure

The first step taken is the determination of the loop filter's generic NTF. This can be obtained through several ways, although the easiest might be the use of a software tool, such as MATLAB®. The feedback resistor values are obtained based on the coefficients that are present in the NTF.

In a CIFB structure the NTF is typically designed to be a Butterworth High-Pass filter. To design it, the order $N$ must be specified as well as the desired cut-off frequency $w_p$ in rad/s. Since the NTF presents a high-pass response and will be implemented in continuous, the terms 'high' and 's' must be used, respectively.

The correspondent MATLAB® command is shown in Table A.1.1, where A and B represent the denominator and numerator coefficient values, respectively.

The next step is to obtain the TF of the $\Sigma\Delta$M implemented with Differential Pairs. This TF can be split into two, in order to obtain both the STF and the NTF. The latter's coefficients (which in reality are expressions that combine all of the components used in the circuit) are then equalled to the coefficients that MATLAB® provided. The final step is to assign values to most of the components in the circuit, except the feedback resistors.

For a common mode output voltage of $V_{npn}$ V and $V_{pnp}$ V for the NPN and PNP stages respectively and for a certain $I_C$ collector current, it follows that the $R_c$ resistors should be sized according to Eq. A.1.1.

$$R_{Cnpn} = \frac{V_{cc} - V_{npn}}{I_C} \qquad R_{Cpnp} = \frac{V_{pnp} - V_{ee}}{I_C}, \qquad (A.1.1)$$

© Springer International Publishing Switzerland 2015

N. Pereira, N. Paulino, *Design and Implementation of Sigma Delta Modulators (ΣΔM) for Class D Audio Amplifiers using Differential Pairs*, SpringerBriefs in Electrical and Computer Engineering, DOI 10.1007/978-3-319-11638-9

**Table A.1.1** Obtaining the CT Butterworth high-pass filter transfer function through Matlab

| [B,A] = butter(N,$w_p$,'high','s') |
| --- |
| NTF = tf(B,A) |

where $V_{cc}$ and $V_{ee}$ are the positive and negative power supply, respectively. Since the Differential Pair is composed of two coupled common-emitter stages, the voltage gain is known and depends on the BJT transconductance and the $R_c$ resistor[1] given by Eq. A.1.2.

$$|A_v| = g_m R_c, \tag{A.1.2}$$

where $g_m = \dfrac{I_C}{V_T}$. $V_T$ represents the thermal voltage (and at room temperature is estimated to be about 25 mV). This voltage gain should not be too small, otherwise the noise shaping at low frequencies will be reduced and the overall performance of the modulator may be affected significantly [4].

The input impedance of the transistor ($r_\pi$ resistor) can also be estimated through Eq. A.1.3.

$$r_\pi = \frac{\beta V_T}{I_C}, \tag{A.1.3}$$

where $\beta$ represents the current gain at low frequencies. Although there is no sure-fire way of determining its value, it can be estimated and the average value can be found on a datasheet.

The base resistors ($R_b$) have no direct method for its sizing. However, to prevent BJT operation outside of the linear region (due to a small dynamic range) the $R_b$ resistors of the first stage should be considerably high when compared to the base resistors of the following stages. Finally, the integrating capacitors value are assigned.

With all of these components sized, a computing software (it can be either Mathematica® or MATLAB®) can solve the equations in order to determine the optimal values for the feedback resistors.

## A.1.2 Design of a CRFB structure

If a CRFB structure is used, an Inverse Chebyshev type II filter is desired. The procedure is slightly the same as in the Butterworth filter design, where the order $N$ of the filter must be specified but in this case the stopband edge frequency $w_s$ (in rad/s) must be defined. Also, the stopband ripple should be R dB down from the peak passband value. Other than that, the terms 'high' and 's' are used again.

The correspondent MATLAB® command is shown in Table A.1.2.

---

[1] This is valid only if a emitter degeneration resistor is not present.

**Table A.1.2** Obtaining the
CT inverse Chebyshev
high-pass filter transfer
function through Matlab

| |
|---|
| [B,A] = cheby2(N,R,$w_s$,'high','s') |
| NTF = tf(B,A) |

**Table A.1.3** Obtaining the
CT Butterworth high-pass
filter transfer function
through Matlab

| |
|---|
| [B,A] = butter(2,2*pi*100e3,'high','s') |
| NTF = tf(B,A) |

**Table A.1.4** Component
values of the second order
1-bit ΣΔM in a CIFB
structure through analytical
sizing

| Component | Value | Units |
|---|---|---|
| $C$ | 0.47 | nF |
| $R_{b1}$ | 80 | kΩ |
| $R_{b2}$ | 2 | kΩ |
| $R_{fb1}$ | 115.130 | kΩ |
| $R_{fb2}$ | 24.301 | kΩ |
| $R_{Cnpn}$ | 500 | Ω |
| $R_{Cpnp}$ | 1 | kΩ |

The main difference here is that a fourth equation is drawn, one that takes into account the numerator of the NTF. Without it, the spreading of the zeros along the signal bandwidth would not occur. The remaining procedure is the same and the value of the resistor that is placed between two consecutive integrator stages is obtained.

## A.1.3  Design Example: 2nd Order 1-bit CT-ΣΔM

Take as an example the design of a 2nd Order 1-bit CT-ΣΔM with coincident zeros, which has a maximum SNDR value of around 55 dB [10, 11], when an OSR of 32 and a $f_s$ of 1.28 MHz is used.

The first step is to determine the loop filter's NTF. Thus, the filter's order N is 2, and a cut-off frequency of 100 kHz (around a tenth of $f_s$) is selected. The correspondent MATLAB® command is shown in Table A.1.3. Notice the '2*pi' factor, that converts the cut-off frequency from Hz to rad/s.

The resulting NTF is presented in Eq. A.1.4.

$$NTF(s) = \frac{s^2}{s^2 + 8.886e05s + 3.948e11} \tag{A.1.4}$$

In order to obtain the values of the feedback resistors ($R_{fb}$), the value of the input resistors ($R_b$) is assumed. Also, considering that the output common-mode voltage should be around 2.5 V for the NPN integrator stage and 0 V for the PNP integrator stage, the $R_C$ values are 500 Ω and 1 kΩ respectively. The passive component values of the modulator are given in Table A.1.4.

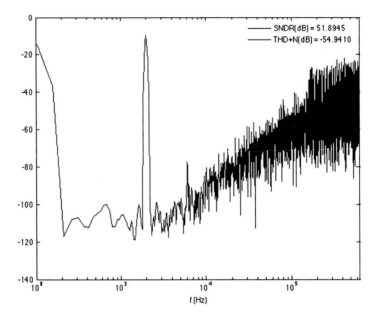

**Fig. A.1.1** Output spectrum of the second order 1-bit CT-$\Sigma\Delta$M CIFB architecture obtained with electrical simulations ($2^{16}$ points FFT using a Blackman-Harris window)

For a input sine wave with amplitude of 1 Vrms and 2 kHz frequency, the output spectrum shown in Fig. A.1.1 was obtained.

Figure A.1.1 shows that the in-band noise floor of the Second Order 1-bit $\Sigma\Delta$M is around $-100$ dB. Quantization noise is shaped and has a $+40$ dB increase per decade, as expected for a Second Order $\Sigma\Delta$M. Since the zeros are not optimally distributed inside the signal bandwidth, the increase of quantization noise still inside the desired bandwidth leads to a decrease of the overall performance. Nevertheless, an SNDR of around 52 dB is obtained which is fairly close to the maximum expected (55 dB), for such $\Sigma\Delta$M.

# Appendix 2:
# Feedback Circuitry for Single-Ended Architectures

## A.2.1 Tri-State

In a single-ended architecture, the feedback of the $\Sigma\Delta$M can be realized by a differential amplifier, which picks both voltages from the output stage and convert it to a single-ended voltage of $\pm 1$ V. This circuit, by proper design, can also level-shift the voltages from the output stage to the ones desired at the feedback.

Another way of achieving this is through the use of a tristate buffer. This will also provide the output required by the feedback circuitry, while being able to work without an output stage. The main idea behind this design is that the state of "high-impedance" can be used to represent the zero-state condition, while the logic signals "0" and "1" translate into $-1$ and $+1$ V. This output voltages are reached through the positive and negative supply voltages applied to the tristate buffer. Since the supply voltages used are $+5$ and $-5$ V, the desired output voltages ($\pm 1$ V) are attained through the use of two resistors (ex: 1 and 4 k$\Omega$), that compose a simple voltage divider.

To implement this feedback circuit, the logic behind the enable control input and the data input must be properly designed. The tristate buffer should only be disabled when one of the $I_C$ signals (at the output of the FFDs) opposes the other. If the enable is active low, this can be obtained by using an NOR logic gate. In the case where the enable control input is active high, an OR logic gate should be used.

Having the enable control input defined, the logic behind the data input can be designed through a truth table (Table A.2.1) composed of three inputs (both $I_C$ signals and the enable input) and one output (the signal desired at the output of the tristate buffer). It should be noted that since there are two feedback paths ($y_{out}$ and $\overline{y_{out}}$), the data input connections will alternate for each case. Thus, Table A.2.1 refers to the case where the $y_{out}$ feedback path is considered.

From Table A.2.1, it follows that the desired output is obtained by the conjunction (AND Gate) of one of the $I_C$ signal and the negation (NOT Gate) of the other $I_C$ signal.

With the logic behind the data and the enable input defined, it is possible to reach the desired tristate feedback circuit, presented in Fig. A.2.1.

© Springer International Publishing Switzerland 2015
N. Pereira, N. Paulino, *Design and Implementation of Sigma Delta Modulators*
*(ΣΔM) for Class D Audio Amplifiers using Differential Pairs,*
SpringerBriefs in Electrical and Computer Engineering, DOI 10.1007/978-3-319-11638-9

**Table A.2.1** 3-state logic codification for $y_{out}$ feedback path

| $I_{C1}$ | $I_{C2}$ | $\overline{Enable}$ | Out |
|---|---|---|---|
| 0 | 0 | 0 | 0 or Z |
| 0 | 0 | 1 | x |
| 0 | 1 | 0 | −1 |
| 0 | 1 | 1 | x |
| 1 | 0 | 0 | +1 |
| 1 | 0 | 1 | x |
| 1 | 1 | 0 | x |
| 1 | 1 | 1 | x |

**Fig. A.2.1** 3-state logic

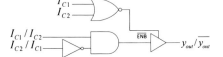

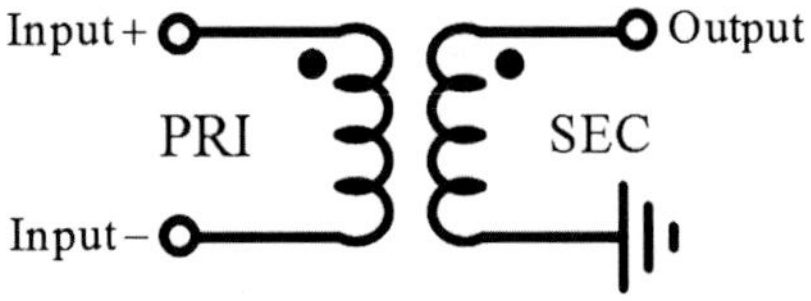

**Fig. A.2.2** Balun transformer

## A.2.2 Transformer

Another way of converting both output voltages into a single feedback signal can be through the use of what is called a balun transformer. In its most common form, it consists in a pair of wires (commonly called the primary and the secondary) and a toroid core.

It works by converting the electrical energy of the primary into a magnetic field which is then converted back to a electric field by the secondary. These kind of baluns can provide a fairly good bandwidth but are generally limited to frequencies below 1.5 GHz. In addition to conversion between balanced and unbalanced signals, some baluns also provide impedance transformation. The higher the ratio used in this impedance transformation, the lower the bandwidth.

In the CT-$\Sigma\Delta$M case, each feedback voltage is applied to one of the primary terminals (balanced). Thus, the currents are equal in magnitude and in phase opposition. For the secondary, one of the terminals is connected to electrical ground and the other carries the single-ended feedback signal (unbalanced). This is shown in Fig. A.2.2.

With the proper turns ratio, the output voltage can achieve the desired voltage levels. For instance, if the output stage provides +20 and 0 V and the feedback signal should range from 0 to +5 V, a turns ratio of 4:1 should be used. The input and output voltages are presented in Fig. A.2.3.

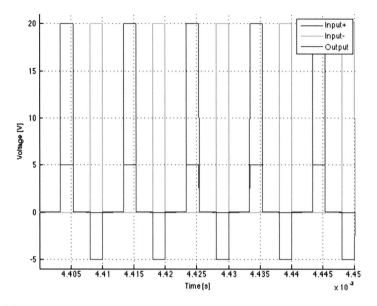

**Fig. A.2.3**  Balun transformer behaviour

The output voltage appears as a near-perfect square wave. This is due to the fact that the inductor values used were of at least 1 mH. For smaller values, the transition from 0 to ±5 V will present spikes (as shown in Fig. A.2.4), that may damage the circuit. This is due to the fact that a low inductance acts as a very low value resistor and a surge of current will occur.

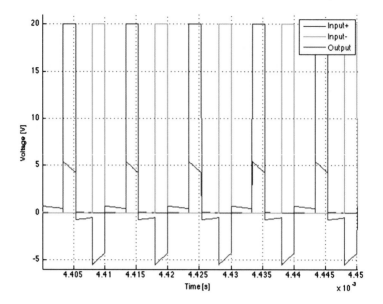

**Fig. A.2.4** Spikes that might occur when using a Balun transformer

# References

1. V. Vasudevan, "Analysis of clock jitter in continuous-time sigma-delta modulators," *Circuits and Systems I: Regular Papers, IEEE Transactions on*, vol. 56, no. 3, pp. 519–528, 2009.
2. W. Gao, O. Shoaei, and W. Snelgrove, "Excess loop delay effects in continuous-time delta-sigma modulators and the compensation solution," in *Circuits and Systems, 1997. ISCAS '97., Proceedings of 1997 IEEE International Symposium on*, vol. 1, 1997, pp. 65–68 vol. 1.
3. J. de Melo and N. Paulino, "Design of a 3rd order 1.5-bit continuous-time (ct) sigma-delta ($\Sigma\Delta$) modulator optimized for class d audio power amplifier," in *International Journal of Microelectronics and Computer Science*, vol. 1, no. 2, 2011.
4. J. de Melo and N. Paulino, "A 3rd order 1.5-bit continuous-time (ct) sigma-delta ($\Sigma\Delta$) modulator optimized for class d audio power amplifier," in *Mixed Design of Integrated Circuits and Systems (MIXDES), 2010 Proceedings of the 17th International Conference*, 2010, pp. 531–535.
5. J. de la Rosa, "Sigma-delta modulators: Tutorial overview, design guide, and state-of-the-art survey," *Circuits and Systems I: Regular Papers, IEEE Transactions on*, vol. 58, no. 1, pp. 1–21, 2011.
6. J. L. A. de Melo, B. Nowacki, N. Paulino, and J. Goes, "Design methodology for sigma-delta modulators based on a genetic algorithm using hybrid cost functions," in *Circuits and Systems (ISCAS), 2012 IEEE International Symposium on*, 2012, pp. 301–304.
7. R. Cellier, G. Pillonnet, A. Nagari, and N. Abouchi, "An review of fully digital audio class d amplifiers topologies," in *Circuits and Systems and TAISA Conference, 2009.*, 2009, pp. 1–4.
8. M. Berkhout, L. Breems, and E. van Tuijl, "Audio at low and high power," in *Solid-State Circuits Conference, 2008.*, 2008, pp. 40–49.
9. T. Carusone, D. Johns, and K. Martin, *Analog Integrated Circuit Design*. John Wiley & Sons, 2011.
10. R. Schreier and G. Temes, *Understanding Delta-Sigma Data Converters*. John Wiley & Sons, 2004.
11. S. Norsworthy, R. Schreier, G. Temes, and I. C. . S. Society, *Delta-Sigma data converters: theory, design, and simulation*. IEEE Press, 1997.
12. M. de Medeiros Silva, *Circuitos com transistores bipolares e MOS*. Fundação Calouste Gulbenkian, Serviço de Educação, 2003.
13. A. Sedra and K. Smith, *Microelectronic Circuits*. Oxford University Press, USA, 2007.
14. S. Haykin, *An introduction to analog and digital communications*. John Wiley, 1989.
15. E. Gaalaas. (2006) Class d audio amplifiers: What, why and how. [Online]. Available: http://www.eetimes.com/design/audio-design/4015786/Class-D-Audio-Amplifiers-What-Why-and-How

© Springer International Publishing Switzerland 2015                              75
N. Pereira, N. Paulino, *Design and Implementation of Sigma Delta Modulators*
*(ΣΔM) for Class D Audio Amplifiers using Differential Pairs,*
SpringerBriefs in Electrical and Computer Engineering, DOI 10.1007/978-3-319-11638-9

16. B. Adams. Sigma-delta - new algorithms and techniques.
17. L. Breems and J. Huijsing, *Continuous-Time Sigma-Delta Modulation for A/D Conversion in Radio Receivers*, ser. The Springer International Series in Engineering and Computer Science. Springer, 2001. [Online]. Available: http://books.google.pt/books?id=JC4cbfTYpSEC
18. F. Gerfers and M. Ortmanns, *Continuous-Time Sigma-Delta A/D Conversion: Fundamentals, Performance Limits and Robust Implementations*, ser. Springer Series in Advanced Microelectronics. Springer, 2005. [Online]. Available: http://books.google.pt/Pbooks?id=r1qYHmY6c1kC
19. H. Inose, Y. Yasuda, and J. Murakami, "A telemetering system by code manupulation – δ σ modulation," *IRE Trans on Space Electronics and Telemetry*, pp. 204–209, 1962.
20. R. Van Veldhoven, *Robust Sigma Delta Converters*, ser. Analog Circuits and Signal Processing. Springer London, Limited, 2011. [Online]. Available: http://books.google.pt/books?id=dHtWJN26bXkC
21. N. Pereira, J. L. de Melo, and N. Paulino, "Design of a 3rd Order 1.5-bit Continuous-Time Fully Differential Sigma-Delta ($\Sigma\Delta$) Modulator Optimized for a Class D Audio Amplifier Using Differential Pairs," in *Technological Innovation for the Internet of Things*. Springer, 2013, pp. 639–646.

# Vorwort zur 1. Auflage

(Ausschnitt)

Ein in sich abgeschlossener Leitfaden für die psychiatrische Untersuchung existierte bisher in deutscher Sprache nicht. Jedoch enthalten viele Lehrbücher der Psychiatrie ein Kapitel über dieses Thema, in den meisten Fällen aber nur im Sinne einer summarischen Darstellung. Ich glaube deshalb einem Bedürfnis zu entsprechen, wenn eine ausführlichere Schilderung des Untersuchungsgespräches und der ergänzenden Maßnahmen in Form eines Taschenbuches vorgelegt wird.

Die theoretischen Voraussetzungen, welche der dargestellten Untersuchungsmethode zugrunde liegen, sind ganz überwiegend jene der Bleuler-Schule in Zürich. Die Diagnostik ist deshalb jene, die im Lehrbuch der Psychiatrie von Eugen Bleuler, bearbeitet von Manfred Bleuler, enthalten ist (Bleuler, 1983).

Auf Kasuistik wurde durchwegs verzichtet, um den Charakter eines knappen Leitfadens zu bewahren. Wer daran interessiert ist, muss auf die großen Lehrbücher und die speziellen Anleitungen zur Interviewtechnik verwiesen werden.

In der heute gängigen Untersuchungsmethode, welche hier beschrieben wird, haben sich die Erfahrungen vieler Psychiatergenerationen niedergeschlagen. Dieser Leitfaden erhebt deshalb in keiner Weise Anspruch, eine originale Fassung zu sein. Es wurde vielmehr gesammelt, was da und dort in der Literatur verstreut an praktischen Winken und Hinweisen für die Untersuchung gegeben worden ist. Von einigen Ausnahmen abgesehen, wurde im Interesse der Lesbarkeit und Übersichtlichkeit auf Quellenangaben verzichtet. Der Medizinstudent und der junge Arzt sollen eine handliche Anleitung bekommen, welche für die tägliche, praktische Arbeit mit dem Patienten bestimmt ist und deshalb auf ein umständliches, wissenschaftliches Dekor verzichten darf.

Es scheint heutzutage notwendig, ausdrücklich zu betonen, dass wenn von Patient, Arzt, Psychiater die Rede ist, selbstverständlich immer die weibliche Form mitgemeint ist. Die durchgehende Doppelbezeichnung ist unpraktisch.

H. Kind,
Zürich, im April 1973

# Inhaltsverzeichnis

# Grundlagen der psychiatrischen Untersuchung

© Springer-Verlag GmbH Deutschland 2017
A. Haug, *Psychiatrische Untersuchung*,
DOI 10.1007/978-3-662-54666-6_1

Die psychiatrische Untersuchung wird in der heutigen Behandlungspraxis mindestens genauso oft von Psychologinnen und Psychologen durchgeführt wie von Ärztinnen und Ärzten. In manchen Institutionen kommt bei der „fallführenden" Betreuung auch Pflegefachleuten die Rolle der Untersucherin oder des Untersuchers zu. Die psychiatrische Untersuchung müsste also korrekt zumindest psychiatrisch-psychologische Untersuchung heißen. Diese Bezeichnung wäre aber etwas schwerfällig. Ich bin deshalb bei den Begriffen psychiatrische Untersuchung oder auch psychiatrische Gesprächsführung usw. geblieben, sofern die Aktivitäten im Fachgebiet der Psychiatrie stattfinden. Selbstverständlich sind damit aber immer auch nicht-ärztliche Berufsgruppen gemeint, sofern ihnen die Aufgaben der Untersuchung und Therapie übertragen sind.

Genauso vereinfachend bin ich mit der Geschlechtsbezeichnung verfahren. Die Medizin allgemein und insbesondere die Psychiatrie werden heute in den meisten Ländern überwiegend von Frauen ausgeübt. Die konsequente Geschlechtsbezeichnung wie im vorigen Absatz würde aber auch den Lesefluss stören. Ich habe deshalb, wie in den Vorauflagen üblich, überwiegend die männliche Schreibweise verwendet. Gelegentlich und unsystematisch streue ich auch weibliche Bezeichnungsformen ein.

Das Buch *Psychiatrische Untersuchung* ist ein Praxisbuch und keines, das eine wissenschaftliche Durchdringung der einzelnen Themen anstrebt. Ich habe mich deshalb bei den Literaturhinweisen im Großen und Ganzen auf wenige Basiswerke beschränkt. Der Leser, der Themen wie Gesprächsführung oder Psychopathologie vertiefen will, findet leicht eine große Zahl weiterführender Literatur. Die beiden Bücher, die aus Sicht des Autors zwingend zusätzlich notwendig sind, um eine sachgerechte psychiatrische Untersuchung durchführen zu können, sind das AMDP-Manual zur Erfassung des psychopathologischen Befundes (AMDP 2016) und das ICD-10-Manual zur Erfassung der klassifikatorischen Diagnose (Dilling und Freyberger 2015).

## 1.1 Bedeutung und Bestandteile der psychiatrischen Untersuchung

Die psychiatrische Untersuchung der Patientinnen und Patienten ist ein wichtiger Bestandteil der gesamten Behandlung. Sie reicht vom ersten Kontakt, manchmal schon von der Verarbeitung vorher vorliegender Informationen bis hin zur gezielten Therapieplanung. Dabei umfasst sie vor allem die Aspekte des psychopathologischen Befundes, der Anamneseerhebung, der syndromalen Einordnung des Beschwerdebildes, der klassifikatorischen Diagnostik und der Verwertung von medizinischen oder psychologischen Zusatzuntersuchungen. Im klinischen Alltag wird die Bedeutung der psychiatrischen Untersuchung oft unterschätzt. Verglichen mit der Zeit, die in der Regel für die eigentliche Therapie aufgewendet wird, ist die Zeit für die Vorbereitung einer Therapie durch eine kompetente und umfassende psychiatrische Untersuchung oft zu gering. Dabei kann eine Therapie aber nur zum erhofften Ziel führen, wenn sie auf einem informationsbasierten und von Zielvorstellungen geprägten Ansatz beruht. Dies leistet die psychiatrische Untersuchung.

**Bestandteile der psychiatrischen Untersuchung**
- Beschreibung des Untersuchungsanlasses
- Anamnese
- Psychopathologischer Befund
- Körperlicher Untersuchungsbefund

- Medizinische und psychologische Zusatzuntersuchungen (Apparativ, Labor, Skalen)
  Syndromale Diagnostik
- Klassifikatorische Diagnostik

Auch wenn in diesem Buch die psychiatrische Untersuchung primär als Phase der Auseinandersetzung mit den Patienten von der Aufnahme bis hin zur Therapieplanung dargestellt wird, darf nicht vergessen werden, dass sich die Beschwerdebilder im Laufe einer Behandlung auch ändern können, dass Diagnosen überprüft und gegebenenfalls gewechselt oder ergänzt werden müssen und dass auch durch neue anamnestische Informationen oder solchen, die sich aus dem Verlauf ergeben, eventuell das therapeutische Vorgehen modifiziert werden muss. Die psychiatrische Untersuchung findet demnach nicht nur zu Beginn einer Behandlung statt, also in der Aufnahmesituation. Man muss sich vielmehr die Erhebung psychiatrischer Befunde und die Therapie als ineinander verflochtene Elemente vorstellen. Die psychiatrische Untersuchung erarbeitet die Grundlagen für den Beginn einer Therapie, aber Therapien legen auch oft neue Themenfelder offen, die durch eine genaue psychiatrische Untersuchung spezifiziert werden müssen, damit sie schließlich wieder Einfluss auf die Gestaltung der modifizierten Therapie haben können. Diesbezüglich unterscheidet sich das Vorgehen in der Psychiatrie nicht von dem in anderen medizinischen Disziplinen.

Dabei ist allerdings die psychiatrische Untersuchung wesentlich mehr als eine faktengeleitete Informationsaufnahme und –speicherung. Sie findet vielmehr immer in der persönlichen Auseinandersetzung mit einem anderen Menschen statt. Sie legt die Grundlagen zur Vertrauensbildung und kann die spätere Haltung der Betroffenen zu vorgeschlagenen Maßnahmen wesentlich beeinflussen. Es bedarf also mehr für eine gute psychiatrische Untersuchung als der Anwendung von Checklisten und der Sammlung systematischer Daten in einer Datenbank.

Scharfetter hat die Erfordernis einer sinnvollen psychiatrischen Herangehensweise in Anlehnung an Karl Jaspers so beschrieben: „Gegenstand der Psychiatrie ist jeweils ein ganzer Mensch in seiner Werdensgeschichte. … Von solcher ganzer Lebensgestalt Kunde zu bekommen, wird nur gelingen, wenn wir den Menschen ernst nehmen und sorgsam mit ihm sind." (Scharfetter 2017). Schon 1913 hatte Jaspers das gesamte „wirkliche bewusste psychische Geschehen" zum Gegenstand der Psychopathologie erklärt:

» Wir wollen wissen, was und wie Menschen erleben, wir wollen die Spannweite der seelischen Wirklichkeiten kennenlernen. Und nicht nur das Erleben der Menschen, sondern auch die Bedingungen und Ursachen von denen es abhängt, die Beziehungen, in denen es steht, und die Weisen, wie es sich irgendwie objektiv äußert, wollen wir untersuchen. (Jaspers 1973)

Diese Bemerkungen im Rahmen der Psychopathologie gelten auch ohne Einschränkung für die gesamte psychiatrische Untersuchung, für die der psychopathologische Befund ein zentraler Bestandteil ist.

## 1.2 Zugangsweisen zum Patienten

Zur Erreichung der von Jaspers und Scharfetter vorgegebenen Ziele ist nicht nur systematisches, faktenorientiertes Vorgehen notwendig, sondern auch eine bestimmte Haltung in der dieses geschieht. Scharfetter fasst diese zwei grundsätzlichen Zugänge zum Menschen zusammen als idiographisch-kasuistisches Einleben einerseits und als nomothetisches Forschen andererseits (Scharfetter 2017)

---

**Komplementäre Herangehensweisen an die Untersuchungssituation**

- **Idiographisch-kasuistisches Einleben**
  Empathisches Einfühlen in die Einzigartigkeit des einzelnen Menschen; als Therapeut affektive Betroffenheit und Erschütterung mitfühlen und aushalten.
- **Nomothetisches Forschen**
  Regelhafte überindividuelle Zusammenhänge kennen und beim einzelnen Patienten erkennen können; intellektuell-rationale Kenntnisname und Verarbeitung von Informationen.

---

Beim ersten Zugang geht es um das Bewusstsein, dass jeder Mensch einzigartig in der Ausgestaltung seines seelischen Lebens ist, dass dies auf dem Boden einer individuellen und mit anderen unvergleichbaren Biographie, einer jeweils verschiedenen biologischen Grundausstattung und eines nicht verallgemeinerbaren Erfahrungshintergrundes zustande gekommen ist.

Beim nomothetischen Forschen geht es dagegen um die Suche nach überindividuellen Mustern, nach Gemeinsamkeiten, nach übergeordneten Regeln, die für viele gelten. Beide Zugänge sind komplementär. Einer kann den jeweils anderen nicht ersetzen. Der immer empathische Therapeut, der sich einfühlt in einen individuellen Menschen und sich ausschließlich mit dessen Einzigartigkeit auseinandersetzt, wird ohne die Anwendung professioneller Kenntnisse von übergeordneten Gesetzmäßigkeiten und regelhaften klinischen Erfahrungen kaum zu einem gezielten, strukturierten und überprüfbaren Ergebnis kommen. Der gefühlskalte Techniker, der wissenschaftliche Erkenntnisse aus statistischen Untersuchungen anwenden kann, dem aber die Fähigkeit zum Verstehen aus der Begegnung mit einem anderen Menschen fehlt, wird ebenso scheitern.

## 1.3     Die Rolle des Untersuchers

Liest man, was die naturwissenschaftlich eingestellten Psychiater des ausgehenden 19. Jahrhunderts zum Thema Untersuchung geschrieben haben, so drängt sich – pointiert formuliert – der Eindruck auf, sie hätten den Patienten als einen Beobachtungsgegenstand, als einen Teil der sie umgebenden Natur aufgefasst. Ihn haben sie sorgfältig beobachtet und minuziös beschrieben. Hauptsächlich unter dem direkten oder indirekten Einfluss der im 20. Jahrhundert aufkommenden Psychoanalyse hat sich die Einstellung der Psychiater aber verändert. Die Entwicklung der Persönlichkeit, die zwischenmenschlichen Phänomene der Übertragung und Gegenübertragung wurden von den Psychoanalytikern wissenschaftlich erforscht. Nun sind es nicht mehr nur die einzelnen Krankheitszeichen, nach denen der Psychiater fahndet, sondern die ganze Lebenssituation des Patienten mit seiner Geschichte und persönlichen Entwicklung, aber auch die Beziehung zwischen Arzt und Patient rücken ins Blickfeld. Im Sinne Sullivans (1970) wird der Psychiater aus einem distanzierten zu einem „teilnehmenden", einem engagierten Beobachter. Er lernt, sich selbst immer deutlicher als Untersuchungsinstrument einzusetzen. Der früheren, in Krankheitszeichen zergliedernden Beobachtung hat die Psychoanalyse Einfühlung und

Introspektion als Untersuchungsmittel beigefügt. Gleichzeitig öffnete sie der breiten Anwendung der Psychotherapie das Tor. Der Zweck der Untersuchung, nämlich Diagnose und Vorbereitung der Therapie, hat dieser neuen Situation Rechnung zu tragen. Das wichtigste Untersuchungsmedium, die Person des Psychiaters, ist gleichzeitig später auch ein entscheidendes psychotherapeutisches Instrument.

Eine veränderte Situation ergibt sich für die psychiatrische Untersuchung auch aus dem Wandel der Zusammensetzung der Patienten. Waren es früher überwiegend die Patienten der psychiatrischen Krankenhäuser, so sind es heute zahlenmäßig vor allem die ambulanten Patienten, die die psychiatrischen Dienste in Anspruch nehmen. Die andauernde, intensive Beobachtung über mehrere Wochen ist bei ihnen schon wegen der Rahmenbedingungen häufig erschwert oder unmöglich. Es sind oft nur kurzfristige Kontakte, denen die Untersuchung von Anfang an Rechnung tragen muss.

Unter dem Einfluss des psychotherapeutischen Anliegens wird die Untersuchung zur Interaktion zwischen zwei Personen. Michael Balint benutzt die Begriffe einpersonale und zweipersonale Biologie und Psychologie (Balint 2010). Erstere entspreche der klassischen klinischen Patientenuntersuchung, die zweite sei Voraussetzung für die psychiatrische Untersuchung, die ihrem Wesen nach eine Untersuchung zwischenmenschlicher Beziehungen sei. Daraus wurde dann die anschauliche Kurzformel abgeleitet, dass sich die Eine-Person-Situation der ärztlichen Untersuchung in eine Zwei-Personen-Situation verwandeln müsse, damit Psychotherapie geschehe.

Gleichzeitig werden dem Untersucher aber auch neue Quellen der Information erschlossen. Argelander (2010) unterscheidet neben der üblichen, objektiven Information, die die Fakten und Daten der Lebensgeschichte sammelt, die subjektive Information. Sie liefert die Bedeutung, die der Patient den Daten seiner Lebensgeschichte gibt. Sie kann nicht vom Untersucher allein erschlossen werden, sondern ist nur in der gemeinsamen Arbeit von Arzt und Patient erfahrbar. Hinzu kommt eine dritte Art der Information, die Argelander die szenische nennt. In ihr geht es um das Erlebnis der aktuellen Situation mit allen ihren Gefühlsregungen und Vorstellungsabläufen, auch wenn der Patient schweigt. Wahrgenommen werden in dieser szenischen Information die Beziehungsfähigkeit des Patienten, Hinweise auf seine unbewussten Ängste und Erwartungen in der aktuellen Situation und seine Fähigkeit, Deutungen seines Verhaltens konstruktiv aufzunehmen.

Die heutige psychiatrische Untersuchungstechnik, zumindest soweit sie gleichzeitig auch als Einleitung einer Behandlung gedacht ist, verlangt also mehr vom Untersucher als die frühere Methode. Er kann nicht mehr in der Rolle des Beobachters und Sammlers von Fakten verharren, er darf diese Haltung aber auch nie vernachlässigen, weil ihm sonst entscheidende Informationen entgehen können. Er muss die Fähigkeit entwickeln, aus der Rolle des distanzierten in jene des engagierten Beobachters zu wechseln und umgekehrt. Nur unter dieser Voraussetzung kann er den Patienten möglichst ganz erfassen. Die Persönlichkeit des Psychiaters wird dadurch zum wichtigen Untersuchungsinstrument.

## 1.4 Konzept und Aufbau des Buches zur psychiatrischen Untersuchung

Auch wenn vielleicht für das idiographische-kasuistische Einleben schwer erlernbare Begabung hilfreich ist, so ist auch dort, erst recht natürlich beim strukturiert-nomothetischen Ansatz, das Erlernen von professionellen Standards notwendig, sozusagen das Erlernen des Handwerks. „Wie macht man das?" – dafür soll das Buch zur psychiatrischen Untersuchung einige Hinweise geben. Die Reihenfolge der Themen orientiert sich am Ablauf einer Patientenaufnahme. Es werden zunächst allgemeine Regeln zu verschiedenen Aufnahmesituationen vermittelt. Dabei steht der Begriff Aufnahme nicht nur für die stationäre Aufnahme, sondern auch für den Beginn einer ambulanten Behandlung. Der Patient wird den Anlass der Konsultation beschreiben. Hier wird er in der Regel Angaben zu seiner aktuellen Lebenssituation machen und auch einzelne Symptome erwähnen, unter denen er leidet. Die Angaben werden vertieft in der Anamneseerhebung und im psychopathologischen Befund als Kernstück der psychiatrischen Untersuchung. Die Befundangaben werden ergänzt durch den körperlichen Untersuchungsbefund sowie gelegentlich durch apparative, laborchemische und psychologische Zusatzbefunde. Die Befunderhebung auf symptomaler Ebene (psychopathologischer Befund) führt zur Beschreibung des vorliegenden Syndroms oder der Syndrome und schließlich kann aus Symptom-, Zeit-, Verlaufs- und Ausschlusskriterien eine operationalisierte klassifikatorische Diagnose generiert werden. Für die verbalen Teile der psychiatrischen Untersuchung sind Kenntnisse in der psychiatrischen Gesprächsführung erforderlich. Deswegen wird dieses Thema nach den allgemeinen Setting-variablen behandelt.

## 1.5    Allgemeine Gesichtspunkte der psychiatrischen Untersuchung (Settingvariablen)

Zunächst sollen einige allgemeine Überlegungen zum Setting der psychiatrischen Untersuchung vermittelt werden. Dazu gehören Besonderheiten der ersten Begegnung mit einer Patientin oder einem Patienten, aber auch häufig unterschätzte Aspekte der Gestaltung des Untersuchungsraumes und der Gesprächssituation. Schließlich geht es auch um die Einschätzung von Gefahrensituationen und entsprechenden Maßnahmen. Natürlich finden psychiatrische Untersuchungen in ganz unterschiedlichem Kontext statt. Es kann sich um die erste Untersuchung oder eine solche im Verlauf handeln, sie kann während einer ambulanten Konsultation oder bei einem stationären Aufenthalt stattfinden. Zweck wird meist die Einordnung der Beschwerden zu einem Krankheitsbild und die Planung einer Behandlung sein. Aber es gibt auch Sonderkonstellationen, wie z. B. eine Untersuchung im Rahmen einer gutachterlichen Stellungnahme. Alle diese Situationen haben Besonderheiten, nach denen das Setting allenfalls angepasst werden muss.

### 1.5.1    Die erste Begegnung mit einem Patienten

Eine Situation, die besondere Aufmerksamkeit verlangt, ist die erste Begegnung mit einem Patienten (Pöldinger und Zapotoczky 1997). Und zwar unabhängig davon, ob sie in einer ambulanten, stationären oder konsiliarischen Kontaktsituation stattfindet. Eine solche erste Begegnung ist von Anfang an in mehrerer Hinsicht asymmetrisch und es ist wichtig, sich darüber im Klaren zu sein.

Für den Patienten stellt diese erste Begegnung eine ganz besondere, eventuell existentiell und dramatisch empfundene Situation dar. Er hat meist noch nie mit einem Psychiater oder der Psychiatrie im Allgemeinen Kontakt gehabt. Zudem ist er in einer krisenhaften Lebenssituation, die für ihn in der Regel ganz außerordentlich ist. Zum Glück ist das Stigma der Psychiatrie und psychischer Erkrankungen in den letzten Jahrzehnten zurückgegangen. Aber der Gang zum Psychiater ist immer noch einer, der zögerlicher gemacht wird als der zum Hausarzt. Der Patient hat sich also überwunden, die Angehörigen haben vielleicht gedrängt, jedenfalls ist der Leidensdruck so groß, dass er den Schritt über die Schwelle gemacht hat. Auch wenn heute viele Patienten durch die offenen Informationen wie das Internet informierter zum Erstkontakt kommen, werden sie doch im Allgemeinen unsicher sein, was sie in der psychiatrischen Untersuchung erwarten wird. Neben der Unsicherheit bezüglich der Situation selbst, steht dahinter natürlich auch die Sorge um das Ergebnis der psychiatrischen Untersuchung. Werde ich eine psychische Krankheit haben, wird man mir dann helfen können? Was, wenn man keine Erklärung für meine Beschwerden finden wird?

Dieser besorgte Patient in einer für ihn einmaligen Situation trifft nun auf einen Profi, für den solche Situationen seit mehr oder weniger langer Zeit zur Routine seines Berufsalltags gehören. Stellen wir uns einen diensthabenden Kollegen vor, der in der Nacht in die Notaufnahme des Krankenhauses gerufen wird. Am Tag hat er schon drei Neuaufnahmen bewältigt, jetzt steht noch die vierte vor ihm. Rundherum herrscht vielleicht das routinierte Treiben der medizinischen Notfallstation; vielleicht wartet sogar schon der nächste Patient, dessen Situation beurteilt werden soll und die Zeit ist knapp. Größer könnte der Kontrast zwischen individueller Ausnahmesituation auf der einen Seite und beruflichem Alltag auf der anderen Seite kaum sein. Dieser Kontrast ist auch nicht zu überwinden, denn er liegt in der nun einmal gegebenen Situation begründet. Deshalb erscheint auch der heute gern gebrauchte Begriff eines partnerschaftlichen Umgangs mit den Patienten unzutreffend. Wenn sich allerdings der Untersucher die spezielle Situation der Patienten im Erstkontakt immer wieder neu bewusst macht und sich entsprechend verhält, gelingt es vielleicht, den geschilderten Kontrast etwas zu vermindern.

Noch in einem zweiten Punkt gibt es eine Asymmetrie zwischen Patient und Untersucher, aus der sich eine klare Rollenzuordnung ableiten lässt. Patienten kommen in der Regel als Laien zum Spezialisten. Sie können Kompetenz erwarten und der Untersucher sollte diese auch ausstrahlen und eine führende Rolle im Gespräch übernehmen. Dies hat nichts mit einer Rolle als *Götter in Weiß* zu tun, diese Zeiten sind vorbei. Und es gilt auch, wenn man heute oft voraussetzen kann, dass viele Patienten durch Foren im Internet mehr oder weniger gut informiert zur Konsultation kommen. Aber selbst die Erfahrung bei der Untersuchung erkrankter Ärzte zeigt, dass auch diese in der Regel erwarten, dass der Untersucher die Rolle des kompetenten Fachmanns einnimmt. Diese Rolle kann durchaus einmal darin bestehen, schnelle Festlegungen zu vermeiden und darauf hinzuweisen, dass Diagnosen nur nach sorgfältiger Untersuchung erfolgen könnten. Und sie kann auch einmal darin bestehen, zu sagen, dass man zu einem speziellen Gesichtspunkt erst einmal recherchieren muss. Dies alles bedeutet aber nicht, dass man die Rolle des sicher durch die Situation führenden Fachmanns relativieren sollte.

Der Untersucher wird sich zunächst vorstellen, mit Namen und Funktion. Er wird dann darauf hinweisen, wieviel Zeit für das Gespräch zur Verfügung steht und was das Ziel des Gespräches ist. In der Regel wird das Ziel sein, die Situation und Beschwerden möglichst gut zu verstehen, eine Diagnose zu stellen und erste therapeutische Maßnahmen zu besprechen. Am besten ist es, wenn man Telefone und Piepser für den Verlauf des Gesprächs abgeben kann. Wenn das z. B. in Dienstsituationen nicht möglich ist, soll der Patient darüber informiert werden, dass es aufgrund der Dienstfunktion nicht möglich ist, das Telefon abzustellen und es deshalb eventuell stören könnte. Bei fast allen Erstabklärungen wird der Untersucher Notizen machen, und auch den Sinn dieser Notizen sollte man den Patienten erklären. Bei der ersten Untersuchung von Patientinnen durch einen männlichen Arzt wird empfohlen, wenn immer möglich eine Begleitperson (Pflegefachfrau) beizuziehen. Genauso sollte die Ärztin bei der Erstuntersuchung eines kräftigen männlichen Patienten einen Pflegefachmann einbeziehen. Zumindest gilt dies bis zur ersten Abklärung der hierfür Grund gebenden Fakten, also bis klar ist, dass keine Gefahr von den Patienten droht und auch der Patient sich nicht vom Untersucher bedroht fühlt.

**Einleitende Bemerkungen des Untersuchers beim Erstkontakt**
- Vorstellung der Person des Untersuchers
- Funktion des Untersuchers (Assistenzarzt, Psychologe usw.)
- Allenfalls Vorstellung von anderen anwesenden Personen
- Wieviel Zeit steht für die Untersuchung voraussichtlich zur Verfügung?
- Was ist das Ziel des Gespräches?
- Gegebenenfalls Erklärung, warum das Telefon nicht abgestellt werden kann
- Information, warum Notizen gemacht werden

Nach den einleitenden Bemerkungen beginnt man in der Regel mit einer offenen Frage, wie: „Was führt Sie zu uns?", „Bitte berichten Sie doch, was sich die letzte Zeit bei Ihnen verändert hat.", „Was ist der Grund, dass Sie zu uns gekommen sind?" usw. (▶ Kap. 2).

## 1.5.2   Räumliche Gesichtspunkte

Oft unterschätzt wird die Gestaltung der Umgebung, also z. B. die Einrichtung des Untersuchungszimmers und ob überhaupt ein solches zur Verfügung steht. Aber denken wir an die oben geschilderte sehr spezielle Situation, in der sich der Patient in der Erstuntersuchung befindet. Wenn man über Symptome berichtet, die einem vielleicht peinlich sind (Gedächtnisschwäche, Orientierungsstörungen, Halluzinationen), oder die ängstlich erlebt werden, dann macht es einen Unterschied, ob man dies zwischen Tür und Angel neben dem bunten Treiben einer Notfallstelle tut, oder ob dafür ein ruhiger Aufnahmeraum zur Verfügung steht.

Auch die Sitzordnung in einem Untersuchungsraum ist nicht beliebig. Beim Erstkontakt ist in der Regel völlig unklar, welche Situation beim Patienten oder der Patientin vorliegt. Auch wenn man nicht oft mit aggressiv tätlichen Patienten oder akut suizidalen Patienten mit starkem Antrieb zu tun hat, gibt es solche Situationen immer wieder und es ist professionell, sich von Vorneherein auf die Möglichkeit vorzubereiten. Das bedeutet z. B., dass man den Patienten nicht zwischen sich und der einzigen Zimmertür platzieren sollte. Auch sollte man sich vergewissern, dass die Fenster nicht ganz geöffnet sind, wenn man die Untersuchung in höheren Stockwerken durchführt. Man wird auch nicht Scheren, spitze Brieföffner und andere Gegenstände offen herumliegen lassen, mit denen sich der Patient verletzen oder die er als Waffe benutzen könnte. Vielleicht klingen solche Besorgnisse übertrieben. Es gibt aber einige Studien, die eine nicht zu vernachlässigende Verletzungsrate von medizinischem Personal auf Aufnahmestationen nachweisen (Chaplin et al. 2006; Ketelsen et al. 2007), mit z. T. erheblichen Folgen für deren Gesundheit (Richter und Berger 2000). Und auch Suizidversuche in der Erstuntersuchung kommen vor. Es bedarf nur des bewussten Umgangs mit den einfachen Empfehlungen, um dieses Risiko zu vermindern.

## 1.5.3   Einschätzung von Gefahrensituationen

Zu Beginn jeder psychiatrischen Untersuchung sollte die Beurteilung von Gefahrensituationen stehen. Diese erfolgt implizit durch Beurteilung des Verhaltens oder bestimmter Äußerungen sowie der körperlichen Krankheitszeichen, oder explizit durch Prüfung. Diese Situationen erfordern gegebenenfalls sofortige therapeutische oder somatisch diagnostische Maßnahmen oder die

Einleitung besonderer Vorsichtsmaßnahmen. Vor allem auf Bedrohungsszenarien durch offen aggressive oder psychotisch impulsive Patienten ist zu achten. Akute Suizidalität sollte erkannt werden und zudem sollten potenziell vital bedrohliche somatische Zustände diagnostiziert werden.

> **Priorität einzuschätzende Gefahrensituationen**
> - Bedrohungen durch offen aggressive oder psychotisch impulsive Patienten
> - Akute Suizidalität
> - Vital gefährdende somatische Situationen

In vielen körperlichen Notfallsituationen zeigen Patienten Symptome, die als psychiatrische Beschwerden missdeutet werden können. Die Unruhe und Umtriebigkeit des Patienten mit Herzinfarkt, der nur über uncharakteristische Beschwerden über der Brust klagt, oder das delirante Syndrom bei einer metabolischen Entgleisung, sind Beispiele dafür. Diese Situationen erkennen und sinngerecht Sofortmaßnahmen einleiten zu können, erfordert einige differentialdiagnostische Kenntnisse.

## 1.5.4 Schwerpunktsetzungen bei der Untersuchung

Der Untersucher wird auch über diese Notfallsituationen hinaus, von Anfang an eine Auswahl der erhobenen Informationen und gemachten Beobachtungen treffen müssen. Es wird ihm auch nicht möglich sein, alle überhaupt zur Verfügung stehenden Untersuchungsmethoden anzuwenden, schon aus Zeit- und Kostengründen nicht, aber auch im Interesse des Patienten, der vom Ergebnis der Untersuchung ja unmittelbar profitieren soll. Im „Normalfall" des psychiatrischen Untersuchungsgesprächs wird der Arzt nach der Abklärung der geschilderten akuten Notfallsituationen im ersten Teil aufgrund der von ihm unvoreingenommen festgestellten Daten sich in Gedanken bald zu den folgenden vier Fragen äußern müssen.

> **Richtungsweisende Fragen als Anlass einer Schwerpunktsetzung der Untersuchung**
> 1. Liegt vermutlich eine körperlich begründete psychische Störung oder Erkrankung vor?
> 2. Liegt vermutlich eine Störung vom Grade einer Psychose vor?
> 3. Welches psychosoziale Problem steht im Vordergrund?
> 4. Liegt gleichzeitig eine körperliche Erkrankung vor?

Eine Bejahung der beiden ersten Fragen wird den Psychiater veranlassen, das weitere Gespräch mehr im Sinne der gezielten Exploration zu führen, um die für eine psychiatrische Diagnose relevanten Daten zu erhalten. Es besteht in dieser Hinsicht eine Wertigkeit psychiatrischer Symptome, wobei alle Hinweise auf eine körperlich bedingte psychische Symptomatik höchste Bedeutung besitzen. Die Begründung liegt darin, dass bei den körperlich bedingten psychischen Störungen die Diagnose gleichzeitig einen Hinweis auf die Ätiologie liefert, was für die Therapie von Anfang an einen besonderen Ansatzpunkt geben kann. Die Behandlung ist in diesen Fällen keine primär psychiatrische, sondern sie richtet sich gegen das Grundleiden, also z. B. die Enzephalitis, den Hirntumor, die Stoffwechselstörung und andere.

Die frühzeitige Beantwortung der zweiten Frage ist deshalb von Bedeutung, weil eine psychotische Störung die Fähigkeit des Patienten, seine psychosozialen Probleme zu lösen, gegenwärtig und in Zukunft oft wesentlich stärker in Mitleidenschaft zieht, als wenn andersartige Störungen vorherrschen. Hierbei ist in erster Linie an Krankheiten aus dem Bereich schizophrener und affektiver Störungen zu denken. Freilich darf dieser Schluss nur mit Vorbehalten gezogen werden, im Allgemeinen ist es aber doch so, und auch für die Therapie ergeben sich daraus besonders zu berücksichtigende Gesichtspunkte.

Der Begriff Psychose, psychotische Störung, wird bekanntlich sehr unterschiedlich definiert und deshalb in den operationalisierten Klassifikationssystemen eher vermieden. In Anlehnung an das Lehrbuch von Bleuler (1983, S. 119f.) wird im vorliegenden Text in erster Linie die Bezeichnung einer schwereren psychischen Störung oder Erkrankung gemeint bzw. ein Mensch, der „alienus", im populären Sinn verrückt bzw. geistes- oder gemütskrank ist. Eine Psychose liegt aber nicht nur dann vor, wenn Wahn, Halluzination oder Denkstörungen auffallen, sondern allgemeiner, wenn ein erheblicher Verlust an Realitätskontrolle und/oder Aufhebung der freien Selbstverfügung nachweisbar sind. In diesem Sinne werden auch die schweren Grade des organischen Psychosyndroms als Psychose eingestuft. Man spricht ferner auch von Affektpsychosen.

Können die erste und die zweite Frage verneint werden, wird sich der Psychiater vermehrt der dritten Frage zuwenden und seine Aufmerksamkeit in höherem Grade auf die psychosozialen Bezüge des Patienten einstellen. Die Beantwortung der vierten Frage verlangt die Anordnung zusätzlicher körperlicher Untersuchungen.

Diese Aufgliederung der diagnostischen Arbeit in vier einleitende Hauptfragen ist künstlich und geschieht nur zu didaktischen Zwecken. In Wahrheit handelt es sich um einen fortlaufenden Prozess im Denken des Psychiaters während des Untersuchungsgesprächs, um ein dauerndes Abwägen und Prüfen, um ein Hin und Her von der Beobachtung und Registrierung von Symptomen und Verhaltensweisen zur Einfühlung in die Probleme und Konflikte des Patienten. Der Psychiater muss sich dauernd in Acht nehmen, nicht aufgrund einer vorgefassten Meinung oder eines vorschnellen Urteils einzelne Erscheinungen beim Patienten überzubewerten, um andere zu vernachlässigen. Er muss sich hüten, nur nach Bestätigung seines Vorurteils zu suchen und nicht gewissenhaft Fakten zu sammeln, die allein eine sachgerechte Diagnose ermöglichen können.

# Gesprächsführung

© Springer-Verlag GmbH Deutschland 2017
A. Haug, *Psychiatrische Untersuchung*,
DOI 10.1007/978-3-662-54666-6_2

Das Gespräch in der psychiatrischen Untersuchung ist ein professionelles Gespräch und unterscheidet sich wesentlich in der Zielsetzung, dem Themenumfang und dem Stil von einem Alltagsgespräch. Die psychiatrische Gesprächsführung muss als professionelle Technik erlernt, im klinischen Gebrauch geübt und die erlernte Fähigkeit immer wieder kritisch hinterfragt werden. Noch vor den Techniken der körperlichen Untersuchung sowie apparativen oder laborchemischen Hilfsmitteln ist das Gespräch die wichtigste Methode der psychiatrischen Untersuchung.

## 2.1     Verschiedene Begriffe zum psychiatrischen Gespräch

In der Fachliteratur wird vor allem im psychologischen Kontext heute oft der Begriff Interview für das fachliche Gespräch mit einem oder mehreren Gesprächspartnern und damit auch einem Patienten gebraucht. Der Begriff grenzt einerseits den professionellen Zusammenhang vom Alltagsgespräch ab, klingt andererseits etwas nach Fernseh-Journalisten-Interview. In diesem Buch werden die Begriffe Gespräch und Interview als Oberbegriffe für die verbale Kommunikation zwischen zwei oder mehreren Menschen weitgehend synonym gebraucht. In speziellen Kontexten wird auch von Exploration, in anderen von Erhebung gesprochen. Beide Begriffe deuten an, dass es bei diesen Gesprächen eher um einen stärker strukturierten Prozess der Informationsgewinnung geht. Der Begriff Exploration wird vor allem im Kontext des psychopathologischen Befundes benutzt, den Begriff Erhebung findet man hauptsächlich im Zusammenhang mit der Anamnese (Anamnese-Erhebung), aber auch beim psychopathologischen Befund (Befunderhebung).

**Oberbegriffe für verbale Kommunikation**
Gespräch – Oberbegriff für alle Arten sprachlicher Interaktion zwischen zwei oder mehreren Personen; im professionellen Kontext synonym mit dem Begriff Interview
Interview – Oberbegriff für alle Arten von Gesprächen im professionellen Zusammenhang, die gezielt der Gewinnung von Informationen dienen
Exploration – Interview, bei dem die größere Aktivität beim Untersucher liegt. Er fragt gezielt nach den Sachverhalten, die ihn interessieren
Erhebung von Informationen – Vor allem im Kontext von Anamnese-Erhebung oder der Erhebung des psychopathologischen Befundes benützter Begriff. Relativ strukturiert-aktive Gesprächsführung durch den Untersucher

## 2.2     Abgrenzung des Untersuchungsgesprächs von der Therapie

Zum Konzept dieses Buches gehört, dass die psychiatrische Untersuchung dort endet, wo die Therapie beginnt. Einschränkend wurde schon darauf hingewiesen, dass die Erhebung der Ist-Situation durch eine psychiatrische Untersuchung auch im Verlauf einer Behandlung immer wieder erforderlich ist, und sich insofern auf der einen Seite die Untersuchung und auf der anderen Seite die Therapie gegenseitig beeinflussen und als ineinander verzahnte Vorgänge vorgestellt werden müssen.

Es kommt noch eine andere Schwierigkeit der Abgrenzung von Untersuchungsgespräch und Therapie hinzu. Die Personen, die eine Therapie mit den Patienten durchführen werden, sind je nach der erfahrenen psychotherapeutischen Schule in einer bestimmten Richtung ausgebildet. Das Theoriengerüst, das sie als Verhaltenstherapeut oder als Psychoanalytiker gelernt haben, wird sie wesentlich in ihrem Untersuchungsansatz beeinflussen. Wenn man sich psychologische Mechanismen auf eine bestimmte Art erklärt, wird man auch in der Untersuchungssituation schon darauf achten und vielleicht nach ganz bestimmten theoriegeleiteten Informationen suchen (Dührssen 2010). So schreiben zum Beispiel Thomä und Kächele in ihrem Lehrbuch der psychoanalytischen Therapie zum Erstgespräch: „Wir betrachten das Erstinterview als die erste Möglichkeit für eine flexible Anwendung der psychoanalytischen Methode auf die Gegebenheiten des jeweiligen Patienten" (Thomä und Kächele 2006). Gemeint sind hier insbesondere die genaue Wahrnehmung von Übertragung, Gegenübertragung und Widerstand. Im Lehrbuch der Verhaltenstherapie von Margraf wird dagegen als Aufgabe für das Erstgespräch die gegenseitige Vereinbarung mit dem Patienten bezüglich ganz konkreter Therapieziele betont (Margraf und Schneider 2009). Vermutlich wird das unterschiedliche Therapieverständnis bewirken, dass man beim Patienten unterschiedliche Informationen aufnimmt, Phänomene anders wahrnimmt. Man sieht nur, was man weiß. Dies wird auch das psychiatrische Gespräch wesentlich beeinflussen.

In diesem Buch soll dennoch versucht werden, die psychiatrische Untersuchung möglichst unbeeinflusst von theoretischen Konstrukten darzustellen. Es wird also am ehesten ein deskriptiver Ansatz verfolgt, bei dem bewusst zunächst einmal Informationen gesammelt werden, ohne schon an eine bestimmte therapeutische Verwertung nach einem dezidierten Theoriegebäude zu denken. Auch die Deskription ist natürlich ein bestimmtes Konzept, erlaubt aber eher als andere, die Phase der psychiatrischen Untersuchung von der Phase der Therapie abzugrenzen (Carlat 2013; Fähndrich und Stieglitz 2016).

## 2.3 Charakteristik der Gespräche in verschiedenen Situationen

Situationen, in denen es zum psychiatrischen Gespräch kommt, können sehr unterschiedlich sein. Aspekte des Gesprächs wie Detaillierungsgrad der Schilderungen, Ausmaß der Strukturierung durch den Therapeuten, und vieles mehr, hängen jeweils vom Anlass und dem Ziel des Gesprächs ab. So wird es in der Notaufnahme in der Nacht eher um eine schnelle Abklärung der akuten Symptomatik und eine Einschätzung der Gefahrenlage gehen. Wenig Zeit steht in der Regel zur Verfügung und das wesentliche Ziel des Gesprächs ist es, Grundlagen für akute Maßnahmen in der Nacht zu erhalten.

In einem therapeutischen Gespräch im Rahmen eines tiefenpsychologischen Behandlungssettings wird viel mehr Zeit zur Verfügung stehen, die Strukturierung durch den Therapeuten wird viel geringer sein. Eher der Beziehungsaufbau und die therapeutische Situation stehen im Vordergrund, nicht so stark die Generierung von Informationen. Zwischen diesen Extremen gibt es verschiedene Facetten des psychiatrischen Gesprächs und die Gesprächsführung muss entsprechend der vorliegenden Situation angepasst werden. Innerhalb von Studien verläuft das Interview anders als bei Aufklärungsgesprächen über Medikamenten-Nebenwirkungen und wieder anders als bei der forensischen Exploration (◘ Tab. 2.1).

Es gibt also nicht die eine richtige Gesprächsführung. Allerdings gibt es übergeordnete Faktoren, die in der psychiatrischen Untersuchungssituation beachtet werden müssen. Grundsätzlich wird der Untersucher in einem psychiatrischen Gespräch in unterschiedlicher Gewichtung immer drei wichtige Aufgaben haben:

---

**Aufgaben des Untersuchers im psychiatrischen Gespräch**
- Herstellung oder Pflege einer therapeutischen Beziehung
- Gewinnung von Detailinformationen
- Strukturierung des Gesprächs

**◘ Tab. 2.1** Beispiele für unterschiedliche Gesprächssituationen und die Bedeutung ausgewählter Teilaspekte

|  | Strukturierung durch Arzt | Gewinnung von Detailinformationen | Beziehungs-gestaltung | Zeit zur Verfügung |
|---|---|---|---|---|
| Notaufnahme stationär | Hoch | Gering | Gering | Gering |
| Psychopathologischer Befund | Mittel | Hoch | Gering | Mittel |
| Anamnese | Mittel | Hoch | Mittel | Mittel |
| Verlaufsgespräch | Gering | Mittel | Hoch | Mittel |
| Therapeutisches Gespräch | Gering | Mittel | Hoch | Hoch |
| Gutachten | Hoch | Hoch | Gering | Mittel |
| Psychoedukation | Mittel | Gering | Gering | Mittel |

## 2.4    Herstellung einer Beziehung

Die Bedeutung der Aufgabe, eine gute Beziehung mit dem Patienten herzustellen, ist in verschiedenen Situationen unterschiedlich groß. Dennoch darf nie vergessen werden, dass eine vertrauensvolle Beziehung zwischen dem Untersucher und seinem Patienten immer eine notwendige Voraussetzung dafür ist, verlässliche Informationen zu erhalten. Zudem gibt es die immer wieder bestätigte Erfahrung, dass schon die Art, wie in der Notaufnahme mit dem Patienten umgegangen wird, weitreichenden und langanhaltenden Einfluss auf die weitere Diagnostik und Therapie haben kann. Dies gilt selbst dann, wenn es sich beim Untersucher in der Notaufnahmesituation um eine andere Person handelt als die in der späteren Behandlungssituation auf der Station. Der Patient wird oft dazu neigen, den Untersucher in der Notaufnahme als Repräsentanten der Institution wahrzunehmen und sein Verhalten auf alle späteren Untersucher zu generalisieren.

## 2.4.1    Psychiatrische Haltung

Die Art der Beziehungsgestaltung hängt wesentlich von der Haltung des Untersuchers ab. Da das Gespräch immer in einer professionellen Situation stattfindet, folgt auch die Haltung des Untersuchers bestimmten Regeln. Beschrieben werden im Folgenden Ideale. Es ist selbstverständlich, dass manchmal äußere Zwänge daran hindern, diese Ideale zu erreichen. Man muss sich aber im Klaren darüber sein, dass bei einer Abweichung der beschriebenen Haltungen eventuell Kompromisse gemacht werden müssen bezüglich der entstehenden therapeutischen Beziehung und damit auch eventuell der Validität und Reliabilität der erhaltenen Daten.

Nach Fähndrich und Stieglitz (Fähndrich und Stieglitz 2016) müssen in einem psychiatrischen Gespräch zunächst allgemeine Prinzipien beachtet werden. Die Autoren beschreiben folgende Aspekte:

**Allgemeine Prinzipien der Gesprächsführung**
- Dem Patienten viel Platz lassen, über seine Beschwerden zu berichten
- Eine zugewandte Haltung einnehmen
- Interesse zeigen, Unterstützung durch non-/paraverbale Äußerungen (z. B. Kopfnicken) signalisieren
- Dem Patienten Zeit zum Überlegen lassen
- Eine adäquate Sprache wählen
- Polarisierungen, Konfrontationen vermeiden
- Das gemeinsame Interesse im Hinblick auf die Klärung von Problemen, die gemeinsame Suche nach Lösungen betonen

Eine Abweichung von diesen allgemeinen Prinzipien ist je nach Gesprächssituation möglich, sie muss dann aber bewusst und zielgerichtet eingesetzt werden. So gibt es bei bestehender therapeutischer Beziehung durchaus Situationen, in denen eine Konfrontation (zum Beispiel Hinweise auf Widersprüche im Bericht des Patienten oder Hinweise auf Widersprüche zwischen Erlebtem und den Belegen aus der Realität) angemessen ist. Andere mögliche Abweichungen von den allgemeinen Prinzipien werden im ▸ Abschn. 2.5 besprochen. Didaktisch gesehen ist es aber gut, sich zunächst an diese allgemeinen Prinzipien zu halten und die bewusst eingesetzten Ausnahmen mit zunehmender Erfahrung zu verwenden.

Zu Beginn eines Gesprächs sollte dem Patienten zunächst Sicherheit vermittelt werden. Er sollte so weit wie möglich die Gewissheit erhalten, dass er am richtigen Ort ist, dass Kompetenz vorhanden ist und man einen Weg finden wird, seine oder ihre Probleme anzugehen. Diese Sicherheit des Auftretens ist keine Selbstverständlichkeit. Gerade junge Kolleginnen und Kollegen sind ja häufig zu Recht selbstkritisch, was ihre noch geringe Erfahrung und die spezielle psychiatrische Kompetenz angeht. Dennoch muss dem Untersucher bewusst bleiben, dass es nicht Ziel sein kann, beim Patienten Zweifel an einer möglichen Hilfestellung zu wecken. In den meisten Untersuchungssituationen wird der Therapeut, gerade wenn er noch Anfänger ist, ja auch nicht alleine sein. Ein Oberarzt wird supervidieren, der Chefarzt in Visiten richtungsweisende Anregungen geben können, erfahrene Pflegefachleute werden unterstützen usw. Es ist also legitim, auch als Anfänger die Sicherheit auszustrahlen, die die Institution geben kann. Dabei nicht überheblich zu wirken und authentisch zu bleiben unterscheidet das gute professionelle Gespräch von einem nicht so guten.

**Aspekte der psychiatrischen Haltung im Untersuchungsgespräch**
- Vermittlung von Sicherheit
- Aufmerksamkeit und Zuwendung
- Aktives interessiertes Zuhören
- Freundlich zugewandte Aufnahme der Informationen
- Vermittlung von Hoffnung

Schon bei den allgemeinen Settingvariablen wurde besprochen, dass Störungen während des Untersuchungsgesprächs vermieden werden sollten. Der Patient muss das Gefühl vermittelt bekommen, dass die Untersucherin sich ganz ihm widmen kann und auf ihn konzentriert ist.

Dazu gehört einerseits, die von außen kommenden Störungen zu minimieren, aber andererseits auch eine persönliche Ausstrahlung der Untersucherin, die vermittelt, dass die Zeit der Untersuchung ganz dem Patienten gehört und die Untersucherin nicht durch Stress oder anderweitige Gedanken abgelenkt ist.

Vertrauensbildend ist es sicher nicht, wenn der Untersucher verbal oder nonverbal vermittelt, dass er eigentlich nur seinen Job ableistet und ihn der Bericht der Patientin nur am Rande interessiert, oder die abgefragten Informationen nur zur Vervollständigung der Dokumentation dienen. Vielmehr sollte vermittelt werden, dass sich die Untersucher für die Berichte der Patienten wirklich interessieren. Selbst wenn sie im Einzelfall sehr fremd sind gegenüber dem bisher bekannten Erleben der Untersucher, manchmal bizarre Schilderungen beinhalten oder auch weit übertriebene Befürchtungen, so sollte es doch immer so sein, dass sie sich zunächst dafür interessieren und verstehen, was im Patienten vorgeht und wie er die Welt und sich erlebt. Die psychiatrische Untersuchung handelt noch nicht davon, das spezifische Erleben der Patienten zu relativieren, zu bewerten oder direkt systematisch zu beeinflussen. Es geht vielmehr um eine genaue Erhebung des Ist-Zustandes beim Patienten. Aktives interessiertes Zuhören ist dafür ein wichtiger Bedingungsfaktor.

Ganz selbstverständlich klingt der Aspekt der freundlich zugewandten Aufnahme der erhaltenen Informationen. Selbstverständlich ist das auch in vielen Situationen der psychiatrischen Untersuchung. Welcher Therapeut empfindet sich schon als unfreundlich? Aber denken wir auch an Situationen, in denen die Untersuchenden enormem Stress ausgesetzt sind, zwei andere Patienten schon vor der Tür sitzen und der untersuchte Patient vielleicht etwas weitschweifig berichtet. In solchen Situationen ist es immer wieder wichtig, sich klar zu machen, dass eine freundlich zugewandte Aufnahme der Informationen ein Aspekt professioneller Technik ist. Dafür hilft es allenfalls schon, sich in der Untersuchungssituation selbst zu sagen: Du musst jetzt freundlich sein. Das heißt nicht, dass man das Gespräch, zum Beispiel bei einem weitschweifigen Bericht, nicht auch aktiv strukturieren muss (siehe unten), aber man kann dies eben auch freundlich erklärend tun.

Noch schwieriger ist die freundlich zugewandte Aufnahme der Informationen, wenn Patienten über schreckliche oder abstoßende Dinge berichten. Auch weltanschaulich verschrobene, eventuell rassistische, gegenüber Anderen gemeine oder verachtende Aussagen, oder andere strafrechtlich relevante Sachverhalte werden gelegentlich von Patienten berichtet. Es ist keine Frage, dass hier auch klare Bewertungen und Zurückweisungen durch die Therapeuten am Platz sind. Dies gilt aber, von Extremen abgesehen, nicht für die psychiatrische Untersuchungssituation. Diese Phase der Begegnung mit den Patienten ist eben noch nicht eine der Bewertungen, der aktiv eingreifenden und verändernden Ansätze. Vielmehr soll Vertrauen geschaffen werden, damit Patienten offen informieren, um mit diesen Informationen dann ein gezieltes Vorgehen in der Therapiephase entwickeln zu können. Gerade hier ist die Kunst, authentisch zu bleiben und dennoch die technischen Grundsätze des Interviews zu beachten. Freundlich zugewandt heißt ja nicht, mit einem dauernden Lächeln auf den Lippen unbewegt dazusitzen. Man wird schon auch einmal sagen dürfen, dass man bezüglich bestimmter Ansichten anderer Meinung ist. Aber man kann das freundlich tun und darauf hinweisen, dass es jetzt erst einmal nicht um einen Meinungsaustausch geht, auch nicht um eine Bewertung, sondern darum, dass die Erlebnisse, Bedürfnisse, Emotionen und Intensionen des Patienten möglichst offen berichtet und vom Untersucher gut verstanden werden.

Wie bedeutend die Vermittlung von Hoffnung ist, geht aus vielen wissenschaftlichen Studien vor allem aus der Suizidforschung hervor (Rasmussen und Wingate 2011; Davidson et al. 2009). Patienten, die selbst oder auch auf Initiative Anderer in die psychiatrische Untersuchungssituation kommen, befinden sich in der Regel in einer akuten psychischen Krise. Sie sind oft verzweifelt, fühlen sich missverstanden oder überhaupt nicht ernst genommen. Patienten mit depressivem Syndrom, aber auch solche mit Suchterkrankungen, haben oft die Erfahrung gemacht, dass alles was sie selbst versucht haben, nicht zu einer Lösung der Probleme geführt hat, und dass Ratschläge von Anderen nicht umsetzbar waren. Patienten mit paranoiden Vorstellungen werden oft die Erfahrungen gemacht haben, dass sie, immer wenn sie über ihre Erlebnisse und Wahrnehmungen sprechen, für seltsam, verschroben oder verrückt gehalten werden. In beiden und vielen anderen Situationen haben die Betroffenen kaum noch Hoffnung, dass ihnen geholfen werden könnte. Diese Hoffnung wieder zu geben oder sie zu stärken, ist ein wichtiger Aspekt der Haltung innerhalb der psychiatrischen Untersuchung.

---

**Beispielsätze zur Vermittlung von Hoffnung**
- Wir werden einen Weg finden, wie wir Ihre Probleme anpacken können
- Es gibt eine Behandlungsmöglichkeit für Ihre Beschwerden
- Wir haben schon viele Patienten behandelt, bei denen die Beschwerden ganz ähnlich waren
- Wir verstehen etwas von der Sache und werden Ihnen Hilfe anbieten können
- Bei guter Behandlung werden sich Ihre Beschwerden bessern
- Ich habe gut verstanden was Sie belastet, wir können jetzt gemeinsam Lösungen angehen

---

Solche oder ähnliche Sätze sind wichtig für die Wiedergewinnung von Hoffnung. Auch hier wird der erfahrene Untersucher vorsichtig abwägen zwischen den zitierten oder ähnlichen Aussagen einerseits und andererseits Versprechen, die man vielleicht nicht einhalten kann. Er wird Sätze wie „Wir werden Sie vollständig heilen" vermeiden, aber es nicht unterlassen zu erwähnen, dass viel Erfahrung in der Lösung der vom Patienten geschilderten Probleme bei ihm selbst oder in der Institution vorliegt und dass es viele gute Beispiele von geheilten Patienten gibt. Wenn Patienten nachhaken und wissen wollen, ob man denn garantieren könne, dass die Krankheit ganz weg gehe, kann es schon einmal richtig sein zu antworten, dass es Garantien im Bereich der Medizin und damit auch der Psychiatrie nicht gebe. Man wird aber gut daran tun, gleich einen hoffnungsgebenden Satz nachzuschieben, etwa, dass die Wahrscheinlichkeit, dass ein positiver Weg gefunden wird sehr groß ist.

## 2.4.2 Formale Aspekte zu Formulierungen

Schon die Ausdrucksweise der Untersucher innerhalb eines psychiatrischen Untersuchungsgesprächs kann die oben erwähnten Gesichtspunkte zur Beziehungsgestaltung wesentlich beeinflussen. Ein Gespräch mit einem Patienten, das angefüllt ist von ihm nicht verständlichen Fachausdrücken, komplizierten Formulierungen oder suggestiv bedrängenden Fragen, wird nicht in der Lage sein, bei ihm Vertrauen zu erzeugen. Schon die Art der Sprache und formale Aspekte der Kommunikation können respektvolle Anerkennung der Individualität des Patienten signalisieren oder bei fehlerhaftem Gebrauch auch gleichgültiges Desinteresse des Untersuchers. Bei Beachtung einiger Grundsätze kann auch dadurch die Herstellung oder Pflege einer Beziehung gefördert werden.

Grundsätzlich sollte in psychiatrischen Gesprächssituationen Alltagssprache ohne vermeidbare Fachausdrücke verwendet werden. Die Fragen sollten einfach formuliert werden, inhaltlich möglichst eindeutig und konkret sein, keine doppelten Verneinungen enthalten und möglichst wenig suggestiv sein. Aufmerksam soll der Untersucher darauf achten, dass er mit seinen Fragen den Patienten inhaltlich nicht überfordert. Metaphern oder thematisch sehr offene vage Fragen, die in unseren Alltagsgesprächen häufig vorkommen, sollten bewusst vermieden werden.

---

**Grundsätze zu Formulierungen im Untersuchungsgespräch. (Fähndrich und Stieglitz 2016)**
- Einfache Formulierungen wählen
- Eindeutige Fragen stellen
- Alltagssprache verwenden
- Fachausdrücke vermeiden
- Keine doppelten Verneinungen
- Konkrete statt allgemeine Formulierungen
- Suggestive Fragen vermeiden oder selten ganz bewusst einsetzen
- Fragen anschaulich formulieren
- Mit Inhaltsumfang der Frage nicht überfordern

---

### 2.4.3  Suggestive Fragen

In manchen Lehrbüchern wird fast dogmatisch darauf hingewiesen, dass Suggestivfragen unbedingt zu vermeiden seien. Dies ist aus Sicht des Autors nicht richtig. Suggestive Fragen können sinnvoll, in manchen Situationen sogar notwendig sein. Sie müssen allerdings bewusst professionell als Werkzeug eingesetzt werden und man darf mit der Antwort auf eine suggestive Frage nicht einfach zufrieden sein und zum nächsten Thema übergehen. Als Beispiel sei die Exploration von Sinnestäuschungen im Rahmen des psychopathologischen Befundes angeführt. Die doch sehr suggestive Frage „Sie hören doch Stimmen, nicht wahr?" kann sozusagen als Türöffner angebracht sein. Wenn der Patient dann allerdings bejaht, muss eine Rückfrage das suggestive Element wieder auflösen. Rückfragen können zum Beispiel sein: „Dann schildern Sie doch bitte, was Ihnen da geschieht, wenn Sie Stimmen hören." oder: „Nennen Sie doch bitte Beispiele; wer redet denn da, was sagen die Stimmen?" oder ähnliches.

### 2.5  Strukturierung des Gesprächs

### 2.5.1  Bedeutung strukturierender Gesprächsführung

Der Aspekt der Strukturierung eines professionellen psychiatrischen Gesprächs unterscheidet dieses wohl am stärksten von einem Alltagsgespräch mit Freunden oder Partnern. Ziel des Gesprächs im Rahmen der psychiatrischen Untersuchung ist es, in möglichst kurzer Zeit, zumindest aber innerhalb des zur Verfügung stehenden Zeitbudgets, möglichst viele relevante Informationen von der Patientin oder dem Patienten zu erhalten. Darüber, was relevant ist, kann es oft unterschiedliche Beurteilungen von Patient und Untersucher geben. Sicher ist richtig, dass der Patient im Rahmen einer gesamten Behandlung ausreichend Zeit haben sollte, darüber zu berichten, was ihm oder ihr wichtig erscheint. In der psychiatrischen Untersuchung hat hier aber der Untersucher die Führung des Gespräches. Er hat das Ziel vor Augen, dem Patienten eine sinnvolle Therapie vorschlagen zu können und er weiß, welche Informationen er dazu benötigen wird. Scheinbare Kleinigkeiten in der Familienanamnese können bedeutende Auswirkungen für die Therapiegestaltung haben. Einzelne Symptome, die den Patienten vielleicht nicht so wichtig sind, können entscheidende Kriterien für eine Diagnose sein. Und umgekehrt kann ein für den Patienten wichtiger Sachverhalt für die anstehende Therapieplanung einmal eher nebensächlich sein. In solchen Fällen kann es auch einmal zum Konflikt mit dem Ziel der Beziehungsgestaltung kommen. Zur Strukturierung des Gesprächs kommt es vor, dass Patienten in ihren Schilderungen unterbrochen werden müssen, bei logorrhoischen Berichten, zum Beispiel bei manischen Patienten, kann es zu fast unhöflichen Eingriffen des Untersuchers in die berichtete Themenvielfalt des Patienten kommen. Es ist wichtig, in solchen Situationen den Patienten immer wieder darauf hinzuweisen, warum man diese strukturierenden Eingriffe unternimmt. Sätze wie: „Entschuldigen Sie die Unterbrechung, aber ich möchte da noch einmal nachhaken.", oder: „Ich möchte noch einmal zu einem anderen Thema etwas wissen, weil ich da einen Zusammenhang sehe mit Ihren anderen Beschwerden", oder: „Ich möchte Ihre Situation noch besser verstehen, deshalb frage ich hier noch mal genau nach." können strukturierende Eingriffe erlauben, ohne die Beziehungsgestaltung nachhaltig zu stören.

### 2.5.2 Verschiedene Interviewformen mit unterschiedlichem Strukturierungsgrad

Es gibt verschiedene Formen des Interviews, mit denen verschiedene Ziele verfolgt werden, und die mit einem ganz unterschiedlichen Strukturierungsgrad verbunden sind. Nach Wittchen et al. (2001) können folgende Formen von Interviews unterschieden werden (◘ Tab. 2.2):

| ◘ **Tab. 2.2** Formen von Interviews. (Mod. nach Wittchen et al. 2001) | |
|---|---|
| Freies klinisches Interview | Freies Gespräch mit bestimmter Zielsetzung; Ablauf des Gesprächs vom Interviewer individuell festgelegt; geringe Strukturierung, großer Antwortspielraum für den Patienten; Auswertung nicht festgelegt; Vorkommen z. B bei Verlaufsvisiten. |
| Freies Interview nach Checklisten | Einzelne Punkte als Erinnerungsstütze für den Untersucher auf Checkliste aufgeführt; Orientierung des Untersuchers an diesen Punkten; sonst aber wie bei freiem klinischen Interview; Vorkommen z. B bei diagnostischen Interviews (Diagnosekriterien auf der Liste) |
| Halbstrukturiertes Interview | Themen vorgegeben, Reihenfolge der Themen variabel, Zusatzfragen, Ergänzungen, Erläuterungen, Nachfragen des Patienten möglich; Auswertung nicht festgelegt; Standard-Interviewtyp der psychiatrischen Untersuchung |
| Strukturiertes Interview | Fragen und Ablauf vorgegeben, ebenso Auswertung; manche skalengestützte Interviews zu diagnostischen Zwecken vor allem im Bereich psychiatrischer Forschung |
| Standardisiertes Interview | Gesamter Prozess der Informationserhebung und Auswertung einschließlich der Kodierung der Antworten der Befragten festgelegt; keine Erläuterungen oder Ergänzungen möglich; keine Antworten auf Nachfragen der Patienten; diagnostische Interviews mit dem Ziel einer möglichst hohen Interrater-Reliabilität |

Wie aus der Aufstellung hervorgeht, ist das halbstrukturierte Interview der Typ von Gesprächen, der in der psychiatrischen Untersuchung am häufigsten angewandt und auch empfohlen wird. Das freie klinische Interview, bei dem die Gestaltung des Themenumfangs überwiegend dem Patienten überlassen wird, ist als Verlaufsgespräch manchmal sinnvoll, generiert gewöhnlich aber nicht genug zielgerichtete Informationen, die zur Therapieplanung notwendig sind. Strukturierte und besonders standardisierte Interviews dienen der möglichst reliablen Erfassung von Informationen zu ganz bestimmten, von vorneherein vorgegebenen Inhalten. Dem interaktionellen Prozess, oder wie wir es oben genannt haben, der Beziehungsgestaltung, schenken diese Formen der Interviews keine Bedeutung. Sie sind für manche Forschungsfragestellungen, bei denen es auf eine hohe Interrater-Reliabilität ankommt, sinnvoll, nicht aber für das Gespräch innerhalb der psychiatrischen Untersuchung, die der Therapieplanung dienen soll.

### 2.5.3  Halbstrukturiertes Interview

Das halbstrukturierte Interview ist also das empfohlene Kernelement eines psychiatrischen Untersuchungsgesprächs. Bei diesem soll gezielt ein bestimmter Themenumfang erfragt werden. Geht es um die Anamnese, dann weiß der Untersucher, welche Informationen eventuell über mehrere Generationen er erheben sollte. Geht es um die Erhebung des psychopathologischen Befundes, dann weiß der Untersucher, welche Einzelsymptome er später beurteilen muss und welche Informationen er dafür braucht.

> **Die formale Struktur eines halbstrukturierten Interviews**
> — Freier Teil
> — Halbstrukturierter Teil
> — Freier Teil

Das halbstrukturierte Interview besteht aus einem freien Teil, einem halbstrukturierten Teil und einem abschließenden freien Teil. Zu Beginn wird der Untersucher dem Patienten eine offene Eingangsfrage stellen. Beim ersten Gespräch wird der Untersucher sich vorstellen, mit Name und Funktion. Er wird erklären, welchem Zweck das Gespräch dienen soll und wieviel Zeit dafür zur Verfügung stehen wird. Dann wird die offene Frage zum Beispiel die Frage nach dem Grund sein, aus dem der Patient in die Klinik kam oder den Termin zu einem ambulanten Gespräch wahrgenommen hat. Bei einem Verlaufstermin könnte man fragen, was denn seit dem letzten Gespräch alles passiert ist. Soll die Anamneseerhebung das Ziel der Informationen im halbstrukturierten Teil sein, wird man vielleicht schon im freien Teil die allgemeine Frage darauf hinlenken. Man könnte zum Beispiel fragen, wie denn die private und berufliche Situation des Patienten aussehe. Wird es um die Erhebung des psychopathologischen Befundes gehen, könnte man fragen, wie es dem Patienten denn gehe, wie er sich fühle, oder in einem Verlaufsgespräch auch ganz gezielt, wie sich denn die Angst seit dem letzten Kontakt entwickelt habe.

Nach dieser offenen Eingangsfrage soll der Patient einige Minuten Zeit haben, ganz aus seiner Sicht zu berichten. Er sollte das auch dann tun können, wenn die berichteten Inhalte umständlich sind, nicht zu dem Themenkomplex gehören, der für den halbstrukturierten Teil ansteht, oder auch wenn die berichteten Inhalte für den Untersucher unverständlich sind. Die Haltung des Untersuchers ist dabei das interessierte Zuhören und die respektvoll-neutrale Aufnahme des Patientenberichts.

Strukturierungsempfehlungen im Verlauf des Untersuchungsgesprächs.
(Mod. nach Fähndrich und Stieglitz 2016)
- Beginn mit eher unverfänglichen Themen
  - Psychopathologischer Befund: Fragen zu Stimmung und Antrieb, bei der
  - Anamneseerhebung: Fragen zur Biografie wie Geburtsort, Schulzeit, usw.
- Inhaltlich zusammengehörige Themen auch gemeinsam explorieren
  - Hierdurch gelingen Überleitungen von einem zum anderen Thema leichter
  - Beispiel psychopathologischer Befund: Schlafstörungen und Grübeln
  - Beispiel Anamneseerhebung: Geburtsort und Situation der Eltern, z. B Erkrankungen in dieser Zeit
- Bereits vom Patienten im freien Teil genannte Beschwerden im Verlauf des Gesprächs aufgreifen
  - Beispiel psychopathologischer Befund: „Sie haben vorhin davon gesprochen, dass Sie oft traurig sind. Vielleicht können Sie mir etwas mehr darüber berichten?"
  - Beispiel Anamneseerhebung: „Sie haben vorhin erwähnt, dass Sie drei Geschwister haben, wie ist denn Ihr Verhältnis zu ihnen?"
- Überleitung auf andere Themen durch Verlauf des Gesprächs oder gezielt einleiten
  - Wenn nicht durch entsprechende Stichwörter im Verlauf des Gesprächs ein Themenwechsel möglich ist, muss dieser aus Zeitgründen gezielt eingeleitet werden, z. B.: „Ich möchte jetzt noch einmal zu einem ganz anderen Thema etwas wissen."
- Wenn Patienten thematisch vorgreifen, Hinweis, dass die genannten Themen später besprochen werden
  - Z. B.: „Auf Ihre Schulzeit kommen wir später noch genauer zurück, jetzt möchte ich gerne noch etwas genauer von der Entwicklung nach der Geburt erfahren."
- Sensible Bereiche (z. B. Orientierungsstörungen, Sinnestäuschungen, finanzielle Lage, sexuelle Orientierung) vorsichtig einführen
  - Hilfsfragen:
  - „Ich frage alle Patienten nach Sinnestäuschungen, vielleicht trifft es auf Sie gar nicht zu." oder: „Für Ihre weitere Behandlung ist wichtig, dass ich mir ein Bild von Ihrer sozialen Situation mache, dazu gehört auch die finanzielle Lage" oder:
  - „Ich habe viel mit Patienten zu tun, die eine ganz unterschiedliche sexuelle Orientierung haben, darf ich Sie deshalb dazu befragen?"
- Bereits durch den Verlauf des Gesprächs geklärte Beschwerden nicht erneut aufgreifen
  - Wenn Themen z. B. Im freien Teil schon geklärt wurden, brauchen sie nicht wie bei einer Checkliste im habstrukturierten Teil noch einmal aufgegriffen zu werden.

Dann folgt der wichtige Moment des gezielten Übergangs vom freien in den halbstrukturierten Teil. Dieser wird gerade bei unerfahrenen Untersuchern oft verpasst. An diesem Zeitpunkt ist es aber entscheidend, dass der Untersucher die Führung im Gespräch übernimmt und bewusst in den halbstrukturierten Teil überleitet. Dabei wird er, wenn immer möglich, an Berichte des Patienten aus dem freien Teil anknüpfen. So wird er zum Beispiel sagen: „Sie haben gerade erwähnt, dass Sie oft Angst haben. In welchen Situationen kommt das denn vor?" Oder beim eher anamnestisch ausgerichteten Untersuchungsteil: „Sie haben also Schwierigkeiten am Arbeitsplatz. Ich möchte einiges genauer dazu fragen, damit ich das besser verstehe." Dann könnten sich die systematischen Fragen nach der Art der Arbeit, der Ausbildung, früherer Arbeitsplätze, evtl. auch nach dem Gehalt und andere Fragen anschließen.

Bieten sich keine besonderen Anknüpfungspunkte aus dem freien Teil, kann auch ohne Bezug darauf der halbstrukturierte Teil eingeleitet werden. Fragen können sein: „Sie haben jetzt schon einiges berichtet und wir werden darauf zurückkommen. Jetzt möchte ich aber einmal genauer etwas zu Ihrer Arbeit wissen.", oder „ … etwas über Ihre Angst erfahren", oder „ … genauere Infos zu Ihrer Biografie erfragen."

Die Reihenfolge der Fragen zu den einzelnen Daten ist im halbstrukturierten Teil frei zu gestalten. Sie sollte so gewählt werden, dass möglichst ein organischer Ablauf des Gesprächs ohne zu viele strukturierende Unterbrechungen entsteht. Bietet der Patient zu Beginn des Gesprächs, also im freien Teil, ein Thema an, so soll im halbstrukturierten Teil damit weitergemacht und die Informationen, wenn nötig, vertieft werden. Wenn keine Anknüpfungspunkte aus dem freien Teil des Gesprächs bestehen, wird der Untersucher selbst die ersten Themen wählen. Da es bei allen Untersuchungsteilen eher heikle und nicht so heikle Themengebiete gibt, wird er zunächst natürlich eher mit den nicht so problematischen Themen beginnen. Eher heikel sind zum Beispiel bei der psychopathologischen Befunderhebung die Prüfung der Orientierung oder auch Fragen nach Halluzinationen. Bei der Anamneseerhebung können dies zum Beispiel Fragen nach den Einkommensverhältnissen oder der sexuellen Orientierung sein. Die Beantwortung dieser Themen setzt ein Vertrauensverhältnis zwischen Patient und Untersucher voraus, das erst im Laufe des Gesprächs entsteht. Wiederholt kann es wichtig sein, dem Patienten zu erklären, warum man bestimmte Dinge wissen will. Erklärungen könnten zum Beispiel sein: „Wenn ich Ihre aktuelle Situation verstehen will, brauche ich noch einige Informationen aus Ihrer Biografie, deshalb frage ich da noch einmal genauer nach." oder „Ich möchte Ihnen gerne später eine gute Behandlung vorschlagen, dafür brauche ich aber noch einige Informationen zu Ihrer Konzentration und zum Gedächtnis. Ich möchte deshalb einige Prüfungen machen."

Im halbstrukturierten Interview dürfen im Gegensatz zum strukturierten oder standardisierten Interview zusätzliche Erklärungen gegeben werden, Fragen können umformuliert werden, wenn der Untersucher merkt, dass der Patient die Frage nicht versteht und es darf natürlich auf Nachfragen des Patienten geantwortet werden.

Nachdem im halbstrukturierten Teil gezielt Informationen erhoben wurden, wird das Gespräch mit einem abschließenden freien Teil beendet. Der Untersucher sollte noch einmal zusammenfassen, was er schwerpunktmäßig an Informationen erhalten hat. Der Patient hat dadurch die Möglichkeit, Missverständnisse aufzuklären oder noch einmal bestimmte Schwerpunktthemen zu betonen. Daran schließt sich die Frage an, ob der Patient noch Ergänzungen hat. Hier könnte die Beispielfrage lauten: „Habe ich noch irgendetwas vergessen, was wichtig ist, damit ich Ihre Situation gut verstehen kann?". Zum Abschluss wird für den Patienten noch wichtig sein, was nun mit diesen ganzen Informationen geschieht. Der Untersucher sollte über die nächsten Schritte berichten und den Patienten über den nächsten Termin informieren. Bei dringlich notwendigen Maßnahmen können auch die ersten therapeutischen Schritte mit dem Patienten besprochen werden. Selbstverständlich ist das dann der Fall, wenn eine dringliche Medikation notwendig ist, eine Einschränkung der Bewegungsfreiheit erfolgen muss (zum Beispiel geschlossene Tür und 1 zu 1-Betreuung bei akuter Selbstgefährdung) und bei allen Maßnahmen, die gegen den Willen der Patienten erfolgen.

## 2.6    Präzisierung von Informationen

Die dritte allgemeine Aufgabe des Untersuchers im psychiatrischen Untersuchungsgespräch nach der Herstellung einer vertrauensvollen Beziehung und der Strukturierung des Gesprächs ist die Präzisierung von Informationen. Die ersten beiden Aufgaben sind sozusagen die Voraussetzung dafür. Nur wenn der Patient eine vertrauensvolle Beziehungssituation vorfindet, wird er offen über seine Situation und die Beschwerden sprechen. Nur wenn es gelingt, die Führung im Gespräch zu behalten und Struktur in das Interview zu bekommen, wird auch ein bestimmter Detailliertheitsgrad der Informationen möglich sein. Auch in Bezug auf diese dritte Aufgabe der Präzisierung von Informationen unterscheidet sich das professionelle psychiatrische Untersuchungsgespräch wesentlich von einem Alltagsgespräch. Es hat einen anderen Ablauf und folgt anderen sozialen Spielregeln. So hören wir beim Alltagsgespräch in der Regel auf zu fragen, wenn wir merken, dass das Thema dem Gegenüber unangenehm ist, wir bohren nicht weiter. Im psychiatrischen Untersuchungsgespräch wollen wir es vielleicht gerade dann genau wissen.

Für die Präzisierung von Informationen ist vor allem wichtig, nicht zu früh aufzuhören mit dem Fragen. Die wichtigste Methode ist es, sich immer wieder Beispiele nennen zu lassen. Die Aussage des Patienten: „Ich kann mich nicht mehr richtig konzentrieren" reicht eben nicht für ein ausreichendes Verständnis des Symptoms und auch nicht für eine sinnvoll auf dieser Information aufbauenden Behandlung.

- „Woran merken Sie das denn?"
- „Bitte nennen Sie Beispiele, wann es Ihnen auffällt."
- „Seit wann ist das denn so?"
- „Kennen Sie das von sich, oder ist es für Sie neu?"
- „Was können Sie denn nicht mehr machen, und was geht noch trotz der Störung?"

Dies sind nur einige Beispielfragen, die zeigen, wie der Untersucher nach einer etwas vagen Aussage in die Tiefe gehen sollte. Es macht eben einen Unterschied, ob der Patient gelegentlich mal unkonzentriert ist, wenn er schwierige Texte liest, das aber von sich kennt, weil er sich nie besonders gut konzentrieren konnte, oder ob er seit einer Woche plötzlich und für ihn völlig ungewohnt, seiner Arbeit nicht mehr nachgehen kann, weil er sich auf keinen Text mehr konzentrieren kann. Vorausgesetzt, es handelt sich überhaupt um eine Konzentrationsstörung und nicht vielleicht, wie sich beim näheren Nachfragen aus den Beispielen ergeben könnte, eine Störung des Gedächtnisses. Für die Präzisierung von Informationen gibt es einige technische Gesichtspunkte für das Interview, die gelernt werden sollten.

> **Gesichtspunkte für die Präzisierung von Informationen. (Mod. nach Fähndrich und Stieglitz 2016)**
> - Bei unverständlichen oder vagen Angaben, die Aussagen präzisieren lassen
>   - Beispiel: „Ich habe das gerade nicht ganz verstanden, können Sie mir das näher erklären?"
> - Wenn der Patient ausweicht, nicht locker lassen und auf die Frage zurückkommen
>   - Beispiel: „Ich möchte nochmal auf meine Frage zurückkommen und etwas genauer nachfragen"
> - Falls der Patient die Frage nicht verstanden hat, noch einmal neu formulieren und wieder fragen
>   - Beispiel: „Ich hatte nach dem Tempo des Denkens gefragt – ich wollte gerne wissen, ob die Gedanken langsamer gehen als sonst oder vielleicht schneller?">
> - Bei Anhaltspunkten, dass der Patient etwas nicht offen ansprechen will, gezielt weiter explorieren
>   - Beispiel: „Sie haben gerade berichtet, dass sie ab und zu Alkohol trinken, aber nicht viel. Wann trinken Sie denn? Ist es eine Flasche? Welches Getränk am liebsten?" usw.

- Bei eher vage Andeutungen oder nonverbalen Signalen nachhaken
    - Beispiel: „Ich habe den Eindruck, dass Sie doch recht traurig sind über das Verhalten Ihrer Tochter. Ich würde darüber gerne etwas mehr erfahren."
- Bei sensiblen Themenbereichen Hilfestellungen geben
    - Beispiel: „Ich kenne viele Patienten, die in Ihrer Situation auch mal daran denken, sich das Leben zu nehmen, kennen Sie das auch?"
- Wenn über verschiedene Dinge berichtet wird, deren Zusammenhang nicht klar ist, erklären lassen
    - Beispiel: „Ich verstehe da noch nicht, was das eine mit dem anderen zu tun hat. Können Sie mir das noch näher erklären?"
- Nicht streiten, aber Patienten mit Widersprüchen konfrontieren
    - Beispiel: „Ich kann mir das schwer erklären, dass Sie jetzt eine Stimme hören; ich höre ja keine und es ist niemand da. Was kann der Grund dafür sein?"

Es kommt im Lauf einer Exploration immer wieder vor, dass man sich als Untersucher zu früh zufrieden gibt mit den erhaltenen Informationen. Dies kann daran liegen, dass man merkt, dass es dem Patienten unangenehm ist, über ein Thema zu sprechen, oder man ist sich selbst gar nicht klar, dass die Aussagen des Patienten ziemlich vage waren. Häufig bringt auch für den Untersucher die Untersuchungssituation eine Anspannung mit sich; hat man alles richtig gemacht, sind wesentliche Informationen noch nicht exploriert, hat man noch das Vertrauen seines Patienten? usw. Ich habe mir im Laufe meiner Assistentenzeit für solche Situationen einige hilfreiche Sätze zurechtgelegt, die für die Präzisierung von Information als Leitfragen funktionieren.

### Hilfreiche Fragen zur Präzisierung von Informationen
- „Das habe ich noch nicht richtig verstanden. Können Sie mir das näher erklären?"
- „Was meinen Sie damit?" „Was verstehen Sie darunter?"
- „Noch einmal zu Ihrer Aussage, dass ... Können Sie das noch genauer beschreiben?"
- „Sie haben vorhin erwähnt, dass ... Wie meinten Sie das?
- „Viele Patienten berichten, dass ... Kennen Sie das auch?"
- „Ich möchte Sie noch besser verstehen, deshalb frage ich noch einmal genau nach."
- „Warum ist das mit Ihnen geschehen?"
- „Können Sie mir ein Beispiel nennen?"

Welche Informationen im Einzelfall hilfreich sein können, wird noch in den Kapiteln zum psychopathologischen Befund und zur Anamneseerhebung beschrieben. Der Untersucher muss entscheiden, in welchen Situationen er welches Set an Informationen braucht und in welchem Detailliertheitsgrad. Die Erfahrung zeigt, dass Untersucher eher zu wenig präzise Informationen über ihre Patienten haben als zu viel. Besonders bedenklich ist das natürlich dann, wenn durch fehlende oder zu vage Informationen für die Therapie nur ungenaue oder sogar falsche Ziele entworfen werden.

## 2.7    Besonders schwierige Gesprächssituationen

Was bisher über das psychiatrische Untersuchungsgespräch gesagt wurde, galt im Wesentlichen
für den „Normalfall", d. h. für die Untersuchung eines Patienten, der von sich aus oder überwiesen
vom Arzt, Psychologen oder einer anderen Betreuungsinstanz, in die Praxis des Psychiaters oder
Psychologen mehr oder weniger freiwillig gekommen ist. Zu Beginn dieses Kapitels wurde schon
erwähnt, dass bei vielen beschriebenen Gesichtspunkten ein Ideal vorgestellt wurde, das nicht
in allen klinischen Situationen auch erreicht werden kann. Aus der Tatsache, dass der Patient in
diesen normalen Situationen zum Schritt bereit war, den Psychiater oder Psychologen aufzusuchen, darf aber meistens ein Minimum an Bereitschaft zum Gespräch abgeleitet werden, ebenso
eine – wenn auch möglicherweise verklausulierte – Anerkennung des Umstandes, dass psychische Probleme im Spiel sind. Freilich gilt diese Annahme nicht für jeden Patienten. Hier gibt
es immer wieder besondere Untersuchungssituationen. Diese werden in Kapitel 9 abgehandelt.

Die Gesprächsführung wird natürlich auch von den Gegebenheiten dieser speziellen Untersuchungssituationen beeinflusst (Jacob et al. 2009). Im Wesentlichen geht es dann um die Einstellung der Gewichte der oben beschriebenen Ziele des psychiatrischen Gesprächs. Meist gewinnt
die Vertrauensbildung, also die Herstellung der psychiatrischen Beziehung, besonderes Gewicht.
Es kann durchaus sein, dass das erste Gespräch ausschließlich diesem Ziel dient und es gar nicht
zur Präzisierung von Informationen kommt und auch der Strukturierungsgrad des Gesprächs
niedrig ist. Bei mutistischen oder sehr misstrauischen Patienten wird es ja in erster Linie darum
gehen, sie überhaupt zum Berichten zu bewegen. In der ambulanten Situation ist vielleicht ein-
ziges Ziel des Erstgesprächs, soviel Vertrauen zu wecken, dass die Patienten zu weiteren Kontakten bereit sind.

Hierbei muss man sich immer vor Augen führen, dass diese Patienten ja nicht in der ersten
Begegnung mit anderen Menschen sind. Sie haben in aller Regel Erfahrungen damit gemacht,
was geschieht, wenn sie über ihre Erlebnisse oder ihre Situation gesprochen haben. Gerade bei
Patienten mit einem paranoid-halluzinatorischen Syndrom werden die Patienten oft die Erfahrung gemacht haben, dass man sie für verrückt hält. Sie werden dann sehr zurückhaltend mit den
Informationen über dieses Erleben umgehen. Dasselbe gilt für Patienten, die sich in einer schwierigen sozialen Situation befinden. Denken wir zum Beispiel an Patienten mit einer Spielsucht,
die sich und ihre Familie dadurch in eine ökonomisch schwierige Situation gebracht haben, oder
auch Patienten mit einer Alkoholabhängigkeit, oder Patientinnen mit Anorexie. Es wird ihnen
peinlich sein, hier genaue anamnestische Daten zu liefern. Sie sind es gewohnt, ihr besonderes
Erleben zu verbergen, Ausreden zu finden, krankhaftes Verhalten zu bagatellisieren. In solchen
Situationen ist es oft wichtig, den Vorvermutungen der Patienten uneingeschränktes Interesse
entgegenzusetzen. Man wird also alles dafür tun, nicht zu werten, das Erleben nicht als verrückt
und das Verhalten nicht als verwerflich zu bewerten. Der Untersucher sollte zeigen, dass er sich
einfach dafür interessiert, was geschehen ist, wie der Patient die Sache beurteilt und was dieser
denkt und fühlt.

Anders wird das Verhältnis der drei Elemente zum Beispiel in einer Exploration für ein psychiatrisches Gutachten aussehen. Auch hier ist Vertrauen notwendig, wenn man valide Informationen erhalten will. Aber es gehört zum Standard, den Exploranden zu Beginn zu erklären,
dass das Untersuchungsgespräch der Informationserhebung und Sachklärung dient und nicht
der Vorbereitung einer Therapie. Dass schließlich für die erhaltenen Informationen zwar auch die
allgemeine Schweigepflicht des Untersuchers gelte, alle Informationen aber an die auftraggebende

Institution weitergegeben werden. Dass es eine vertrauliche Information, die nur zwischen Untersucher und Untersuchtem bleibt, deshalb nicht geben könne. In solchen Situationen wird die Aufgabe der Detaillierung der Informationen ganz in den Vordergrund treten. Schließlich wird oft bei einem manischen Patienten oder bei stärkeren formalen Denkstörungen, die Hauptaufgabe in der Strukturierung bestehen, da sonst oft gar keine sinnvolle Informationserhebung stattfinden kann (Venzlaff et al. 2015; Müller und Nedopil 2017; SGGP 2012; Schneider et al. 2014).

In allen beschriebenen Situationen, in denen es um die professionelle Erhebung von Informationen geht, werden aber alle drei Gesichtspunkte – Beziehungsgestaltung, Strukturierung und Präzisierung – eine Rolle spielen, wenn auch vielleicht in unterschiedlichem Gewicht.

## 2.8   Vermittlung von Gesprächsführungskompetenzen

Erfreulicherweise gibt es in den letzten Jahren sowohl im Medizin- wie auch im Psychologiestudium Veranstaltungen zur Vermittlung von Gesprächsführungskompetenzen. Allerdings sind diese häufig sehr theorielastig und können kaum auf die eigentliche Aufgabe der psychiatrischen Untersuchung vorbereiten. Einiges Wissen wird man aus diesen Veranstaltungen mitnehmen können, die Anwendung erfolgt aber in der Regel erst während der klinischen Tätigkeit. Viel wird man dabei aus der Beobachtung von Erfahrenen profitieren. Bei Visiten oder Nachuntersuchungen in der Aufnahmesituation kann man sich einiges abschauen und mit der Zeit dann seinen eigenen Stil entwickeln. Leider bleibt im Klinikalltag oft nicht genug Zeit für eine systematische Anleitung. Wünschenswert wäre, wenn der erfahrene Oberarzt bei den ersten Gesprächen in der Aufnahmesituation dabei sein könnte und nach dem Gespräch Hinweise zur Gesprächsführung geben würde. Analog zum Vorgehen in einigen psychotherapeutischen Schulen wäre auch das videogestützte Lernen ein zu empfehlendes Lehr- und Lernmittel. Dabei erstellt der Anfänger ein Video seiner ersten Gespräche im Rahmen einer psychiatrischen Untersuchung. Dieses Video wird dann im Hinblick auf die Gesprächsführung mit dem Oberarzt besprochen und danach wieder gelöscht (Haug und Trabert 2017). Selbstverständlich ist dabei, dass dies nicht in jeder Situation möglich ist. Die Vorschläge beziehen sich auf die reguläre Aufnahme eines Patienten auf der Station und nicht die notfallmäßige Aufnahme eines Patienten in der Nacht. Genauso selbstverständlich ist, dass die Patienten von einer Videoaufnahme informiert werden und damit einverstanden sein müssen. Aus den erwähnten Psychotherapie-Supervisionen bestehen aber diesbezüglich gute Erfahrungen. Wenn man bedenkt, wie entscheidend die zu erreichenden Ziele, Herstellung der Beziehung, Strukturierung des Gesprächs und Gewinnung detaillierter Informationen, für die Gestaltung einer zielgerichteten Therapie sind, erscheint der vorgeschlagene Weiterbildungsaufwand sicher für gerechtfertigt. Da sich ein professionelles diagnostisches Gespräch in der psychiatrischen Untersuchung wesentlich von einem Alltagsgespräch unterscheidet, ist natürlich auch die weitverbreitete Meinung falsch, dass man Gespräche in der Psychiatrie nicht besonders lernen müsse.

# Psychopathologischer Befund

© Springer-Verlag GmbH Deutschland 2017
A. Haug, *Psychiatrische Untersuchung*,
DOI 10.1007/978-3-662-54666-6_3

## 3.1    Begriffsverständnis Psychopathologie

Der Begriff Psychopathologie und das von ihm beschriebene Fachgebiet haben sich gleichermaßen aus der Psychologie (dort zunächst als Pathopsychologie bezeichnet) und der Psychiatrie entwickelt. Der Begriff soll andeuten, dass die Disziplinen Psychopathologie und Psychologie ungefähr im gleichen Verhältnis zu sehen sind wie die Disziplinen Pathophysiologie und Physiologie. Geht es also beim einen um die Beschreibung von seelischen Vorgängen beim Gesunden, handelt das andere Fach von den krankhaft abweichenden Erlebens- und Verhaltensweisen. Das Fachgebiet Psychopathologie wird heute gleichermaßen während der Ausbildung zum Psychologen wie auch im Teil Psychiatrie im Lauf des Medizinstudiums vermittelt. In einem sehr weiten Begriffsverständnis wird gelegentlich im Verlauf des Psychologie-Studiums die Vermittlung psychopathologischen Wissens im Sinne einer psychiatrischen Krankheitslehre verstanden, bei der also neben dem Erscheinungsbild auch Konzepte zur Ätiopathogenese, Epidemiologie und Therapie von psychischen Erkrankungen vermittelt werden. Innerhalb der Medizin, beziehungsweise hier dann der Psychiatrie, wird der Begriff enger gefasst und entspricht damit dem, was im Rahmen der psychiatrischen Untersuchung mit dem psychopathologischen Befund gemeint ist (Payk 2015; Scharfetter 2017; Hamilton 1984; Jaspers 1973).

Eine ähnliche, allerdings nicht sehr trennscharfe Unterscheidung wird gelegentlich noch zwischen allgemeiner und spezieller Psychopathologie gemacht. Dabei handelt die spezielle Psychopathologie von den Einzelsymptomen, während die allgemeine Psychopathologie auch Aussagen zum Krankheits- und Normenbegriff, verschiedenen Formen der Interpretation der vorhandenen Symptome sowie zu ihrem Verhältnis zu Syndrom und Diagnose macht. Eine gute Übersicht über die historische Entwicklung des Begriffes gibt Payk in seinem Buch *Psychopathologie*, das in der ersten Auflage noch den Titel *Pathopsychologie* trug (Payk 2015).

Wichtiger als die Differenzierung in spezielle und allgemeine Psychopathologie ist die Unterscheidung verschiedener Sichtweisen auf die bei unseren Patienten auftretenden Symptome. Es macht einen wesentlichen Unterschied, ob die Erlebens- und Verhaltensweisen mit oder ohne vorher bestehende Idee zu ihrer Bedeutung, diagnostischen Zugehörigkeit, ihrer Verbindung zu innerpsychischen Prozessen oder auch zu ihrer Bedeutung im interaktionellen Umgang mit anderen Menschen gesehen und gegebenenfalls interpretiert werden. Scharfetter unterscheidet zwischen folgenden Arten der psychopathologischen Symptombetrachtung (◘ Tab. 3.1)

◘ **Tab. 3.1** Psychopathologische Systembetrachtungen. (Mod. nach Scharfetter 2017)

| Art der Psychopathologie | Beschreibung (wichtige Autoren) |
|---|---|
| Genetisch-psychodynamisch | Psychoanalytische Psychopathologie |
| Kommunikationspsychologisch | Watzlawick, Bateson, Haley, Erikson |
| Familiendynamisch | Psychoanalytisch (viele Autoren), Delegationsmodell (Stierlin), systemisch (Boszormenyi, Bowen, Minuchin) |
| Funktional-final | Symptom ist Reaktion, eventuell Ausdruck autotherapeutischer Anstrengung (Ideler, Freud, Bleuler), Ich-Psychopathologie |
| Gestaltpsychologisch | Bash, K. Conrad |
| Strukturanalytisch | Janzarik |
| Strukturalistisch | Peters, Lang, Luthe |
| Rollenanalytisch | Kraus |

Allen diesen Ansätzen gemeinsam ist eine schon mit einer Hintergrundidee, einem Konzept versehene Blickrichtung auf die wahrgenommenen Erscheinungen. Dagegen versucht die deskriptive Psychopathologie, ohne solche Vorinterpretationen, vielmehr phänomenologisch-beschreibend an die einzelnen Symptome heranzugehen. Sie ist damit die Grundlage für weiterführende diagnostische Einordnungen. In einem zweiten, interpretierenden und gewichtenden Schritt lassen sich dann aus der reinen Beschreibung heraus auch Hinweise auf die Therapie finden. Für die psychiatrische Untersuchung ist aber entscheidend, dass zunächst der phänomenologisch-beschreibende Ansatz gewählt und geübt wird.

## 3.2   Bedeutung des psychopathologischen Befundes für Diagnostik und Therapie

Der deskriptive psychopathologische Befund ist das Kernstück der psychiatrischen Untersuchung. Es geht dabei darum, die elementaren Phänomene des Erlebens und Verhaltens unserer Patienten zu verstehen. Wir bewegen uns damit auf der symptomalen Ebene der Diagnostik. Die Wichtigkeit dieser Beschreibungsebene hat verschiedene Gründe.

Oft wird der Leidensdruck eines Patienten von bestimmten ausgewählten Symptomen dominiert. Diese müssen nicht immer auch diagnostisch wegweisend sein. Zum Verständnis der Situation des Patienten und zur Herstellung einer therapeutischen Beziehung ist es aber wichtig, diese Symptome mit ausreichendem Detailliertheitsgrad zu erfassen.

Zweitens bestimmen die einzelnen Symptome in der Gesamtschau auch Syndrome, die in der Regel wegweisend für therapeutische Maßnahmen sind.

Schließlich sind die Symptomkriterien die wichtigsten Kriterien im operationalisierten Prozess der klassifikatorischen Diagnostik (WHO 2016; Dilling und Freyberger 2015; APA 2015). Aber auch in der Therapieplanung haben sie großes Gewicht; so sind z. B. die Weichenstellungen in Leitlinien (welche Therapie soll begonnen werden, oder wie soll die Therapie geändert werden) anhand bestimmter vorliegender (oder auch nicht mehr vorliegender) Symptome definiert.

---

**Bedeutung der symptomalen Ebene der Diagnostik (psychopathologischer Befund)**
- Vertieftes Verständnis des Erlebens der Patienten (zunächst frei von diagnostischen Konzepten)
- Symptome sind Aufbauelemente von Syndromen, die wiederum meist therapiebestimmend sind
- Die wichtigsten Kriterien für ICD- oder DSM-Diagnosen sind Symptomkriterien
- Die therapeutischen Weichenstellungen in Therapieleitlinien sind oft durch Symptome definiert

---

Im Laufe der psychiatrischen Untersuchung wird man also zunächst deskriptiv (vorurteilsfrei, das heißt zunächst ohne spezielle konzeptionelle Überlegungen) die Symptome der Patienten erfassen. Erst in einem späteren Schritt werden dann die Symptome gewichtet bezüglich ihrer Bedeutung für Syndrome und die Klassifikation nach ICD oder DSM. Erst dann wird man sich auch Gedanken darüber machen, ob es sich im Einzelfall bei einem Merkmal um eine pathologische oder vielmehr um eine situativ gut erklärbare Auffälligkeit handelt.

## 3.3 Normal und nicht-normal, gesund und krank

Die Begriffe normal, nicht-normal, gesund, beziehungsweise krank, werden oft nicht trenn-scharf gebraucht. Die Begriffsbedeutung und damit auch die Schwierigkeiten der Abgrenzung der Begriffe voneinander greifen weit in die allgemeine Geschichte des Krankheitsbegriffs zurück. Die Begriffe normal und nicht-normal deuten darauf hin, dass bei der Beurteilung Normvorstellungen eine bestimmende Rolle spielen. Nicht-normal bedeutet dabei keinesfalls automatisch krank, sondern lediglich abweichend von der Normvorstellung, die man anwen-det. Die Verwendung der Begriffe gesund und krank hängen von verschiedenen Vorstellungen zu Gesundheit und Krankheit ab. Die Reflektion dieser Begriffe ist für die Einordnung psy-chopathologischer Befunde wichtig, deshalb sollen aktuelle Konzepte hierzu an dieser Stelle beschrieben werden.

### 3.3.1 Normvorstellungen

In der Beurteilung von Erleben und Verhalten unserer Patienten arbeiten wir in der Regel mit der statistischen Norm, der ipsativen, selten auch der Idealnorm.

> **Verschiedene Normvorstellungen**
> — **Statistische Norm**
>   Für die gesellschaftliche Gruppe in der ich lebe, durchschnittliches Erleben und Verhalten. Die soziale Norm ist ein Begriff, der die soziale Relativität der statistischen Norm betont.
> — **Ipsative Norm**
>   Erleben und Verhalten wie es dem bisherigen Zustand einer Person entspricht. Erleben und Verhalten ist so, wie ich es bisher an mir kenne, so wie ich mich kenne.
> — **Idealnorm**
>   Erleben und Verhalten entsprechen einem Ideal wie der vollkommenen Verwirklichung, entsprechend der WHO-Definition von Gesundheit

Die *statistische Norm* geht von einer gewissen Bandbreite von Erleben und Verhalten in der Gemeinschaft aus, in der ich lebe. Was innerhalb dieser Bandbreite liegt, wird als normal bezeich-net, von der Mitte wesentlich abweichendes Erleben und Verhalten als nicht-normal. Auch wenn umgangssprachlich davon die Rede ist, dass etwas normal sei, beruht diese Beurteilung meist auf der Vorstellung einer statistischen Norm. Im Wesentlichen synonym zur statistischen Norm wird diese Richtschnur auch gelegentlich als *soziale Norm* bezeichnet, womit noch stärker der sozial-relative Aspekt der Normvorstellung betont wird. In verschiedenen Kulturen kann die Bandbreite normalen Erlebens und Verhaltens unterschiedlich definiert sein und damit verschieben sich auch jeweils die Grenzen nicht-normalen beziehungsweise normalen Erlebens und Verhaltens.

Dies sind nicht nur theoretische Überlegungen. Die soziale Relativität spielt vielmehr in der Beurteilung von Erleben und Verhalten derjenigen Patienten eine bedeutende Rolle, die aus anderen Kulturkreisen kommen. Was im Land, in dem die Untersuchung vorgenommen wird, normal ist (also dem durchschnittlichen Erleben und Verhalten der dort lebenden Menschen entspricht), kann im Herkunftsland des Patienten einer außergewöhnlichen Abweichung ent-sprechen und umgekehrt.

Ein weiteres Problem stellt dar, dass der Begriff *nicht-normal* häufig negativ konnotiert ist und gelegentlich mit ungünstigen Konstellationen oder sogar Krankheit gleichgesetzt wird. Geht man aber definitionsgemäß davon aus, dass es sich beim Ausdruck *nicht-normal* lediglich um eine Abweichung (nach oben oder nach unten) vom mittleren Zustand einer Gesellschaft handelt, dann ist diese Gleichsetzung falsch. Eine von der mittleren Norm abweichende Körpergröße ist natürlich nicht mit einer Krankheit gleichzusetzen. Genauso ist eine deutlich überdurchschnittliche Intelligenz zwar im Sinne der statistischen Norm nicht-normal, aber natürlich nicht negativ und entspricht keiner Krankheit.

Schließlich kann die Auseinandersetzung (d. h. auch die Austestung der Grenzen) sowie auch die Übertretung von Normen zum gesunden und reifen Verhalten von Menschen gehören. Eine übermäßige und dauernde Anpassung an Normen kann sogar als pathologischer Zustand gesehen werden. Begriffe wie Over-conformity (Merton 1957) und Normopathie (der Psychiater Wulff unter dem Pseudonym Alsheimer 1968) sind dafür gebraucht worden. Über einen in diesem Sinne reifen Umgang mit Normen berichtet Möllers (2015).

Patienten selbst beschreiben ihren Zustand meist gar nicht bezogen auf statistische Normvorstellungen, als vielmehr im Sinne einer Veränderung ihres Zustands im Vergleich mit früher, im Vergleich mit dem Zustand also, den sie an sich selbst bisher als normal erlebt haben. Bei diesen Beschreibungen wird die Vorstellung einer *ipsativen Norm*, oder auch *Veränderungsnorm*, zur Richtschnur. Die Aussage „mein Gedächtnis ist schlechter geworden" muss nicht heißen, dass die Gedächtnisleistungen vom Durchschnitt der Gesunden abweichen. Wenn es vorher besonders gut war und jetzt nur noch durchschnittlich ist (im Vergleich mit der Gesellschaft in der er lebt), wird der Betroffene dies dennoch als nicht-normal empfinden, weil er an sich eine wesentliche Veränderung wahrnimmt.

Die dritte Normvorstellung, die *Idealnorm*, ist seltener brauchbar. Hier ist die Richtschnur ein idealer, vollkommener Zustand. Das jeweilig vorliegende Erleben und Verhalten wird an diesem Zustand gemessen. Deutliche Abweichungen vom Ideal können dann als nicht-normal bezeichnet werden. Die Weltgesundheitsorganisation hat in der Einleitung ihrer Verfassung den Begriff der Gesundheit folgendermaßen im Sinne einer Idealnorm definiert: „Gesundheit ist ein Zustand des vollständigen körperlichen, geistigen und sozialen Wohlergehens und nicht nur das Fehlen von Krankheit oder Gebrechen" (WHO, 1946). Einem solchen Begriff von Gesundheit kann man wohl nur mehr oder weniger nahe kommen, *vollständig* erreichen wird man ihn wohl kaum je. Auch bei manchen psychotherapeutischen Richtungen spielen Idealnorm-Vorstellungen eine Rolle, wenn z. B. die psychologische Entwicklung eines Menschen vor dem Hintergrund einer gedachten idealen Persönlichkeitsentwicklung gesehen wird. Wenn ein Psychoanalytiker von mangelnder Konfliktverarbeitung spricht, hat er implizit das Konzept einer idealen Bearbeitung von zentralen Konflikten in der Kindheit vor Augen. Zumindest in der psychiatrischen Untersuchung sind solche Idealnorm-Vorstellungen aber wenig hilfreich.

### 3.3.2 Kategoriales und dimensionales Modell von Krankheit

Bei vielen Menschen herrscht auch heute noch ein kategoriales Modell von Gesundheit und Krankheit vor. Man ist entweder gesund oder krank. Diese klare Dichotomie leitet sich aus der individuell klar gezogenen subjektiven Grenze zwischen gesund und krank ab. Menschen fühlen sich entweder gesund oder krank, und wenn sie sich als krank bezeichnen, meinen sie damit einen gesamtheitlich in Richtung Krankheit veränderten Zustand (ipsative Norm). Bildlich zeigt dieses kategoriale Modell die Grafik auf der linken Seite (◘ Abb. 3.1).

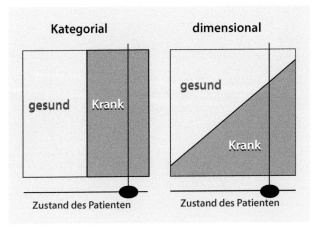

☑ **Abb. 3.1**   Kategoriales versus dimensionales Krankheitsmodell

Aus verschiedenen Gründen ist dieses Konzept aber in Frage zu stellen. Wenn Menschen sich als krank bezeichnen, gehen sie vielleicht trotzdem noch einer Arbeit nach, haben vielleicht immer noch Freude an einem spannenden Buch oder an einem schönen Abend mit der Familie. Die erlebten Krankheitssymptome beziehen sich eben nur auf Teilbereiche des Lebens und nicht auf einen Ausfall aller Funktionen. Auch bei schwerster Krankheit können in der Regel immer noch einige Teilaspekte erlebt werden wie zu gesunden Zeiten. Man ist also nie nur krank. Für die subjektiv klare Einschätzung einer Person, dass sie krank sei, gibt es zumindest im Grenzbereich keine objektiv und überindividuell festgelegten Kriterien. Genauso haben wir zu gesunden Zeiten oft gesundheitliche oder soziale Einschränkungen, die uns vom „vollkommenen Zustand des körperlichen, geistigen und sozialen Wohlergehens", wie die WHO Gesundheit definiert, ein Stück entfernen.

Deshalb wurde das kategoriale Modell von gesund und krank von einem dimensionalen Modell abgelöst. In der Abbildung entspricht dies der Grafik auf der rechten Seite. Besonders in der Psychiatrie hat diese Vorstellung auch für die Therapie erhebliche Bedeutung. Selbst bei schwerer psychischer Erkrankung gibt es gesunde Anteile bei einem Patienten, die man in die Therapie einbeziehen kann, und die nicht selten sogar ein wichtiger Ankerpunkt für die Verbesserung des Zustandes sein können.

### 3.3.3 Aktuelle Gesundheitsmodelle

Heutige Vorstellungen von Gesundheit und Krankheit schließen an dieses dimensionale Modell an (Franke 2012). Die Vorstellung, ein äußerer Einfluss, z. B. ein Virus, befalle den ganz gesunden Menschen und mache ihn vollständig krank, ist abgelöst von Gleichgewichts- und Balancevorstellungen. Ständig stehen äußere Anforderungen (Arbeitsanforderungen, Erreger, belastende Umweltsituationen usw.) inneren Abwehrressourcen gegenüber. Arbeitsanforderungen können durch Mehrarbeit bewältigt werden, Erreger werden durch das Immunsystem beherrscht und gegenüber belastenden Umweltsituationen wie z. B. Kälte oder Schlafmangel kann man sich schützen, z. B. durch warme Kleidung oder Erholungsschlaf. Allerdings haben diese Möglichkeiten Grenzen. Wird die Belastung zu groß, oder ist die Bewältigungsmöglichkeit zu klein,

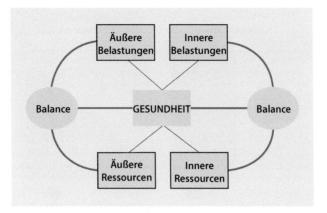

**▣ Abb. 3.2**   Das Anforderungs-Ressourcen-Modell

kommt dieses Gleichgewicht aus der Balance und ein Zustand entsteht, den wir Krankheit nennen (▣ Abb. 3.2).

Kann das Gleichgewicht wieder hergestellt werden, kann von Gesundheit gesprochen werden. Gesundheit ist also kein statischer Zustand, sondern die ständige Bemühung um eine Balance zwischen Anforderungen (äußeren oder auch innerpsychischen) und Bewältigungsmöglichkeiten (äußeren oder innerpsychischen Ressourcen) (Becker et al., 2004).

### 3.3.4   Bedeutung der Gesundheitsmodelle für die Befunderhebung

Offensichtlich haben diese modernen Vorstellungen von Gesundheit und Krankheit wesentliche Bedeutung für die Therapie psychischer Störungen. Wenn es um die Wiederherstellung von Gleichgewichten geht, wird man an den Stellgliedern dieses Gleichgewichtes arbeiten können. Es geht dann eben um beides: Die äußeren Belastungen zu vermindern, gleichzeitig aber auch die inneren Ressourcen zu stärken. Zudem erhalten durch diese Konzepte prophylaktische (gesundheitserhaltende) Maßnahmen besonderes Gewicht. Auch als gesunder Mensch sollte man sich um die Stärkung der inneren Ressourcen kümmern, um Angriffen durch äußere Belastungen besser standhalten zu können. Auf dieser Idee beruhen z. B. die Bedeutung von Achtsamkeitsübungen in der sogenannten dritten Welle der Psychotherapie, aber natürlich auch allgemeine gesundheitsfördernde Maßnahmen wie körperliche Aktivität, ausreichend Schlaf, Entspannungsübungen oder auch eine möglichst geregelte Tagesstruktur.

Aber auch für die psychiatrische Untersuchung und insbesondere den psychopathologischen Befund sind die Überlegungen zum Gesundheitskonzept bedeutend. So kommt es eben nicht nur darauf an, die pathologischen Befunde im Hinblick auf eine Symptomerfassung zu registrieren, sondern, ganz im Sinne der deskriptiven Psychopathologie, beim Patienten vorhandene Phänomene des Erlebens und Verhaltens zu erkennen und zu beschreiben, ohne gleich zu gewichten, ob sie pathologisch sind. Es sollen auch Aspekte, die dem Ressourcenbereich zuzuordnen sind, in der psychiatrischen Untersuchung untersucht und erwähnt werden (Reimann und Hammelstein 2006). So kann es bei einem schwer depressiven Menschen wichtig sein, dass er beim Gespräch über seine Enkel Freude empfinden oder einem leidenschaftlichen

Hobby, wenn auch mit Anstrengung, aber eben doch noch nachgehen kann. Manchmal wird auch erst in der Gesamtschau aller in der psychiatrischen Untersuchung erhobenen Befunde deutlich, ob einzelne Elemente eher dem Belastungsbereich oder dem Ressourcenbereich zuzuordnen sind.

## 3.4 Äußere Erscheinung und Verhalten

Bei einer ersten Begegnung mit einem Patienten wird noch vor dem Beginn eines eigentlichen Gespräches die äußere Erscheinung und dann sein erstes Verhalten beobachtet und registriert. In einer Metapher könnte man sagen, dass in der psychiatrischen Untersuchung zunächst das Foto, dann der Stummfilm und dann erst der Tonfilm kommt. Die Kleidung des Patienten kann eventuell Rückschlüsse auf den sozialen Status erlauben. Aber auch hier ist das strenge Prinzip der Deskription zu beachten. Wir beschreiben die Art der Kleidung, die Anzeichen für eine vernachlässigte Körperpflege (oder auch einer ausgesprochen sorgfältigen Körperpflege), halten uns aber mit Interpretationen zurück. Interpretationen ergeben sich aus dem Gesamtzusammenhang nach Abschluss der psychiatrischen Untersuchung. So kann eine allenfalls vernachlässige Kleidung und Körperpflege auf ein psychotisches Erleben, auf Armut, oder einfach auch nur eine gleichgültige Einstellung gegenüber diesen Dingen schließen lassen. Welche dieser oder noch anderer Begründungen vorliegen, kann aber erst in der Gesamtschau der erhaltenen Informationen beurteilt werden. Die Registrierung der Sachverhalte selbst kann aber für die weitere Behandlung wichtig sein. Auch hier gilt das allgemeine Prinzip deskriptiver Psychopathologie: Sehr sorgfältig und umfangreich registrieren, später kritisch zurückhaltend interpretieren.

---

**Zu beachten bezüglich äußerer Erscheinung und Verhalten**
- Körpermaße (Größe, Dysproportionen, deutliches Über- oder Untergewicht)
- Kleidung
- Körperpflege
- Mimik (starr, grimassierend, asymmetrisch)
- Gestik (vermindert, lebhaft)
- Auffällige Motorik (kleinschrittig, spastisch, paretisch, asymmetrisch)
- Nähe-Distanz-Verhalten

---

Im zweiten Schritt wird auf das Verhalten des Patienten geachtet. Mangelnde Beweglichkeit, ungewöhnliche Motorik, wie z. B. Tics oder seitendifferente Bewegungen können Zeichen körperlicher Störungen (Spastik, Paresen usw.) sein, können aber auch Hinweise auf psychische Auffälligkeiten bieten. Gleiches gilt für Besonderheiten der Mimik und Gestik. Im Gesamtverhalten können eine aggressive Gestik oder auch ein auffällig distanzloses Verhalten später zu diagnostischen Einordnungen beitragen, sie können aber auch akute Warnzeichen für Gefährdungssituationen sein, auf die sofort reagiert werden muss. Der Untersucher sollte aufmerksam registrieren, ob der Patient zögerlich oder selbstbewusst den Raum betritt, ob er aktiv auf den Untersucher zugeht, oder sich eher zurückgezogen passiv verhält. Es ist meist nur wenig Zeit, bis das eigentliche Gespräch beginnt, aber man sollte sich üben, achtsam die erwähnten Kleinigkeiten vor Beginn des Gesprächs wahrzunehmen und alle Auffälligkeiten im Befund zu registrieren.

## 3.5     Das AMDP-System in der Erfassung des psychopathologischen Befundes

Das AMDP-System der Arbeitsgemeinschaft für Methodik und Dokumentation in der Psychiatrie ist ein Instrument, das die strukturierte Erhebung des psychopathologischen Befundes erleichtert (AMDP 2016; Stieglitz et al. 2017; Haug und Stieglitz 1997; Freyberger und Möller 2003). Da es zumindest im deutschsprachigen Raum kein vergleichbares diagnoseübergreifendes Hilfsmittel gibt, wird zur Erhebung des psychopathologischen Befundes innerhalb der psychiatrischen Untersuchung die Anwendung des AMDP-Systems empfohlen. Es hat sich auch an vielen Kliniken als Standard durchgesetzt und wird darüber hinaus von Behörden und Gerichten auch bei der Abfassung von gutachterlichen Stellungnahmen als Standard vorausgesetzt.

Das AMDP-System besteht aus drei Teilen: einem Anamnesebogen, einem Bogen zur Erfassung körperlicher Symptome, die häufig psychische Störungen begleiten und dem Kernstück, dem Bogen zur Erfassung psychischer Symptome. Im Manual zur Erhebung des psychopathologischen Befundes nach AMDP finden sich die ausführlichen Definitionen und Beschreibungen zu den einzelnen Symptomen des psychischen und körperlichen Befundes. Die 100 klassischen Symptome des psychischen Befundes sind in 12 Merkmalsgruppen unterteilt.

---

**Die Merkmalsgruppen des AMDP zum psychischen Befund**
- Bewusstseinsstörungen
- Orientierungsstörungen
- Aufmerksamkeits- und Gedächtnisstörungen
- Formale Denkstörungen
- Befürchtungen und Zwänge
- Wahn
- Sinnestäuschungen
- Ich-Störungen
- Affektive Störungen
- Antriebs- und psychomotorische Störungen
- Zirkadiane Störungen
- Andere Störungen

---

Die in diesen Kapiteln aufgeführten Symptome sind die häufigsten im klinischen Alltag vorkommenden Symptome. Dabei besteht ein Schwergewicht bei denjenigen Symptomen, die im stationären Rahmen vorkommen. Das AMDP wurde vor ca. 60 Jahren entwickelt und die Symptomauswahl hat sich seitdem nicht geändert. Die Arbeitsgruppe hat deshalb in der neusten 9. Auflage des Manuals in Ergänzung des Grundbestandes noch 11 zusätzliche Symptome definiert, die bei Patienten in ambulanten Behandlungen oder auf Spezialstationen häufiger gesehen werden.

Selbstverständlich decken die mit AMDP erhobenen 100 bzw. 111 Symptome nicht die gesamte Psychopathologie ab. So hat z. B. Scharfetter den Bereich der Ich-Störungen noch wesentlich tiefer aufgegliedert (Scharfetter 2017) und in anderen Lehrbüchern der Psychopathologie (Jaspers 1973; Payk 2015; Hamilton 1984) finden sich deutlich mehr beschriebene Phänomene des Erlebens und Verhaltens von Menschen. Auch die Symptomkriterien des ICD-10 werden durch eine Erhebung mit AMDP nicht bei allen Diagnosen vollständig erfasst. Wenn man Redundanzen (Doppelbegrifflichkeiten für dasselbe Phänomen) vernachlässigt und sich ausschließlich auf die Symptomkriterien beschränkt, finden sich dort größenordnungsmäßig etwa 300 psycho-pathologische Merkmale die diagnostisches Gewicht haben (Dittmann et al. 2000), also mindestens doppelt so viele wie im AMDP erfasst werden. So finden sich für die Diagnose einer Angst-erkrankung nur die eventuell kennzeichnenden Symptome „ängstlich" und „Phobie", sowie in der neusten Auflage des Manuals auch das fakultative Zusatzitem „Angstanfälle". Für die klas-sifikatorische Diagnostik von Angsterkrankungen im ICD-10 müssen also noch ergänzende Symptome geprüft werden. Die viel gehörte Kritik, dass AMDP deshalb für die Psychopatholo-gie von Patienten mit gewissen Störungen, z. B. Abhängigkeitserkrankungen, nicht geeignet sei, beruht aber auf einem Missverständnis. Die Diagnose kann zwar tatsächlich nicht direkt aus dem AMDP-Befund abgeleitet werden, es müssen noch zusätzliche Kriterien untersucht werden. Aber auch bei einem Menschen mit Abhängigkeitserkrankungen liegen fast immer affektive Störungen und Antriebs- und psychomotorische Störungen sowie häufig Auffassungsstörungen, zirkadiane Rhythmusstörungen und in manchen Krankheitsphasen auch Bewusstseinsstörungen, formale Denkstörungen, Wahn, Halluzinationen und andere Störungen vor. Es ist also unabhängig von der eigentlichen ICD-10 Diagnose auch bei diesen und allen anderen Erkrankungen sinnvoll, den AMDP Merkmalsbestand zu prüfen.

## 3.6 Der Merkmalsbestand des AMDP

In den folgenden Kapiteln werden die 100 Merkmale (Symptome) des AMDP-Grundbestands in den verschiedenen Merkmalsgruppen beschrieben sowie die 11 Zusatzsymptome erwähnt. Dabei ersetzt diese Aufstellung die Nutzung des AMDP-Manuals keinesfalls. Genauso wie für die psychiatrische Untersuchung das ICD-10-Manual unentbehrlich ist, ist die genaue Kenntnis und Nutzung des AMDP-Manuals für eine strukturierte Erhebung des Befundes innerhalb der deskriptiven Psychopathologie ohne Alternative. Beim AMDP handelt es sich um die möglichst genaue Definition von Fachbegrifflichkeit. Diese muss im Alltag immer wieder geübt und gege-benenfalls das Begriffsverständnis korrigiert werden. Die Anwendung einer gemeinsamen, mög-lichst präzisen Fachsprache ist das Ziel, das nur durch regelmäßige Trainings in Gruppen erreicht werden kann. Es geht hier auch um eine Art Eichung des eigenen Urteils, die nur im Abgleich mit dem Urteil Anderer gelingen kann. Die AMDP System-Gruppe bietet hierfür regelmäßig überge-ordnete AMDP-Seminare an (www.amdp.de). Im Praxisbuch AMDP (Stieglitz et al. 2017) finden sich darüber hinaus Hinweise, wie die Anwendung des AMDP innerhalb von Institutionen geübt werden kann. Empirische Untersuchungen zeigen eindeutig, dass der Präzisions- und Detaillie-rungsgrad sowie die Interrater-Reliabilität der Befunde durch die Anwendung des AMDP und das regelmäßige Training wesentlich ansteigen, ohne dass beim Geübten dafür mehr Zeit für die Erhebung des psychopathologischen Befundes erforderlich ist (Fähndrich und Renfordt 1985).

Die folgende Auflistung der Merkmalsbereiche folgt nicht der Reihenfolge des AMDP-Ma-nuals. Im psychopathologischen Interview wird man diese Reihenfolge sowieso frei wählen und den individuellen Gegebenheiten der aktuellen Untersuchungssituation anpassen. Meist wird man anknüpfen an Informationen, die der Patient im ersten freien Teil des Interviews gegeben hat und hier dann nach einiger Zeit genauer nachfragen und möglichst alle Informationen zu diesem Merkmalsbereich explorieren (zum genaueren Vorgehen siehe auch die Kapitel zur Gesprächs-führung; ▶ Kap. 2). In der klinischen Praxis ist wohl am häufigsten, dass ein Patient diagnose-übergreifend mit Berichten zu seinem eingeschränkten Wohlbefinden beginnt, also Aspekte der Stimmung und gegebenenfalls des eingeschränkten Antriebs berichtet. Die Reihenfolge der Merk-malsgruppen richtet sich im Folgenden danach, weil sich in dieser Reihenfolge oft ein organisch fließendes Gespräch gestalten lässt. Nach dem Eingangsteil der affektiven-, psychomotorischen-, Antriebs- und zirkadianen Störungen werden die Merkmalsgruppen abgehandelt, die man einem *Testbereich* zuordnen kann. Es sind dies die Orientierungs-, Aufmerksamkeits-, Gedächtnis- und Bewusstseinsstörungen. Einen weiteren Themenkomplex bilden die *psychotischen* Störungen mit den Merkmalsbereichen Wahn, Sinnestäuschungen, Ich-Störungen und formale Denkstörungen. Zum Schluss werden noch die anderen Störungen beschrieben. Diese Reihenfolge entspricht lediglich einem Vorschlag für die Reihenfolge in der Untersuchung. Sie wird oft nicht genau so durchzuhalten sein. Das Hauptziel ist, dass ein möglichst fließendes Gespräch ohne zu viele Themensprünge entsteht. Es geht keinesfalls um ein checklistenartiges Abfragen der Symptome. Die Reihenfolge ist dafür unerheblich. Es werden in den geschilderten Merkmalsgruppen zudem einige Erklärungen gegeben, die über den AMDP-Merkmalsbestand hinausgehen, aber dem Verständnis dienen sollen, worum es in den Merkmalsgruppen oder bei einzelnen Symptomen geht. In der klinischen Praxis der psychiatrischen Untersuchung wird es aber in der Regel zunächst ausreichen, wenn die Merkmale des AMDP-Systems exploriert und für die richtige psychopathologische Einordnung das AMDP-Manual genutzt wird. Wer sich über den hier berichteten Themenumfang intensiver mit dem sehr interessanten Gebiet der Psychopathologie beschäftigen möchte, sei auf weiterführende Lehrbücher der Psychopathologie verwiesen (Jaspers 1973; Schneider 2007; Scharfetter 2017; Blankenburg 2012; Payk 2015; Hamilton 1984; Reischies 2007).

### 3.6.1  Affektive Störungen

Unter Stimmung wird nach Kretschmer (1963, S. 67) die gleichmäßige, diffuse Gesamtlage des Gefühlszustandes über längere Zeitstrecken verstanden; als Affekte bezeichnet er die kurzdauernden, umschriebenen, starken Gefühlsabläufe wie Wut, Angst, Trotz, Verzweiflung, freudige Erregung u. a. Gefühle sind die relativ einfachen Einzelvorgänge elementarer Art wie Freude, Ärger, Trauer, Mitleid, Zuneigung u. a. Emotion ist synonym mit Gefühl und Affekt. Trotz vieler Versuche in Lehrbüchern, diese Kategorien zu unterscheiden, erscheinen sie nicht trennscharf genug, und es ist wohl kein Fehler, die Begriffe Gefühl, Affekt, Emotion und Stimmung synonym zu gebrauchen. Es soll dann lieber beim einzelnen Affekt dessen Natur und Auftretensdynamik beschrieben werden. Das AMDP-System zählt die folgenden affektiven Symptome auf (Definitionen siehe AMDP-Manual):

**Affektive Symptome nach AMDP**
- Ratlos
- Gefühl der Gefühllosigkeit
- affektarm
- Störung der Vitalgefühle
- deprimiert
- hoffnungslos
- ängstlich
- euphorisch
- dysphorisch
- gereizt
- innerlich unruhig
- klagsam/jammerig

- Insuffizienzgefühle
- gesteigerte Selbstwertgefühle
- Schuldgefühle
- Verarmungsgefühle
- ambivalent
- Parathymie
- affektlabil
- affektinkontinent
- affektstarr

Vorherrschende Stimmung und Affekte sind im Laufe des Untersuchungsgesprächs eigentlich immer beurteilbar, sofern dieses nur genügend lange dauert und dem Patienten überhaupt Gelegenheit gibt, sich auch affektiv mitzuteilen. Dazu ist vor allem eine vertrauensvolle, dem Patienten entgegenkommende Atmosphäre nötig. Erfahren werden die Gefühle und Stimmungen durch Einfühlung und durch die verbalen Beschreibungen des Patienten über seinen Gefühlszustand. Wichtig ist, dass der Patient dazu gebracht wird, seine Stimmungen und Affekte in Worte zu fassen und sie auf diese Weise bewusst zu erleben. Darin liegt ein wichtiger therapeutischer Vorgang, sind es doch gerade die Stimmungen und Affekte, die meist den Hauptanlass für die Beunruhigung des Patienten und für die Störung seines Wohlbefindens bilden.

Zu beachten ist ferner der Umgang des Patienten mit seinen Emotionen. Wie reagiert er auf Ärger, Wut, Angst, Verzweiflung? Was löst solche Affekte aus? Was zeigt der Patient nach außen? Was empfindet er innerlich? Welchen Einfluss haben die Affekte auf die Beziehungen des Patienten zu seiner Umgebung?

In den Bereich der tiefenpsychologischen Interpretation gehören die Abwehrvorgänge des Patienten gegenüber konflikthaften Affekten. Ihr Verständnis ist zur Erfassung neurotischer Konflikte und der damit zusammenhängenden Symptome unerlässlich. Bei aller Einfühlung und Beobachtung der affektiven Äußerungen des Patienten muss sich der Arzt ständig fragen, wie weit diese den dazugehörigen Erlebnisinhalten des Patienten adäquat sind. Auffällige Diskrepanzen sind ein schwerwiegendes psychopathologisches Symptom und dem Begriff „parathym" zuzuordnen.

## 3.6.2 Antriebs- und psychomotorische Störungen

Antrieb ist gemäß AMDP-System die vom Willen weitgehend unabhängige Kraft, die die Bewegung aller seelischen Leistungen hinsichtlich Tempo, Intensität und Ausdauer bewirkt. Sie wird in erster Linie am Ausdrucksverhalten bzw. der Psychomotorik erkannt. Unterschieden werden die folgenden Veränderungen (Definitionen s. AMDP-Manual):

**Merkmalsbereich Antrieb und psychomotorische Störungen nach AMDP**
- Antriebsarm
- antriebsgehemmt
- antriebsgesteigert
- motorisch unruhig

Ferner gehören hierher komplexe, qualitativ abnorme Bewegungsabläufe, die oft Gestik, Mimik und Sprache betreffen:
- Parakinesen: Stereotypien, auch Wortstereotypien (Verbigeration), Automatismen, Echosymptome, Verharren in unnatürlicher Haltung (Katalepsie), das Erstarren in (schreckhafter) Haltung (Kataplexie),
- manieriert-bizarres Verhalten,
- theatralisches Verhalten,
- Mutismus und
- Logorrhö.

Katalepsie kommt wohl am häufigsten bei Schizophrenen vor, jedoch auch bei organischen Störungen. Zur Unterscheidung kann helfen, dass sie bei Schizophrenen in hohem Maß psychisch beeinflussbar ist. Einfache motorische Stereotypien wie Wischen, Reiben, Nesteln, Schmatzen u. a. sind v. a. bei organischen Erkrankungen zu beobachten; kompliziertere Stereotypien, Befehlsautomatie, Echosymptome häufiger bei Schizophrenen, wo sie meist eine verborgene Bedeutung haben.

Die Registrierung der psychomotorischen Äußerungen in Haltung, Gang, Mimik und Gestik gehört nicht nur zu Beginn, sondern auch immer wieder im Verlauf ebenso zur vollständigen Untersuchung, wie das Hinhören auf die gesprochenen Worte der Patienten. Vor allem sind dabei auch Hinweise auf neurologische Ausfälle zu beachten, motorische Ungeschicklichkeiten, Tremor, Dyskinesien, choreatische Störungen u. a. Als Akathisie wird eine Bewegungsunruhe der Beine bezeichnet, die als Nebenwirkung der Neuroleptika auftritt. Der Patient kann nicht ruhig sitzen bleiben, trippelt herum.

Sorgfältig sind affektive Ausdrucksbewegungen wahrzunehmen, ängstliches und nervöses Zittern, Zeichen innerer Spannung, ärgerliche und verächtliche Handbewegungen, Tics und Manierismen. Wie ist die übliche Haltung des Patienten? Drückt sie vertrauensvolle Zuwendung, misstrauische Zurückhaltung, offene Ablehnung, depressive Ratlosigkeit, heitere Gelassenheit u. a. aus? Ist sein Verhalten distanzlos, anbiedernd, im landläufigen Sinn „unanständig" durch Rülpsen, Schnalzen, Gähnen, Kratzen?

Man wird als Untersucher auf den Schwung, die Elastizität, die Präzision, Sicherheit und Balance der Bewegung sowie den Grad der mimischen und gestischen Äußerungen des Patienten achten. Zeigt er spärliche oder lebhafte Mimik? Ergreift er spontan die Initiative? Versinkt er, wenn nicht dauernd angeregt, in passives Schweigen? Erlebt der Patient diesen möglichen Mangel an Energie, oder empfindet er seine an sich vorhandene Energie und Initiative eher als gehemmt? Das heißt, er möchte gern, bringt den Anlauf aber nicht zustande. Gegensätzlich dazu ist der motorisch unruhige Mensch mit ziellos ungerichteter Aktivität, die sich evtl. nur im Händeringen, ticartigen Bewegungen u. a. äußert.

Die mehr qualitativen Störungen des Antriebs und der Psychomotorik wie manieriert-bizarres, theatralisches, logorrhoisches oder im Gegenteil mutistisches Verhalten erschließen sich im direkten Kontakt mit dem Patienten ohne Mühe. Freilich wird man nicht vorschnell solche Qualifikationen annehmen und besonders bei Patienten, die aus anderen Kulturen stammen, in Rechnung stellen, dass nicht überall dieselben Normen des Verhaltens gelten.

### 3.6.3 Befürchtungen und Zwänge

Dieser Merkmalsbereich fasst verschiedene Arten von Befürchtungen und den Symptomkomplex Zwang zusammen. Die im AMDP erwähnten Symptome sind (Definitionen s. AMDP-Manual):

**Merkmalsbereich Befürchtungen und Zwänge nach AMDP**
- Misstrauisch
- Hypochondrie
- Phobie
- Zwangsdenken
- Zwangsimpulse
- Zwangshandlungen

Misstrauen drückt dabei die realistische oder auch wahnhafte Befürchtung aus, dass andere Menschen dem Patienten gegenüber feindselig eingestellt sind, dass er eventuell missgünstiges Verhalten oder sogar Gefährdungen durch Andere zu erwarten hat.

Hypochondrische Ängste beruhen auf dem Konzept des Patienten, eine körperliche Erkrankung zu haben oder diese in der Zukunft zu bekommen. Dabei sind diese Befürchtungen übersteigert, beruhen nicht auf realistischen Anzeichen oder Untersuchungsbefunden. Häufig haben die Betroffenen schon mehrere somatische Abklärungen vorgenommen, die keinen zielführenden Befund ergeben haben, können sich aber doch nicht von ihren Befürchtungen lösen. Solche hypochondrischen Vorstellungen können gegebenenfalls sogar wahnhaften Charakter annehmen.

Unter Phobien werden zielgerichtete Ängste vor bestimmten definierten Objekten oder Situationen verstanden. Zur Phobie als eigenständiger Erkrankung gehören Vermeidungsverhalten und andere Kriterien. Im Sinne der deskriptiven Psychopathologie wird beim Merkmal Phobie im AMDP die befürchtende Vorstellung abgebildet;, besser wäre das Merkmal als „phobische Befürchtung" beschrieben, weil mit dem Begriff Phobie nicht die eigenständige Erkrankung sondern das Symptom der phobischen Befürchtung gemeint ist. Der begleitende Affekt wird im Merkmalsbereich affektive Störungen unter *ängstlich* erfasst. Bei Phobien befürchtet der Patient, dass in einer bestimmten Situation oder im Zusammenhang mit einem Gegenstand, Tier, Mensch etwas Gefährliches geschieht, v. a. aber, dass Angst entsteht, obwohl er die objektive Unbegründetheit der Befürchtungen mehr oder weniger deutlich einsieht. Häufigste Beispiele für situationsbezogene Phobien sind Platzangst (Agoraphobie) oder Angst vor engen Räumen (Klaustrophobie). Der Patient hat Angst, sich auf die offene Straße zu begeben, wobei er oft nicht so genau sagen kann, was er dort befürchtet – nicht selten, umzufallen, hilflos zu sein; oder Angst, im engen Raum eingeschlossen zu sein, in einer Menschenmenge, in der Bahn oder im Bus, im Lift usw. Hierbei geht es meist um die Angst, sich nicht nach Belieben entfernen zu können, ersticken zu müssen, einen Herzanfall zu erleiden. Bekannte Bespiele für objektbezogene Phobien sind Ängste vor Spinnen, Schlangen oder auch Hunden. Verbreitet ist auch die Angst vor spitzen Gegenständen, verbunden mit der Befürchtung, eine Person verletzen zu können. Nicht so selten sind auch soziale Ängste („social phobia") wie Angst vor dem Erröten in Gesellschaft (Erythrophobie), vor dem Ansprechen eines fremden Menschen oder auch vor dem Angesprochenwerden durch einen anderen, vor Berührung oder Beschmutzung durch andere, Angst durch ein vermeintlich missgebildetes Äußeres (Gesicht, Nase, Ohren u. a.), Ablehnung zu erfahren (Dysmorphophobie). Die Angst vor Beschmutzung und Infektion ist meist mit zwanghaften Reinigungs- und Abwehrmaßnahmen verknüpft. Phobische Angst vor Reisen in Eisenbahn oder Flugzeug behindert manche Menschen in ihrem Lebensvollzug schwer. Viel seltener ist die Angst vor dem Autofahren, weil man dort eben jederzeit anhalten und aussteigen kann. Oft ist es bei situativen, phobischen Ängsten nicht leicht, die genaue Angstquelle zu eruieren, z. B. kann bei einer Eisenbahnangst die Furcht vor einem Unglück, vor dem Eingeschlossensein, vor Ansteckung und Beschmutzung, vor einem sexuellen Abenteuer mitspielen. Eine möglichst genaue Exploration ist hier notwendig, denn für die Behandlung ist es wichtig, die genaue Angstquelle zu kennen.

Man wird sich genau erkundigen, unter welchen Umständen Ängste auftreten oder was sie allenfalls verhindern kann; Begleitung? – durch wen? – oder welche Einschränkungen die Ängste für das Leben des Patienten bedeuten. Nach Ängsten fragen kann man in der Regel, ohne befürchten zu müssen, den Patienten zu verletzen oder misstrauisch zu machen. Angst ist ein Phänomen, das jeder Gesunde kennt, und das deshalb nicht von vornherein als diskriminierend empfunden wird. Meist macht es keine Schwierigkeiten, Phobien zu explorieren. Man wird die Patienten aber ausdrücklich nach den häufigen phobischen Situationen fragen müssen, besonders wenn sie Schwierigkeiten mit der Verbalisierung ihrer Beschwerden haben.

Von der phobischen Angst sind die paranoiden Einstellungen und Befürchtungen zu unterscheiden. Wenn ein Patient Angst hat, in ein Restaurant zu gehen, so kann dies phobisch begründet sein, weil er in der Menge Beklemmung spürt und, von Panik befallen wird. Es kann aber auch sein, dass er Angst hat aufzufallen, ausgelacht zu werden, oder dass er wahnhaft davon überzeugt ist, das Servierpersonal halte ihn für homosexuell oder für einen Spion. Die Unterscheidung ergibt sich aus der inneren Einstellung zur Angst. Im ersten Fall weiß der Patient im Grunde, dass seine Angst irrational ist und dass das Problem in ihm selbst liegt. Im zweiten Fall liegt die Quelle der Angst beim Verhalten der Umgebung, sie ist nach außen projiziert.

Viele Phobiker richten ihr Leben so ein, dass sie angsterregende Situationen vermeiden können. Haben sie sich auf diese Weise mit ihren Ängsten arrangiert, dann werden sie unter Umständen nicht mehr darunter leiden und folglich auch nicht spontan darüber klagen. Man erfährt davon nur, wenn man die Lebensgewohnheiten genau exploriert und ausdrücklich auch nach Ängsten fragt. Für die Gesamtbeurteilung der Persönlichkeit ist aber das Ausmaß der Vermeidungen und der dadurch bewirkten Einschränkungen der Interessen möglicherweise genauso wichtig wie die manifeste Phobie. Es können vom Patienten sekundäre Rationalisierungen zur Erklärung der Vermeidungen angeboten werden, die die zugrunde liegende phobische Angst nicht ohne Weiteres erkennen lassen; z. B. der Patient reise nicht mehr, weil es zu Hause schöner sei, er keine Begleitung habe u. a.

Zwänge werden im englischen Sprachgebrauch als obsessive-compulsive beschrieben. Dabei werden Zwangsgedanken als „obsessions" bezeichnet und von den Zwangshandlungen und Zwangsimpulsen als „compulsions" unterschieden. Im Deutschen wird beides, sowohl der gedankliche Inhalt als auch die motorische Äußerung, als Zwang bezeichnet. Entscheidend für Zwang ist, dass der Patient die repetitiven Gedanken oder Handlungen als unsinnig oder unnötig bzw. deren vielfältige Wiederholung als übertrieben einschätzt. Er versucht, sich dagegen aufzulehnen, was aber nicht (oder mindestens nicht befriedigend) gelingt. Die erlebten Gedanken oder Handlungen werden zwar als eigene erlebt (im Gegensatz zu den Ich-Störungen), aber abgelehnt und deshalb als Ich-dyston bezeichnet. Quälend ist für die Betroffenen neben dem drängend repetitiven Charakter des Zwangs v. a., dass der Widerstand dagegen trotz Bemühung fruchtlos ist.

Wie bei hypochondrischen oder phobischen Befürchtungen gibt es auch hier alle Grade des Übergangs von Vorstellungen und Handlungen, die dem Außenstehenden übertrieben, ja sinnlos vorkommen, mit denen der Patient sich aber noch identifizieren kann (z. B. pedantische Gewissenhaftigkeit mit wiederholten Kontrollen), bis zu schweren zwanghaften Handlungen, die dem Patienten selbst absurd vorkommen, die für ihn aber unausweichlich sind (etwa Kontrollzwänge, die jede produktive Arbeit verhindern). Kontrollzwänge in leichter Form können auch bei Gesunden zeitweise vorkommen. Man kann sich also gut danach erkundigen, ob der Patient besonders gewissenhaft sei, seine Arbeit oder Verrichtungen zu Hause wiederholt kontrollieren müsse, z. B. ob Licht gelöscht, Schlüssel gedreht, Gas abgestellt sei u. a. Man wird dabei den Zwang unterscheiden von Vergesslichkeit, mangelnder Konzentration, erhöhter Ablenkbarkeit, die vermehrte Kontrolle notwendig machen. Dann wird man weiter fragen, ob der Patient ausgeprägte Gewohnheiten habe, sodass er allenfalls bestimmte Anordnungen oder Handlungen, eine bestimmte Reihenfolge von Handlungen immer wieder einhalten muss, z. B. bei seiner Toilette, beim Kleiderwechseln, beim Essen u. a. Man erkundigt sich, ob der Patient ein besonders starkes Gefühl für Sauberkeit und Hygiene habe, ob er oft befürchte, verunreinigt oder angesteckt zu sein, sodass er sich wieder reinigen und waschen müsse. Überhaupt wird man sich genau nach den Sauberkeitsritualen erkundigen, wenn Hinweise für Zwänge bestehen. Man wird auch explorieren, ob sich dem Patienten Wörter, Sätze, Gedanken immer wieder aufdrängen, was sie enthalten und wann sich dies ereignet. Fühlt der Patient nicht nur den Zwang, Wörter und Sätze zu denken (z. B. Schimpfwörter oder Obszönitäten), sondern muss er sie auch aussprechen?

Im AMDP werden Zwangsgedanken, Zwangsimpulse und Zwangshandlungen unterschieden. Bei den Zwangsimpulsen handelt es sich um zwanghaft sich aufdrängende Gedanken, eine bestimmte Handlung auszuführen, Zwangsimpulse sind also gedankliche Zwangshandlungen. Diese können sehr quälend sein; so ist es nicht selten, dass junge Mütter nach der Entbindung unter dem Zwangsimpuls leiden, ihr Kind zu schädigen. Dabei erkennen sie, im Sinne der Kriterien für einen Zwang, den absurden Gehalt dieser Gedanken, können sich aber nicht von diesen impulshaften Vorstellungen lösen.

### 3.6.4 Zircadiane Störungen

Von affektiven Symptomen ist bekannt, dass sie oft einem bestimmten, musterhaft auftretenden Tagesrhythmus folgen. So ist bei depressiven Patienten oft die Stimmung am Morgen und im Verlauf des Vormittags besonders schlecht und bessert sich dann regelhaft im Verlauf des Nachmittags. Diese Tagesschwankungen der Stimmung ist aber nur eine Form der regelmäßig schwankenden Symptomatik. Musterhafte Tagesverläufe treten auch bezüglich des Antriebs und der Motorik oder z. B. auch bei kognitiven Funktionen auf wie Gedächtnisstörungen, Konzentrationsstörungen oder auch Auffassungsstörungen. So ist beim Delir häufig eine regelhafte abendliche Akzentuierung der Symptomatik festzustellen. Man wird in der psychiatrischen Untersuchung nach der Exploration bestimmter Beschwerden immer wieder danach fragen, ob diese denn unregelmäßig über den Tag verteilt auftreten, oder ob ein bestimmtes Muster zu erkennen sei („… geht es Ihnen z. B. immer morgens besonders schlecht oder morgens besser und abends besonders schlecht, oder gibt es da kein besonderes Muster …"). Speziell zu fragen ist nach Tagesschwankungen der Stimmung (zirkadiane Veränderungen).

## 3.6.5  Orientierungsstörungen

Die Fähigkeit zur Orientierung beinhaltet den sicheren Überblick über und die Einordnung der eigenen Person in die Rahmenbedingungen der Umgebung. Erwartet werden kann dabei vom Gesunden zunächst, dass er sich in den zeitlichen Rahmenbedingungen zurechtfindet, also weiß, welcher Wochentag und zumindest annähernd welches Datum besteht. Dann sollte er Kenntnisse über den aktuellen Aufenthaltsort haben, also z. B. den Namen der Stadt, in der er sich befindet und vielleicht die Adresse des gegenwärtigen Aufenthaltsortes nennen können. Er sollte auch wissen, in welcher Situation er sich gerade befindet, also ein Gespräch wegen seiner Symptome mit einem Arzt oder Psychologen führt, und er sollte die Institution als eine Psychiatrische Klinik oder eine Praxis benennen können. Schließlich sollte er Grunddaten der eigenen Person kennen, also z. B. das eigene Alter, Geschlecht, Beruf oder auch die Namen der engsten Familienangehörigen. Alle diese Kenntnisse über die Einordnung der eigenen Person in die zeitlichen, örtlichen und situativen Rahmenbedingungen erwarten wir als festes vorhandenes Wissen und nicht als zu erinnernde Tatsachen. Wir erinnern uns nicht im eigentlichen Sinne, was wir beruflich machen, sondern haben diese Kenntnisse üblicherweise immer abrufbar bereit. Auch an das aktuelle Datum *erinnern* wir uns nicht im eigentlichen Sinne, sondern rekonstruieren es bei vorhandenen Unsicherheiten allenfalls aus vorhandenen sicheren Kenntnispunkten (nach dem Muster: „… Vorgestern, Sonntag, war der 24. März, also muss heute, Dienstag der 26. sein …"). Natürlich können Orientierungsstörungen und Gedächtnisstörungen gemeinsam auftreten und tun dies auch häufig, es sind aber Störungen die unterschieden werden und deshalb auch gründlich differenziell exploriert werden müssen.

Fragen nach der zeitlichen, örtlichen oder situativen Orientierung können für den Patienten schockierend wirken, weil sie ihm die Schwere seines Zustandes anzeigen, die er bisher vielleicht negiert hat. Man wird also vorsichtig danach fragen, wenn begründete Zweifel auftauchen, der Patient könnte nicht einwandfrei orientiert sein, oder die Fragen als Teil einer Erhebungsroutine kennzeichnen. Vor allem aber wird man sofort mit Zuspruch und Ermutigung zur Hand sein, in passenden Worten dem Patienten seine Lage erklären, um nicht seine Verwirrung durch Angst noch zu steigern (siehe auch das Kapitel zur Gesprächsführung; ▶ Kap. 2).

AMDP unterscheidet die folgenden Orientierungsstörungen:

---

**Merkmalsbereich Orientierungsstörungen nach AMDP**
- Orientierungsstörung zur Zeit
- Orientierungsstörung zum Ort
- Orientierungsstörung zur Situation
- Orientierungsstörung zur Person

---

Erwähnt werden soll noch die Orientierung im Raum, die von AMDP nicht unter den Orientierungsstörungen erfasst wird. Hierbei handelt es sich um die Fähigkeit, sich in den räumlichen Koordinaten der Umgebung zurecht zu finden. Wenn umgangssprachlich davon die Rede ist, dass ein Mensch desorientiert sei, meint man meist den Verlust dieser Fähigkeit. Dieser Aspekt hat allerdings sehr viel mehr mit Gedächtnisfunktionen zu tun. Wenn ich einen Weg, den ich zurückgelegt habe, wieder zurückfinde, dann deshalb, weil ich mich erinnere an die Abbiegungen auf dem Hinweg. Der Patient, der auf der Station sein Zimmer nicht findet, hat die Markierungspunkte auf dem Weg vergessen (z. B.: „Mein Zimmer ist die dritte Tür nach dem Stationszimmer … ").

Die Orientierung zum Raum wird deshalb im AMDP unter den Gedächtnisstörungen abgebildet. Bei der Orientierung muss man sich eben nicht erinnern, sondern hat die Grunddaten zu Zeit, Ort, Situation und Person immer parat.

Meist sind mit der Schwere der zugrunde liegenden Erkrankung auch die einzelnen Orientierungsthemen in einer bestimmten Reihenfolge betroffen. Zunächst fällt dann die Orientierung zur Zeit, dann die zum Ort, zur Situation und schließlich zur Person aus. Bei den Störungen zur Zeit wird die Kenntnis des genauen Datums sehr von den Umständen abhängen, die nicht unbedingt krankheitsbezogen sein müssen (z. B. kann sie im Urlaub oder auch bei längeren stationären Aufenthalten eingeschränkt sein). Von einem Gesunden darf man aber annehmen, dass er das aktuelle Jahr, den Monat und den Wochentag nennen kann. Das Kalenderdatum mag er oft nicht genau wissen, je nach seinem Bildungsgrad und den Umständen, unter denen er lebt.

Manche Patienten realisieren zwar noch, wo sie sich befinden, verkennen aber die Bedeutung des Ortes. Sie wissen dann z. B., dass sie in einem Patientenhaus sind, meinen aber, nicht wegen einer psychischen Erkrankung, sondern wegen eines angeblichen körperlichen Leidens dort zu sein. Die vermeintliche Orientierungsstörung kann dann einem inneren Bedürfnis entspringen, nämlich die beschämende psychische Erkrankung zu negieren und eine eher zu akzeptierende körperliche anzunehmen. Nur der Gesamtbefund wird in solchen Fällen entscheiden lassen, ob eine echte Orientierungsstörung oder eine Fehlinterpretation aus affektiven Gründen vorliegt. Ähnliches gilt für Wahnpatienten, die – wahnhaften Gründen – eine falsche Interpretation geben, in der Regel aber doch im Sinne einer *doppelten Buchführung* (Bleuler 1983) die Realität noch kennen. Bei schwer psychotisch Patienten lässt sich u. U. nicht sicher entscheiden, ob man es mit echten Orientierungsstörungen zu tun hat.

Störungen in der Orientierung zur Situation oder zur eigenen Person, ebenso grobe Störungen zum Ort zeigen in der Regel schwerwiegende psychische Störungen an. Meist geht zuerst die genaue zeitliche Orientierung verloren, z. B. in einem beginnenden Delir oder beim demenziellen Syndrom. Leichte Orientierungsstörungen können ohne spezielle Fragen im Untersuchungsgespräch nicht ohne weiteres erkannt werden. Es gibt z. B. Alterspatienten, die noch fließend über ihre Beschwerden und ihre Lebensumstände Auskunft geben können, das Jahr und den Monat aber nicht kennen. Man muss sich hüten, die Patienten durch unvermittelte Erkundigungen nach dem Datum bloßzustellen. Meist lässt sich die Frage nach der zeitlichen Orientierung in Fragen nach dem genauen zeitlichen Ablauf der jüngsten Ereignisse, die der Untersuchung vorausgegangen sind, einbeziehen.

Die Verkennung der Situation, in der sich der Patient befindet, wird im AMDP-System als situative Orientierungsstörung bezeichnet. Dabei sollte der Patient wissen, dass er sich in einem Gespräch zur Abklärung seiner Beschwerden befindet, also auch z. B., dass das Haus ein psychiatrisches Patientenhaus oder eine psychiatrische Praxis ist und kein Hotel oder Restaurant.

Bei der Orientierung zur Person ist das Wissen um den eigenen Namen und die gegenwärtigen lebensgeschichtlichen Umstände gemeint. Der Verlust dieser Orientierung ereignet sich überwiegend bei schweren organisch bedingten Krankheiten, wenn die Patienten ihre aktuellen Lebensumstände nicht mehr kennen, den Beruf, bei Frauen den angeheirateten Namen, den Namen der Kinder u. a. nicht mehr wissen.

## 3.6.6 Aufmerksamkeits- und Gedächtnisstörungen

Im Merkmalsbereich Aufmerksamkeits- und Gedächtnisstörungen fasst das AMDP die Einschränkungen mehrerer verwandter kognitiver Fähigkeiten zusammen.

> **Merkmalsbereich Aufmerksamkeits- und Gedächtnisstörungen nach AMDP**
> — Auffassungsstörungen
> — Konzentrationsstörungen
> — Merkfähigkeitsstörungen
> — Gedächtnisstörungen
> — Konfabulationen
> — Paramnesien

## Auffassungsstörungen

Unter Auffassung versteht man die Fähigkeit, Wahrnehmungserlebnisse in ihrer Bedeutung zu begreifen und sinnvoll miteinander zu verbinden sowie in den Erfahrungsbereich einzuordnen (AMDP-System). Synonym wird der Begriff Apperzeption gebraucht. Gemeint ist die komplexe Fähigkeit, Dinge und Geschehnisse aus der eigenen Lebenswelt wahrzunehmen, sie zu verstehen und sie dann zu einem sinnvollen Ganzen verknüpfen zu können. Dies setzt einige andere kognitive Fähigkeiten voraus. Wesentliche Einflussfaktoren auf den Grad der Auffassung sind Gedächtnisleistungen, Wachheit, Konzentrationsfähigkeit. Störungen der Auffassung sind nosologisch unspezifisch, also nicht ohne weitere Informationen einer bestimmten Erkrankung zuzuordnen. Bei Störungen kann die Auffassung fehlend oder unscharf sein, sie kann falsch sein oder verlangsamt (schwerbesinnlich).

Die erste Frage, die sich u. U. gleich am Anfang des Gesprächs stellt, zielt darauf ab, ob der Patient versteht, was der Untersucher zu ihm sagt. Falls dies nicht so ist, kann es natürlich dafür unterschiedliche Gründe geben, die sorgfältig untersucht und bezüglich Interpretation unterschieden werden müssen. Der Patient kann daran gehindert sein, weil er die Sprache nicht genügend kennt oder eine Schwerhörigkeit hat, die er nicht sofort zu erkennen geben will. Es kann aber auch eine Auffassungsstörung im psychopathologischen Sinne vorliegen.

Auffassungsstörungen aus neurologischen Gründen kommen z. B. bei Aphasikern vor. Wenn im Laufe des Gesprächs Zweifel in dieser Hinsicht auftauchen, prüfe man das Sprach- und Wortverständnis durch die Aufforderung, vorgezeigte Gegenstände zu benennen und Anweisungen auszuführen. Dabei beginne man mit einfachen Tätigkeiten („Nehmen Sie bitte den Bleistift in die linke Hand." – „Geben Sie mir bitte den Radiergummi, der vor Ihnen liegt." – usw.) und schließe zusammengesetzte an, ohne dass der Patient aus nichtverbalen Begleitäußerungen Hilfe erhält („Bitte nehmen Sie den Bleistift und legen Sie ihn in die Schale dort auf dem Tisch." – „Öffnen Sie bitte dieses Buch auf Seite 115 und lesen Sie die unterste Zeile laut." – usw.). Wenn der Patient durch gezielte Bewegungen sein Sprachverständnis zeigen soll, muss sichergestellt sein, dass er nicht zusätzlich motorisch behindert ist.

Besteht Verdacht auf eine Aphasie, dann wird man selbstverständlich auch andere Komponenten prüfen als nur das Sprachverständnis, nämlich das motorische Sprachvermögen, wobei die Spontansprache sich bereits im Untersuchungsgespräch beurteilen lässt. Man wird auf Paraphasien achten (literale Paraphasie = Entgleisung einzelner Silben oder Laute eines Wortes; verbale Paraphasie = falscher Gebrauch eines ganzen Wortes), auf Wortfindungsstörungen (Benennen von Gegenständen, wobei oft der Gebrauch umschrieben werden kann, die korrekte Bezeichnung aber fehlt). Ferner wird man den Patienten vorgesprochene Wörter und Sätze nachsprechen lassen, ihn auffordern, einen Text zu lesen und einige Sätze zu schreiben. Eine differenzierte Prüfung auf aphasische Störungen bedient sich heute einer Reihe spezieller Tests, die nicht mehr in den engeren Bereich der psychiatrischen Untersuchung gehören sondern einer spezifischen neuropsychologischen Untersuchung vorbehalten bleiben.

Die Prüfung der Auffassung in der psychiatrischen Untersuchung geschieht laufend im Gespräch. Fasst der Patient genau auf, was ihm gesagt wird? Ist seine Auffassung verlangsamt? Nimmt er nur konkrete Gesprächsinhalte wahr, oder auch abstrakte? – Systematisch kann in der psychiatrischen Untersuchung die Auffassung durch Sprichwörter oder Fabeln geprüft werden.

**Beispiele für Sprichwörter zur Überprüfung von Auffassungsstörungen**
- Der Apfel fällt nicht weit vom Stamm
- Morgenstund hat Gold im Mund
- Was Hänschen nicht lernt, lernt Hans nimmermehr
- Der Spatz in der Hand ist besser als die Taube auf dem Dach
- Alte Füchse gehen schwer in die Falle
- Auch ein blindes Huhn findet mal ein Korn

Bei der Überprüfung der Auffassung durch Sprichwörter oder Fabeln ist darauf zu achten, dass der Patient neben der wörtlichen (konkreten) Bedeutung auch die übertragene (abstrakte) Bedeutung erklären kann. Bei Konkretismus kann der Patient gelegentlich dem allgemeinen Gespräch gut folgen, sinngerecht antworten und damit einfache Auffassung zeigen, kann dann aber eventuell beim „zwischen den Zeilen lesen" völlig versagen.

Ein Beispiel für eine Fabel, bei der es ebenfalls um die Bedeutung zwischen den Zeilen geht, findet sich im Lehrbuch von Bleuler (1983).

### Der mit Salz beladene Esel
Ein Esel, der mit Salz beladen war, musste durch einen Fluss waten. Er fiel hin und blieb einige Augenblicke behaglich in der kühlen Flut liegen. Beim Aufstehen fühlte er sich um einen großen Teil seiner Last erleichtert, weil das Salz sich im Wasser aufgelöst hatte. Langohr merkte sich diesen Vorteil und wandte ihn gleich am folgenden Tage an, als er, mit Schwämmen belastet, wieder durch eben diesen Fluss ging.
Diesmal fiel er absichtlich nieder, sah sich aber arg getäuscht. Die Schwämme hatten nämlich das Wasser angesogen und waren bedeutend schwerer als vorher. Die Last war so groß, dass er nicht weiter konnte.
„ Ein Mittel taugt nicht für alle Fälle."

Falls Sprichwort oder Fabel dem Patienten unbekannt sind, ist die Prüfung eventuell schwerer, verliert aber nicht ihren Nutzen für die Untersuchung. Denn vom Gesunden kann erwartet werden, dass er in der Regel auch die versteckte Bedeutung einer unbekannten Fabel oder eines unbekannten Sprichwortes erklären kann, wenn diese nicht von Lebenswelten handeln, die zu weit vom eigenen Kulturkreis entfernt sind. Umgekehrt ist darauf zu achten, dass Sprichwort oder Fabel nicht zu konkret auszudeuten sind, sondern noch einigen verborgenen Inhalt bieten. Weniger geeignet in diesem Sinn wäre z. B. ein Sprichwort wie „Aller Anfang ist schwer".

Die Prüfungen mit Fabeln und Sprichwörtern sind verbale Tests der Auffassung und deshalb abhängig vom Sprachniveau des Untersuchten. Bei Patienten, die nur wenig Deutsch sprechen oder deren Verbal-IQ niedrig ist, kommen eventuell auch nicht-verbale Prüfungen in Frage, deren Ausgangsmaterial Bildgeschichten sind. Hier sind z. B. auf vier Kärtchen einzelne Bilder abgebildet, die in die richtige, sinnvolle Reihenfolge zu legen sind.

**Bildgeschichten aus dem Hamburg Wechsler Intelligenztest (HAWIE 1991)**
- Bild 1: Ein Dieb bricht durch ein geöffnetes Fenster in ein Haus ein
- Bild 2: Er stiehlt einige Sachen
- Bild 3: Er steigt wieder durch das Fenster aus
- Bild 4: Er wird von einem Polizisten in Empfang genommen

Voraussetzung für die Lösung der Aufgabe ist auch hier, dass das einzelne Bild in seiner Aussage verstanden wird, dann aber vor allem auch die gesamte Geschichte die durch die Bilder erzählt wird, in ihrer Bedeutung erfasst wird.

Bei einfacheren Prüfungen kann man Wortpaare erklären lassen. Dabei wird jeweils nach dem Gemeinsamen oder den Unterschieden zwischen den einzelnen Wortpaaren gefragt.

**Beispiele für Wortpaare zur Prüfung der Auffassung**
- Baum / Strauch
- Hütte / Haus
- Zwerg / Kind
- Apfel / Banane
- schwimmen / wandern

## Mnestische Funktionen

Im Begriff Gedächtnis sind verschiedene kognitive Fähigkeiten zusammengefasst.
- Behalten (Merken) früherer Erfahrungen
- Wiedervergegenwärtigen früherer Erfahrungen
- Ständiger Abgleich mit neuer Erfahrung

Es gibt ein Erinnern von visuellen, szenischen, akustischen, taktilen, sprachlichen, gustatorischen und anderen Erfahrungen. Bei Störungen mnestischer Funktionen können dabei Teilbereiche getrennt gestört, andere dagegen intakt sein. Wesentliche Bedingungs- und Einflussfaktoren für das Gedächtnis sind die Wachheit, Fähigkeit zur Konzentration und der die Erinnerung oder das zu erinnernde Ereignis begleitende Affekt.

Das AMDP-System unterscheidet zwischen der Erinnerung von Gedächtnisinhalten bis zu 10 Minuten (Merkfähigkeitsstörungen) und allem was über diese Zeitspanne hinaus geht (Gedächtnisstörungen). Diese Unterteilung entspricht nicht mehr dem aktuellen Kenntnisstand von mnestischen Funktionen. Heute wird üblicherweise zwischen unmittelbarer Reproduktionsfähigkeit, dem Immediatgedächtnis, sowie dem Frisch- und Altgedächtnis unterschieden. Im Allgemeinen können die mnestischen Funktionen schon im Untersuchungsgespräch einigermaßen abgeschätzt werden, ohne dass man spezielle Testfragen stellen muss. Nur wenn der Verdacht auf eine Gedächtnisstörung auftaucht, wird man genauer prüfen müssen. Im Laufe des Untersuchungsgesprächs wird man auf Gedächtnislücken achten, besonders auch auf Konfabulationen, d. h. das

Ausfüllen von Gedächtnislücken mit ad hoc erfundenen Produktionen, die vom Patienten aber für Erinnerungen gehalten werden. Oft haben die konfabulatorischen Einfälle keine vernünftige Beziehung zum übrigen Gedankengang und sind deshalb leicht zu erkennen. Bei Gedächtnislücken, die durch bestimmte Inhalte ausgefüllt werden, bei denen der Verdacht entsteht, dass sie nicht der Realität entsprechen, sollten die gleichen Erinnerungen mehrfach abgefragt werden und damit Konfabulationen geprüft werden. Gelegentlich kann auch eine Verifizierung des Berichteten durch fremdanamnestische Angaben erforderlich sein.

Die Qualität der mnestischen Funktionen ist zunächst daran zu erkennen, ob der Patient sich die Fragen des Untersuchers merken kann, ob er noch weiß, was in einem früheren Teil des Gesprächs behandelt wurde. Besteht aufgrund des Untersuchungsgesprächs Verdacht auf eine Gedächtnisstörung, wird man eine orientierende Prüfung durchführen. Zuvor wird man den Patienten aber nach subjektiv empfunderer Vergesslichkeit fragen und ihm dann mitteilen, man möchte nun sehen, wie gut sein Gedächtnis sei. In der Regel wird der Patient nichts dagegen einwenden, weil ein schlechtes Gedächtnis zu haben nicht als stark diskriminierend empfunden wird. Gedächtnis und Merkfähigkeit sind sehr komplexe Funktionen, die je nach geprüftem Bereich recht verschieden ausgeprägt sein können. Es macht auch einen Unterschied, ob man die Erinnerungsfähigkeit mit sinnvollen oder sinnlosen Gegebenheiten, optisch oder auditiv, mit Farben oder Musik u. a. prüft. Die Neuropsychologie verfügt diesbzgl. inzwischen über einen großen Erfahrungsschatz. Für praktische diagnostische Zwecke in der Psychiatrie genügt meist die Feststellung einer mnestischen Störung, wobei man eine leichte, mittelschwere und schwere Form unterscheiden kann. Die Feststellung der Störung in der oberflächlichen Untersuchung dient dann zur Indikationsstellung für eine differenziertere neuropsychologische Abklärung (Goldenberg 2016).

Von einer leichten mnestischen Störung spricht man z. B., wenn die Gedächtnis- und Merkfähigkeitsstörungen nur testmäßig erfassbar sind, im Gespräch aber nicht deutlich werden, oder wenn der Patient subjektiv plausibel über eine nachlassende Gedächtnisfähigkeit berichtet, diese aber weder im Gespräch noch in der orientierenden Prüfung deutlich wird. Eine mittelschwere mnestische Störung liegt vor, wenn Gedächtnis- und Merkfähigkeitsstörungen bereits im Untersuchungsgespräch ohne besondere Testfragen erkennbar werden. Bei einer schweren Form ist ein fließendes Gespräch mit dem Patienten nicht mehr möglich, weil er fortlaufend vergisst, was er gefragt wird, oder nur noch wenige Gedächtnisinhalte zur Verfügung hat.

Sollen Gedächtnis und Merkfähigkeit im Rahmen des psychiatrischen Untersuchungsgesprächs kurz geprüft werden, so ist neben der Registrierung dieser Funktionen im Laufe des Gesprächs, vor allem im Teil der Anamneseerhebung, wenigstens eine Prüfung mit auditiven und eine mit optischen Mitteln durchzuführen. Voraussetzung ist natürlich, dass diese Sinnesfunktionen genügend ausgebildet sind und dass man sich davon überzeugt hat. Zur orientierenden Prüfung stehen verschiedene Aufgaben zur Verfügung.

Bei der Aufgabe, Zahlen nachzusprechen, werden den Patienten einstellige Zahlen mit einer Frequenz von ca. 1/s vorgesprochen, beginnend mit drei Zahlen. Beim Vorsprechen sollen die Zahlen nicht paarweise oder in Sequenzen geboten werden. Geeignete Zahlenreihen sind:

- 5, 8, 3
- 7, 4, 9, 3
- 2, 9, 6, 8, 5
- 5, 7, 1, 9, 4, 6
- 8, 1, 5, 9, 3, 2, 7

Die Versuchsperson wird unmittelbar anschließend aufgefordert, die Zahlen in der gleichen Reihenfolge zu wiederholen. Vom Gesunden werden bei normaler Aufmerksamkeit wenigstens

6 Zahlen in der richtigen Reihenfolge korrekt reproduziert. Anschließend werden in gleicher Weise Zahlen vorgesprochen, jetzt aber mit der Aufforderung, sie in umgekehrter Reihenfolge zu reproduzieren. Vorgesprochen werden 9, 5, 1, 7. Die Versuchsperson wiederholt 7, 1, 5, 9. Es können folgende Zahlenreihen benutzt werden:

- 5, 9, 3
- 4, 9, 6, 2
- 3, 8, 7, 1, 9
- 7, 2, 9, 0, 5, 8

Vom Gesunden können in der Regel wenigstens 5 Zahlen rückwärts korrekt reproduziert werden, wobei auch die Reihenfolge richtig ist. Zu beachten ist, dass gelegentlich auch deutlich mnestisch gestörte Patient 5–6 Zahlen unmittelbar nach dem Vorsprechen korrekt wiederholen können. Das Immediatgedächtnis kann u. U. noch relativ gut erhalten sein. Sie versagen aber, wenn die Zahlenreihe rückwärts reproduziert werden muss oder wenn Zwischenfragen eingeschaltet werden. Neben mnestischen Fähigkeiten sind für diese Aufgabe auch eine gewisse Konzentrationsfähigkeit erforderlich.

Die Anforderung an die Merkfähigkeit kann erhöht werden, indem der Versuchsperson die Aufgabe gestellt wird, die vorgesprochenen Zahlen zunächst im Gedächtnis zu behalten, bis danach gefragt wird. Nach dem Vorsprechen der Zahlen werden dann Zwischenfragen eingeschaltet, z. B. eine andere Prüfung, etwa die der Konzentrationsfähigkeit. Anschließend an diese Prüfung wird dann die Reproduktion der zuletzt vorgesprochenen Zahlen verlangt. Der Gesunde kann mit einer solchen kurzfristigen Ablenkung wenigstens 5 Zahlen vorwärts korrekt wiedergeben.

Eine ähnliche Prüfung kann auch bezüglich verbaler Inhalte durchgeführt werden. Der Patient erhält die Aufgabe, möglichst viele der folgenden Wörter nachzusprechen, die ihm ungefähr im Abstand von einer Sekunde vorgesagt wurden: Löwe, Hund, Baum, grün, See, blau, Boot, Haus, Fenster, Garten. Die Wörter werden 3-mal vorgesagt, spätestens beim dritten Versuch sollte der Patient alle 10 richtig nennen können, die Reihenfolge spielt dabei keine Rolle. Selbstverständlich können beliebige Wörter benutzt werden, jedoch empfiehlt es sich für den Untersucher, immer die gleichen zu verwenden, um eigene Erfahrungswerte zu gewinnen.

Das Vorlesen eines kleinen Textes und das Nacherzählen stellen etwas höhere Anforderungen. In der Regel wird der Gesunde die Hauptlinien der Geschichte nach einmaligem Vorlesen reproduzieren können. Geprüft wird auf diese Weise aber nicht nur das Immediatgedächtnis, sondern auch die ungestörte Auffassung und ein genügendes intellektuelles Niveau, die Voraussetzungen für die korrekte Wiedergabe der Geschichte sind. So kann z. B. die oben zitierte Geschichte vom Salzesel genutzt werden und Auffassung sowie Gedächtnis gleichzeitig geprüft werden.

Neben den auditiven Mitteln sollten auch orientierend optische Mittel zur Prüfung der Gedächtnisfunktionen genutzt werden. Man breitet dafür vor dem Patienten 10 Alltags- und Gebrauchsgegenstände aus, die man vor ihm vom Schreibtisch zusammensucht, z. B. Bleistift, Kugelschreiber, Radiergummi, Briefbeschwerer, Schere, Brieföffner, Lineal, Papiertaschentuch usw. Man gibt ihm 20 s Zeit, sich die Gegenstände zu merken, und deckt sie dann mit einem Tuch zu. Er soll jetzt die Dinge aus dem Gedächtnis aufzählen. Der Gesunde wird mindestens 8 richtig benennen. Man kann den Patienten ca. 30 min später bitten, die vorgezeigten Gegenstände nochmals aus dem Gedächtnis aufzuzählen. Er sollte 7–8 behalten haben.

Das AMDP-Manual schlägt zur orientierenden Prüfung der Merkfähigkeit vor, drei Begriffe zu nennen und diese nach einigen Minuten wieder abzufragen. Die Anweisung an den Patienten ist: „Ich nenne Ihnen drei Begriffe, bitte merken Sie sich diese, ich werde sie in einigen Minuten wieder danach fragen, um zu sehen, ob Sie sich die Begriffe behalten haben". Man sollte dann einen abstrakten Begriff, z. B. eine Zahl, einen Begriff für einen Alltagsgegenstand und einen entfernter liegenden Begriff, z. B. eine Hauptstadt oder den Namen eines Flusses wählen.

Muss die Diagnose mnestischer Störungen gesichert werden, so sind weitere Testuntersuchungen notwendig. Die psychiatrische Untersuchung dient lediglich dazu, die Indikation für eine weiterführende neuropsychologische Abklärung sicherstellen zu können.

Diagnostische Schwierigkeiten machen in der Regel nur die leichten Formen einer mnestischen Störung. Die mittelschweren und schweren Formen sind meist eindeutig zu erkennen, besonders wenn etwas mehr Zeit für die Beurteilung zur Verfügung steht und wenn auch das Verhalten des Patienten in seiner gewohnten Umgebung bekannt wird. Bei leichten Formen ist schon die Abgrenzung zur Norm oft schwierig, besonders dort, wo der Patient ein Interesse am Bestehen der Störung haben kann, also wenn Versicherungsleistungen im Spiele sind. Aber auch die Abgrenzung von angeborener Intelligenzschwäche oder von einer Depression ist oft schwierig. Tests zur Prüfung der mnestischen Funktionen allein genügen in diesen Fällen keineswegs, sondern es muss der Gesamtbefund und besonders auch der Verlauf der Störung im Auge behalten werden.

Eine Besonderheit mnestischer Störungen sind die Amnesien. Hierbei handelt es sich um inhaltlich oder zeitlich klar umschriebene Gedächtnislücken. Sie entstehen oft im Zusammenhang mit Unfallereignissen oder den Erlebnissen schwerer psychischer Traumata.

---

**Verschiedene Formen der Amnesie**
- Retrograde Amnesie: Gedächtnislücke ab einer bestimmten Zeit bis zum Trauma
- Unfallamnesie: Gedächtnislücke bezogen auf die Zeit des Traumas selbst
- Anterograde Amnesie: Gedächtnislücke ab Ende des Unfalls bis zu einer bestimmten Zeit danach

---

## Konzentrationsstörungen

Unter Konzentration verstehen wir die Fähigkeit, über einige Zeit andauernd die Aufmerksamkeit einer bestimmten Sache oder Aufgabe zu widmen. Beeinflussende Faktoren für den Grad der Konzentration sind Wachheit, Interesse und der Grad der Neuheit. Bei Müdigkeit lässt die Konzentrationsfähigkeit in der Regel nach, während sie umso besser ist, je stärkeres Interesse wir an einer Aufgabe haben, wir zur Lösung der Aufgabe motiviert sind und je größer der Grad der Neuheit der Sache ist, auf die die Aufmerksamkeit gerichtet werden soll. Eine Störung der Konzentration kann subjektiv plausibel berichtet werden, im Gespräch auffallen, oder durch spezielle Tests aufgedeckt werden. Das Untersuchungsgespräch gibt oft genügend Anhaltspunkte für die Beurteilung der Konzentrationsfähigkeit. Im Rahmen der orientierenden Prüfung im Gespräch kann man den Patienten bitten, die Monatsnamen aufzusagen oder eine Subtraktionsreihe möglichst rasch herzusagen.

---

**Möglichkeiten der Prüfung von Konzentration**
- Monatsnamen vorwärts (relativ stark automatisiert)
- Monatsnamen rückwärts (Modifikation eines automatisierten Vorgangs)
- Von 100 immer 5 abziehen (abstrakte Leistung ohne 10er-Sprung)
- Von 100 immer 3 abziehen (abstrakte Leistung mit gelegentlichem 10er-Sprung)
- Von 100 immer 7 abziehen (abstrakte Leistung mit häufigem 10er-Sprung)

Man achtet auf das Tempo, auf Rechenfehler, Auslassungen, Wiederholungen, Verwechslung der Zehnerstelle usw. Zu unterscheiden von Konzentrationsstörungen ist bei den Rechenaufgaben die Störung der Dyskalkulie, also einer Rechenschwäche. Typisch für das Vorliegen einer Konzentrationsstörung ist die nachlassende Geschwindigkeit bei der Lösung der Aufgabe, gegebenenfalls bis zum Stocken. Zudem nehmen die Fehler im Lauf der Aufgabe zu. Bei der Dyskalkulie dagegen, sind die Fehler von Anfang an gleich häufig und die Aufmerksamkeit lässt in der Regel auch nicht im Verlauf nach. Bei Gesunden oder bei den meisten Patienten mit leichten Konzentrationsstörungen, die nicht schon im normalen Gespräch auffallen, hat sich die Aufgabe bewährt, von 100 immer 7 abziehen zu lassen.

Schwieriger ist das Buchstabieren längerer Wörter, wobei wiederum auch die sprachlichen Anforderungen bedeutend größer sind und man sicher sein muss, dass der Patient überhaupt die Rechtschreibung solcher Wörter kennt.

---

**Buchstabieren von Wörtern zur Prüfung der Konzentration**
- Elektrizität
- Bleistiftspitze
- Dampfschifffahrt
- Rückwärtsbuchstabieren des Wortes Liebelei,

---

## Paramnesien

Unter Paramnesien werden verschiedene Störungen *falscher* Erinnerungen zusammengefasst. Dabei ist z. B. das déja-vu ein vielen Menschen vertrautes Phänomen. Wir kommen an einen bestimmten Ort, der uns seltsam vertraut erscheint, wie wenn wir schon einmal dort gewesen wären. Dabei ist uns aber sicher bewusst, dass wir zum ersten Mal an diesem Ort sind. Wie viele andere Symptome sind also auch Paramnesien nicht direkt pathologische. Es handelt sich um Phänomene, die registriert werden sollten, deren Grad der Pathologie und eventuelle Bedeutung für eine bestimmte Erkrankung sich aber erst aus dem Gesamtzusammenhang des psychopathologischen Befundes ergeben.

---

**Beispiele für Paramnesien nach AMDP**
- Déja-vu: Die vermeintliche Vertrautheit
- Jamais-vu: Die vermeintliche Fremdheit
- Ekmnesien: Störungen des Zeiterlebens bzw. der zeitlichen Einordnung. Zeitgitterstörungen
- Hypermnesien: Steigerung der Erinnerungsfähigkeit
- Flashbacks: Nachhallerinnerungen
- Intrusionen: Sich aufdrängende Erinnerungen an ein Trauma
- False-memory-syndrome: Falsche Erinnerungen

---

Hypermnesien kommen bei Fieber, unter Drogeneinfluss oder bei Nahtoderlebnissen vor. Die Betroffenen haben dann z. B. das Erlebnis, dass in wenigen Sekunden Erinnerungen an viele Erlebnisse ihres Lebens vor ihnen erscheinen.

### 3.6.7 Bewusstseinsstörungen

Der Bewusstseinsbegriff ist vieldeutig und existiert in sehr unterschiedlicher Definition. Im Sinne der deskriptiven Psychopathologie wird unter Bewusstsein nicht eine Teileigenschaft des Menschen verstanden. Der Mensch *hat* also nicht Bewusstsein (neben anderen Fähigkeiten), sondern *ist* Bewusstsein: „Der wache Mensch hat nicht Bewusstsein, sondern ist Bewusst-Seiender, ist selbst unterschiedlich waches, empfindendes, erlebendes, fühlendes, gestimmtes, rational wissendes, tätiges Bewusstsein." (Scharfetter 2017). Dabei unterscheidet Scharfetter drei wesentliche konstituierende, elementare Komponenten des Bewusstseins: Die Wachheit/Vigilanz, die Erlebnisfähigkeit (bezogen auf die Inhalte des bewusst Erlebten) und die Gerichtetheit, Intensionalität, die selektive Aufmerksamkeit. Aspekte des Wachbewusstseins bestehen dabei aus Wachsein (Vigilanz), Bewusstseinsklarheit mit den Fähigkeiten zur Orientierung, Zeiterleben, Gedächtnis, Wahrnehmung, Aufmerksamkeit, Konzentration, Denken, Sprechen, Intelligenz, Affekterleben, schließlich dem Erfahrungsbewusstsein, dem Realitätsbewusstsein, dem Selbst/Ich-Bewusstsein und dem Aussenweltbewusstsein.

Die Beurteilung des Bewusstseinszustandes bezieht sich also auf das gesamte Erleben und Verhalten und nicht auf die Beurteilung einzelner Teilfunktionen. Insofern können Bewusstseinsstörungen auch als aus anderen Teilfunktionen zusammengesetzte Störungen verstanden werden. Beim Vorliegen von Bewusstseinsstörungen liegen damit immer auch andere kognitive Störungen vor, z. B. mnestische Störungen, Konzentrations- oder Auffassungsstörungen. Das AMDP-System unterscheidet zwischen vier verschiedenen Störungen:

---

**Bewusstseinsstörungen nach AMDP**
— Bewusstseinsverminderung
— Bewusstseinstrübung
— Bewusstseinseinengung
— Bewusstseinsverschiebung

---

## Bewusstseinsverminderung

Bewusstseinsverminderung meint eine quantitative Störung, die übrigen bedeuten qualitative Veränderungen des Bewusstseins. Quantitativ sind alle Übergänge von der vollen Bewusstseinsklarheit zum Koma möglich. Übliche Stufen der Bewusstseinsverminderung sind:

---

**Stufen der Bewusstseinsverminderung**
— Benommenheit (Aufmerksamkeit des Patienten ist herabgesetzt; er ist verlangsamt und schläfrig)
— Somnolenz (Patient schläft leicht ein, ist aber ohne Mühe weckbar; apathisch und uninteressiert)
— Sopor (Patient ist nur mit Mühe weckbar; die Reflexe sind aber erhalten)
— Präkoma (Einzelne Reflexe sind erloschen, Patient ist nicht weckbar, reagiert noch auf Reize).
— Koma (Patient reagiert auch auf starke Reize nicht mehr)

## Bewusstseinstrübung

Bewusstseinstrübung ist eine qualitative Bewusstseinsstörung, die nach AMDP die mangelnde Klarheit der Vergegenwärtigung des Erlebens im Eigenbereich oder in der Umgebung beschreibt. Der Patient bekommt die Geschehnisse in seinem Erfahrungsbereich nur noch bruchstückhaft mit, er kann die Einzelelemente der Geschehnisse nicht mehr zu einem für ihn stimmigen Gesamtgeschehen zusammensetzen, alles wird ihm nur noch schemenhaft klar, das Erlebte geschieht wie hinter einer Milchglaswand.

## Bewusstseinseinengung

Dieser Begriff meint eine Einengung des im Lichte des Bewusstseins erscheinenden inneren und äußeren Wahrnehmungsfeldes. Sie kann durch Fixierung oder Faszination für ein bestimmtes inneres oder äußeres Erleben zustande kommen und z. B. Symptom eines Dämmerzustandes sein. Auch Hypnose ist durch Bewusstseinseinengung charakterisiert. Das was im Scheinwerferlicht des Bewusstseins erlebt wird, erhält besondere Schärfe, das außerhalb des *Lichtkegels des Bewusstseins* Vorhandene wird vermindert erlebt oder ausgeblendet.

## Bewusstseinsverschiebung

Die Bewusstseinsverschiebung meint gemäß AMDP-System eine Veränderung gegenüber dem durchschnittlichen Tagesbewusstsein im Sinne eines Gefühls der Intensitäts- und Helligkeitssteigerung, der erhöhten Wachheit und Wahrnehmung intrapsychischer oder außenweltlicher Vorgänge und allenfalls einer Erweiterung des bewusst erfahrbaren Raumes. Sie kann durch Meditation erreicht werden, toxisch durch Halluzinogene bedingt sein oder auch im Rahmen endogener Psychosen auftreten. Der Begriff Ekstase gehört hierher. Der Begriff Bewusstseinserweiterung ist weitgehend synonym.

### 3.6.8  Wahn

Die Psychopathologie bezeichnet mit Wahn eine private Lebenswirklichkeit, die wesentlich abweicht von den Konzepten der Mitmenschen, die deshalb auch *privativ* genannt wird, sich auf größere Bereiche des Erlebens bezieht und die dadurch den betroffenen Menschen von den Personen seiner Umgebung isoliert. Diese den anderen Menschen entfremdete Auffassung der Realität bedarf für den Patienten keiner Belege (es besteht apriorische Evidenz), und an ihr wird dogmatisch festgehalten, auch wenn Gegenbelege vorliegen, die den Gesunden in der Regel überzeugen und zu einer Beurteilungsänderung bringen würden. Eine solche Beurteilungsrelativierung oder –änderung ist dem Wahnkranken nicht mehr möglich.

Allgemeine Kriterien des Wahns
- Privative Wirklichkeitsauffassung
- Apriorische Evidenz
- Dogmatisches Festhalten an der privativen Auffassung
- Sozial isolierende Wirklichkeitsauffassung

Wirklichkeit ist dabei das, worüber sich Gesunde in ihrer soziokulturell und situativ beeinflussten Wahrnehmung der gemeinsamen Welt einigen können. Eine Abweichung der Auffassung von dieser Einigung über die gemeinsame Welt hat üblicherweise isolierende Folgen. Wahn wird damit zu einer Störung der Eigen- und Mitweltlichkeit des Menschen. Der Inhalt des Wahns ist dagegen kein allgemeines Wahnkriterium, denn bei allen Inhalten, die Übersinnliches, Übernatürliches, Transintelligibles, z. T. auch Religiöses betreffen, ist die Nicht-Realität grundsätzlich nicht beweisfähig (Beispiele: „Außerirdische ermächtigen mich zum Retter der Welt.", Reinkarnation, Leben nach dem Tod, Telepathie). Nicht der Inhalt ist also das Krankhafte am Wahn, sondern die aus der Gemeinsamkeit herausgerückte, *ver*rückte Beziehung zu Mitmenschen und Mitwelt auf der Basis eines gegenüber dem vorherigen Befinden veränderten Selbst (Scharfetter 2017).

Es gibt zwischen der wahnhaft erlebten und der mit den anderen Menschen geteilten Lebenswelt verschiedene mögliche Beziehungen.

**Beziehungen zwischen Wahnwelt und realer Weltwahrnehmung**
- Wahnwirklichkeit wird als einzige Wirklichkeit erlebt
- Wahnwirklichkeit wird als beherrschende, aber nicht einzige Wirklichkeit erlebt
- Wahnwirklichkeit und Realität bestehen nebeneinander in „doppelter Buchführung"
- Wahnwirklichkeit und Realität fließen ununterscheidbar ineinander

Anhaltspunkte für Wahn ergeben sich meist schon aus den spontanen Angaben des Patienten. Je absurder und fixierter ein Wahn, desto offener wird der Patient darüber berichten, weil eben seine Überzeugung starr und unerschütterlich geworden ist. Je mehr die Wahnüberzeugung aber veränderlich ist, d. h. je mehr der Patient noch kritische Distanz gegenüber seinen Ideen einnehmen kann, desto weniger wird er geneigt sein, von sich aus darüber zu sprechen, es sei denn, der Psychiater besitze sein uneingeschränktes Vertrauen. In der Regel ist niemand bereit, sich rückhaltlos über ungewöhnliche, die eigene Person betreffende Ideen zu äußern, von denen man annehmen muss, dass sie allgemeinen Anschauungen widersprechen, außer man ist von der Vertrauenswürdigkeit und Verschwiegenheit des Gesprächspartners überzeugt. Die unvermittelte Frage, ob der Patient sich verfolgt fühle oder ob er eine besondere Mission habe, wird also, wenn er besonnen ist und bisher im Gespräch keine Anhaltspunkte für solche Ideen gegeben hat, kaum eine aufschlussreiche Antwort liefern, auch wenn er tatsächlich einen Verfolgungswahn hat. Wie bei der Frage nach Halluzinationen wird man auch hier vom normalen Erleben zum pathologischen vorstoßen und den Patienten seine Anteilnahme spüren lassen.

Eine besondere Schwierigkeit liegt oft darin, dass man dem Patienten verständnisvoll bei der Erzählung seiner Wahnideen folgen muss, ohne Kritik vorzubringen, und man doch nicht den Eindruck erwecken darf, man teile seine Überzeugungen. Oft wird der Patient mit Nachdruck wissen wollen, ob der Psychiater ihm glaubt. Verneint man, so wird der gute Kontakt gefährdet, bejaht man, so wird der Patient früher oder später die Lüge realisieren, was noch verhängnisvoller ist. Man wird dem Patienten deshalb zu erklären versuchen, dass aus seiner Sicht der Dinge es sehr verständlich erscheint, dass er zu der von ihm vertretenen Überzeugung kam. Gleichzeitig wird man sagen, dass vielleicht doch andere Erklärungsmöglichkeiten auch bedacht werden müssten, um objektiv zu sein, und dass es im Übrigen gut sei, sich nur an die konkreten Tatsachen zu halten und nicht an das, was die Leute sagten oder gegen ihn planten. Also z. B., dass er doch immer noch seinen Arbeitsplatz habe und trotz der Giftgasattacken in seiner Wohnung noch rüstig sei. Diese Tatsache zeige seine Widerstandskraft und werde Wege finden lassen, sie weiter zu stärken. Erfährt der Patient auf diese Weise das Interesse des Arztes an seiner Person und seinem Schicksal, so wird er bereit sein, auch geheimere Überzeugungen zu offenbaren, die eine bessere Beurteilung des ganzen Zustandsbildes erlauben. Freilich gelingt dies nicht in allen Fällen.

Die offene Konfrontation mit den Wahnideen des Patienten lässt sich nicht immer vermeiden, besonders bei chronischem Wahn bei Patienten mit sonst erhaltener Persönlichkeit, deren Wahn sie in offenen Gegensatz zur Gesellschaft gebracht hat. Man wird dann u. U. in die Lage gedrängt, dem Patienten unumwunden bestätigen zu müssen, dass man seine Ideen und die daraus entspringenden Absichten für krankhaft hält, weshalb diese oder jene Maßnahme zu ergreifen sei. In den ungünstigen Fällen wird der Patient sich nun feindselig verschließen und weitere Auskünfte verweigern, weil er im Arzt einen Gegner und ein Werkzeug seiner Verfolger sieht. Man wird aber auch in solchen Fällen dem Patienten zeigen, dass man seine Situation versteht und ihm etwa sagen, es müsse recht schwer für ihn sein, dass vieles, was für ihn einfach eine Tatsache sei, für andere und auch für den Psychiater nicht als Wirklichkeit beurteilt werde.

Nicht nur in diesen Fällen, sondern ganz allgemein ist es notwendig, sich immer wieder zu fragen, welche Meinung der Patient bezüglich der Rolle des Psychiaters hat. Neigt er auch ihm gegenüber zu illusionärer Verkennung oder bezieht er ihn in das Wahnsystem ein, sei es als Parteigänger der Verfolger oder als guten Schutzgeist? Solche Einstellungen, die für die Behandlung und die langfristige Betreuung von Wahn-Patienten in der Praxis von entscheidender Bedeutung sein können, werden meist nicht im ersten Untersuchungsgespräch klar, sondern erst im Laufe des längerfristigen Kontaktes.

Ob es sich bei den vom Patienten vorgebrachten Ideen um einen Wahn handelt, ergibt sich weniger aus der objektiven Unrichtigkeit des Inhalts, was vom Psychiater oft gar nicht zu beurteilen ist, sondern aus der Art der Begründung. Daran muss v. a. der Anfänger denken, der leicht geneigt ist, Behauptungen des Patienten wegen ihrer scheinbaren Unmöglichkeit für Wahnideen zu halten, bis ihn Angehörige manchmal vom Gegenteil überzeugen. Allerdings kann auch eine objektiv zutreffende Idee ein Wahn sein, weil sie eben wahnhaft begründet wird. Ein gerne in den Lehrbüchern zitierter Fall dieser Art betrifft den Eifersuchtswahn des Mannes, dessen Frau ihm tatsächlich untreu ist, was er aber nicht weiß. Jedoch behauptet er es wahnhaft, weil er beim Nachhausekommen zweimal in der Nähe seiner Wohnung demselben Mann begegnet ist, weil er kleine weiße Flecken auf der Bettvorlage gefunden hat und weil die Frau ihn erschrocken anblickte, als er früher als sonst nach Hause kam.

Wahn kann in jedem Lebensalter ab der späteren Kindheit auftreten, also ab dem Alter, in dem sich in der Regel eine gefestigte Realitätsvorstellung einstellt, die mit Personen der Umgebung geteilt wird. Die Themen des Wahns stammen aus der individuellen Lebenswelt der Betroffenen. Sie zeigen eine Altersabhängigkeit; so finden sich z. B. Hinweise, dass der Abstammungswahn bei Jungen, religiöse Wahninhalte dagegen eher bei älteren Menschen auftreten. Die Häufigkeit von Wahn ist nicht geschlechtsabhängig, es gibt aber Themen, die häufiger bei Männern auftreten (Größenwahn) und solche, die bei Frauen gehäuft vorkommen (Liebeswahn). Wahn ist diagnostisch unspezifisch und kommt bei ganz verschiedenen Erkrankungen vor (z. B. bei organischem Delir, unter dem Einfluss psychotroper Substanzen, Schizophrenie, Depression und Manie). Die Wahnthemen sind unterschiedlich häufig bei verschiedenen Erkrankungen. So findet sich in der schweren Depression mit psychotischen Inhalten am häufigsten Schuld-, Verarmungs- und hypochondrischer Wahn, bei Manie Größenwahn und bei Schizophrenie Verfolgungswahn. Die Häufigkeit von Wahn ist nicht mit Intelligenz korreliert, aber der Grad der Differenziertheit der Wahnwelt-Gestaltung. Natürlich finden sich auch Unterschiede im Grad der mehr oder weniger differenzierten Berichterstattung über den Wahn.

Ein Wahn kann einerseits beschrieben werden nach den formalen Elementen, die ihn konstituieren, andererseits nach den Inhalten, von denen er handelt. Formal kann sich Wahn in einer Wahnstimmung äußern, einer Wahnwahrnehmung, in Wahngedanken, in unterschiedlich starker Systematisierung und in einer Wahndynamik. Dabei lässt sich oft eine regelhafte Dynamik der Entstehung von Wahn feststellen. Klaus Conrad hat diese Entstehensdynamik in seinem Buch *Die beginnende Schizophrenie* ausführlich beschrieben und mit vielen Beispielen unterlegt (Conrad 2010).

**Häufiger Verlauf der Wahnsymptome**
- Erste Verunsicherung durch einzelne „Anzeichen"
- Wahnstimmung
- Wahngedanken
- Wahnarbeit
- Wahnsystem
- Langsame Rückführung in die Realität
- Distanz
- Korrektur

## Wahnstimmung

Meist beginnt ein Wahn mit einer diffusen Bedeutungszumessung zu einzelnen Geschehnissen, die vom Gesunden gar nicht wahrgenommen oder als zufällig und bedeutungslos qualifiziert werden. Irgendetwas geschieht, es liegt etwas in der Luft, alles ist so seltsam, da muss etwas vorgefallen sein usw. Noch kann nicht benannt werden, was genau geschieht; die Vermutungen sind noch nicht konkret. Dass aber etwas bezogen auf die eigene Person geschieht, ist sicher (die Wahnkriterien sind schon erfüllt). Ein solcher Zustand ist außerordentlich quälend, denn zum Bedrohungsgefühl kommt noch das Erleben des Unbekannten, nicht Benennbaren oder nicht zu Deutenden. Aus diesem Grund versucht der Betroffene, möglichst schnell Klarheit darüber zu gewinnen, was geschieht. Er macht sich möglichst schnell ein Konzept, das das diffuse Gefühl des Gemachten mit Bedeutung füllen kann. Dies ist auf zwei verschiedenen Wegen möglich. Der Wahnkranke wird entweder aus gemachten Beobachtungen eine Interpretation des Geschehenden konstruieren (Wahnwahrnehmung), oder er wird über einen gedanklichen Prozess Bedeutungen und Interpretationen des Geschehenden konzeptualisieren (Wahneinfall). Sobald dann dem Patienten klar ist, was geschieht, sobald er ein einigermaßen schlüssiges (wenn auch wahnhaftes) Konzept seiner Erlebnisse hat, ist die Phase der Wahnstimmung überwunden. Da aus den genannten Gründen die Phase der Wahnstimmung eher kurz und flüchtig ist, ist sie meist schon vorbei, wenn der Patient zur psychiatrischen Untersuchung kommt.

## Wahnwahrnehmung

Die Wahnwahrnehmung ist laut Kurt Schneider ein zweigliedriger Vorgang (Schneider 2007). Das erste Glied dabei ist eine realistische und ungestörte Wahrnehmung. Das zweite Glied ist eine pathologische und wahnhafte Interpretation dieser Wahrnehmung. Ein Patient berichtet, immer wenn er eine schwarze Fläche sehe (reale Wahrnehmung), bedeute das für ihn, dass Gott ihm zeige, dass er bald sterben werde (wahnhafte Interpretation der realen Wahrnehmung). Ein anderer Patient sieht eine Person mit einem Schal, der im Wind weht (reale Wahrnehmung) und deutet dies so, dass ihm dadurch gezeigt werde, dass von dieser Person eine tödliche Krankheit auf ihn überspringen werde (wahnhafte Interpretation der realen Wahrnehmung). Wahnwahrnehmungen gehören nach Kurt Schneider zu den Erstrangsymptomen der Schizophrenie und haben deshalb hohes diagnostisches Gewicht.

## Wahneinfall

Bei einem Wahneinfall wird dem Patienten unmittelbar durch einen kognitiven Prozess ohne Wahrnehmung klar, was geschieht. Der Betroffene holt sich also mögliche Interpretationen des Geschehenden nicht aus Beobachtungen, sondern es ist ihm durch einen plötzlichen Gedanken erklärbar. Auch Wahneinfälle haben also die Funktion, die quälende Unsicherheit der Wahnstimmung aufzulösen durch Gewissheit, auch wenn diese eine wahnhafte Interpretation ist.

## Wahngedanken

Wahnwahrnehmungen und Wahneinfälle sind flüchtige Erklärungen dessen, was in der Wahnstimmung noch als unklar, bedeutungsvoll, aber nicht erklärbar erlebt wird. Ihr Motiv liegt in der Überwindung der beunruhigenden Ungewissheit der Wahnstimmung. Werden die Erklärungen des Geschehens durch die Wahnwahrnehmung und/oder den Wahneinfall zu stabilen festen Erklärungen, die über eine bestimmte Zeit anhalten und vom Gesunden nicht entkräftet werden können, nennt man sie dann Wahngedanken. Wahngedanken gehen also immer entweder Wahnwahrnehmungen oder Wahneinfälle oder beides voraus. Mit den Wahngedanken ist die Phase der Unklarheit über das als seltsam verändert Erlebte dann endgültig überwunden. Dem Patienten ist klar, was geschieht und er hält mit apriorischer Evidenz und dogmatischer Sicherheit an seinen Erklärungen fest. Für den Betroffenen sind dies dann nicht mehr Varianten möglicher Interpretationen, sondern es ist ihm direkt erlebte Evidenz bezüglich der Geschehnisse. Eine alternative Erklärung ist gar nicht mehr möglich, auch wenn seine eigenen Interpretationen denjenigen seiner sozialen Umgebung widersprechen.

## Wahnsystematisierung

In dieser Phase der völligen (wahnhaften) Klarheit über das Geschehen gibt es regelhaft Elemente, die sich widersprechen oder unverbunden nebeneinander stehen. Ein Patient weiß, dass er ein Heiliger ist, dass Gott eine Ufo-Flotte zur Verfügung hat und dass er auf einem fremden Planeten geboren wurde. Was diese verschiedenen Wahngedanken miteinander zu tun haben, kann er aber nicht erklären und hat vielleicht auch gar kein Bedürfnis danach. Auch Widersprüche lässt er eventuell ohne Probleme nebeneinander stehen. Er weiß, dass er ein Heiliger ist, aber auch dass er Patient in einer Psychiatrischen Klinik ist. Nach verbindenden Begründungen wird nicht gesucht. In solchen Fällen ist die Wahnsystematisierung, die den Grad dieser verbindenden Begründungen beschreibt, gering. Besteht ein Druck, die einzelnen Elemente des Wahns zu einer stimmigeren Geschichte zusammenzuschweißen, wird eine Energie mobilisiert, die man Wahnarbeit nennt. Das wahnhafte Erleben wird stärker systematisiert, bis schließlich alle Elemente des Erlebens zu einer stimmigen Geschichte zusammengefasst werden: Der Patient ist von Gott zu einem Heiligen gemacht, auf einem fremden Planeten mit anderen Heiligen geboren und mit einem der Ufos auf die Welt transportiert worden. Dort ist er von einer schweren Krankheit infiziert worden, die ihn in die Klinik gebracht hat und ihn von seiner eigentlichen Aufgabe, die Menschheit zu retten, vorerst zurückhält.

## Wahndynamik

Die Inhalte des Wahns werden wie betont als sichere Lebensrealität erlebt. Es ist also nicht so, als ob man verfolgt würde, sondern es ist gewiss, dass man verfolgt wird. Bei solchem Erleben ist anzunehmen, dass die wahnhaften Gedanken auch mit entsprechenden Affekten unterlegt sind. Wenn die Sicherheit vorliegt, dass man verfolgt wird und umgebracht werden soll, ist Angst und deprimierte Stimmung zu erwarten. Es ist aber nicht immer so, dass Wahnthema und entsprechend zu erwartender Affekt parallel gehen. Die Wahndynamik beschreibt das Ausmaß der affektiven Beteiligung am Wahn. Wird er ohne große Affekte „heruntergeleiert", was manchmal beim chronischen und stark systematisierten Wahn vorkommt, dann ist Wahndynamik nicht vorhanden oder nur gering ausgeprägt.

Wahn kann sich grundsätzlich auf die verschiedensten Themen der Lebenswirklichkeit des Patienten beziehen. Im AMDP werden die häufigsten in der klinischen Praxis vorkommenden Themen aufgeführt und beschrieben.

---

**Häufige Wahnthemen nach AMDP**
- Beziehungswahn
- Verfolgungs- und Beeinträchtigungswahn
- Eifersuchtswahn
- Schuldwahn
- Verarmungswahn
- Hypochondrischer Wahn
- Größenwahn
- Andere Wahninhalte

---

## Beziehungswahn

Hier werden Wahninhalte beschrieben, die alleine durch den pathologischen Ich-Bezug gekennzeichnet sind. Die Dinge die der Patient erlebt, sind ausdrücklich für ihn gemacht worden, auf ihn gezielt gerichtet. Eine Schwierigkeit der Abgrenzung zu anderen Wahnthemen entsteht dadurch, dass ein pathologischer Ich-Bezug bei allen Wahnthemen explorierbar ist, also sozusagen zum Wahn allgemein gehört. Immer ist es der Patient selbst, der verfolgt wird, schwere Schuld auf sich geladen hat oder verarmt. Dieser Aspekt des Ich-Bezugs wird hier nicht unter Beziehungswahn abgebildet, sondern gehört sozusagen zum Inhalt der anderen Wahnthemen. Unter Beziehungswahn wird dokumentiert, wenn ausschließlich der Bezugsaspekt wahnhaft erlebt wird: Ein Patient berichtet, er sei sicher, dass die Blumen, die er draußen sehe, speziell für ihn blühten, wenn er auf die Wiese gehe, um ihm zu signalisieren, dass er sein Leben genießen solle. Ein anderer Patient schildert, dass er jedes Mal, wenn er die Nachrichten im Radio höre, spezielle Botschaften durch den Sprecher erhalte, die nur für ihn bestimmt seien.

## Beeinträchtigungs- und Verfolgungswahn

Eine Exploration in dieser Richtung kann man damit beginnen, dass man sich nach den Beziehungen zu Arbeitskollegen und Nachbarn erkundigt. Welche Atmosphäre herrscht dort? Fühlt sich der Patient wohl? Hat er den Eindruck, es gebe Leute, die sich mehr für ihn und seine Familie interessierten, als er erwarten würde? Was für Leute sind das, wenn es solche gibt? Hat der Patient Feinde? Wenn ja, aus welchem Grund? Was führen sie gegen ihn im Schilde? Hat er manchmal das

Gefühl, dass er beobachtet wird? Hat er das Gefühl, dass sich gewisse Leute Zeichen geben, wenn er in der Nähe ist oder vorbeigeht? Welche Zeichen sind das? Gibt es manchmal auch besondere Zeichen für den Patienten in der Art, wie gewisse Gegenstände an seinem Arbeitsort oder zu Hause, evtl. auch auf der Straße oder anderswo angeordnet sind? Warum tun die Leute das? Hat der Patient eine besondere Bedeutung oder geht etwas Besonderes von ihm aus? Diese Fragen können beliebig ergänzt werden; immer aber müssen sie für den Patienten sichtbar vom Bestreben getragen sein, ihn und seine Lebenssituation kennen und verstehen zu lernen. Sie dürfen nicht so klingen, als ob ein Richter ergründen wolle, ob der Patient verrückt sei.

## Eifersuchtswahn

Eifersucht ist ebenso wie die anderen Themen des Wahns ein weit verbreiteter Erlebnisinhalt. Gerade beim Eifersuchtswahn ist streng zu prüfen, ob die allgemeinen Wahnkriterien erfüllt sind. Wie beschrieben wird ein Wahn, mit seltenen Ausnahmen bei bizarren Inhalten, eben nicht durch das kennzeichnende Thema selbst definiert. Gerade Eifersucht kann einem ganz normalen, realistischen Erleben entsprechen. Selbst wenn die Eifersucht nicht auf realen Grundlagen basiert, ist sie noch lange nicht wahnhaft. Nur die privative Wirklichkeitsauffassung im Zusammenhang mit der Art des erlebten Wahns (apriorisch, dogmatisch, sozial isolierend) geben Hinweise auf ein Wahngeschehen. Aus dem gleichen Grund ist deshalb der Eifersuchtswahn ein gern gegebenes Beispiel dafür, dass auch bei realem Hintergrund (ein Betroffener wird tatsächlich betrogen) ein Eifersuchtswahn vorliegen kann (weil der Betrug auf eine wahnhafte Weise erlebt wird).

## Schuldwahn

Wahnhafte Versündigungsideen kommen v. a. im Rahmen von schweren Depressionen vor. Ihre Exploration macht dann keine Schwierigkeiten, im Gegenteil, viele Patienten klagen laut darüber. Man wird den Patienten aber fragen, worauf er seinen Zustand zurückführe, ob er sich etwas vorzuwerfen habe, warum er sich schuldig fühle, ob er denke, es werde ein Prozess oder eine Bestrafung gegen ihn vorbereitet. Unter Umständen wird der depressive Patient in solchen Fragen des Psychiaters eine Bestätigung seiner wahnhaften Befürchtungen sehen, denn sonst würde dieser ja nicht danach fragen, wenn er nicht bereits Kenntnis von seiner Schuld hätte. Man wird dem Patienten deshalb immer auch den nötigen Trost und die Versicherung geben, dass man alles in seiner Macht Stehende tun werde, um ihm zu helfen. Gerade bei depressiven Patienten mit solchen wahnhaften Überzeugungen gehört die Ermutigung und die Vermittlung neuer Hoffnung von Anfang an zur Haltung des Psychiaters, auch wenn der Patient scheinbar nicht darauf reagiert. Man kann immer wieder nachträglich von früheren Depressiven hören, dass die Zuversicht des Arztes einer der wenigen Lichtblicke im Dunkel der Depression war. Untersuchung und Behandlung gehören eben untrennbar zusammen, wie gerade an diesem Beispiel deutlich wird.

## Verarmungswahn

Auch ökonomische Sorgen gehören wie Schulderleben oder Eifersucht zu alltäglichen Themen der Lebenswelt. Auch Verarmung kann wahnhaft erlebt werden, aber auch hier muss zwischen dem Thema selbst und der Art der Verarbeitung unterschieden werden. Verarmungswahn bezieht sich häufig auch auf die wahnhafte Idee, die Krankenkasse werde den Krankenhausaufenthalt nicht bezahlen und so den Patienten in den Ruin treiben, oder die Bank werde die Hypotheken für das Haus kündigen usw. Auch Verarmungswahn tritt häufig im Rahmen schwerer Depressionen auf. Gerade hier ist die Gültigkeit der anderen Wahnkriterien gut sichtbar, wenn z. B. oft leicht zu erbringende Gegenbelege (z. B. schriftliche Bestätigung der Krankenkasse zur Kostenübernahme) keine Wirkung auf das Wahnerleben des Patienten haben.

## Hypochondrischer Wahn

In den meisten Fällen wird der Patient, der mit wahnhafter Gewissheit von einer schweren körperlichen Erkrankung überzeugt ist, diese Ideen auch offen aussprechen und sie zum Anlass nehmen, zum Arzt zu gehen. Schwierig kann nur gelegentlich die Entscheidung sein, welche organischen Symptome der hypochondrischen Idee tatsächlich zugrunde liegen. Man muss sich vor dem weitverbreiteten Denken in Alternativen hüten: Entweder ist der Patient ein Hypochonder oder er ist körperlich krank. Er kann sehr wohl beides sein. Nur die sorgfältige Berücksichtigung sowohl des somatischen Befundes als auch der Persönlichkeit erlaubt die adäquate Gewichtung der verschiedenen Komponenten. Es gibt aber den „Malade imaginaire", der körperlich ein kerngesunder Mensch ist und bei dem man den Mut haben muss, auf weitere Abklärungen und Untersuchungen zu verzichten, es sei denn, neue Symptome würden eine neue Beurteilung verlangen.

## Größenwahn

Bei einem ausgesprochenen Größen- oder religiösen Sendungswahn wird der Patient meist schon spontan in der einen oder anderen Form im Gespräch darauf anspielen. Sonst wird man auch in dieser Hinsicht vom gesunden Bereich zum krankhaften übergehen. Was denkt der Patient über seine Fähigkeiten? Welches sind seine Begabungen? Hat er spezielle Begabungen oder Kenntnisse? Bestehen besondere Pläne für seine Zukunft? Haben gewisse prominente Leute ein besonderes Interesse an ihm? Hat der Patient vielleicht eine geheime Mission? Verfügt er über geheime Reichtümer? Ist er selbst im Grunde eine sehr bedeutende Person?

## Andere Wahninhalte

Unter anderen Wahninhalten werden von den häufigsten abweichende Themen zusammengefasst, die dann natürlich im frei formulierten psychischen Befund differenziert beschrieben werden müssen. Wahn kann ja grundsätzlich jedes beliebige Thema der Lebenswelt des Patienten annehmen. Von einer gewissen Häufigkeit, v. a. bei schizophrenen Patienten, sind sexuelle Wahnideen. Meist ergeben sich Anhaltspunkte dafür aus den Schilderungen des Patienten über Beeinflussungen. Unter Umständen wird man in diesem Zusammenhang nach ungewöhnlichen sexuellen Empfindungen fragen. Akut Schizophrene haben nicht selten die Überzeugung, ihr Geschlecht verändere sich, sie würden eine Frau bzw. ein Mann und finden Anzeichen an ihrem Körper, die diese Verwandlung beweisen sollen. Im gegebenen Fall frage man nach solchen Erlebnissen. Sie zeigen immer eine schwere Störung der Ich-Identität an. Früher waren religiöse Wahnthemen häufiger. Unter andere Wahninhalte werden auch bizarre Wahnthemen zusammengefasst. Als bizarren oder fantastischen Wahn bezeichnet man Wahnthemen, die weit entfernt von der alltäglichen Lebensrealität sind. Hier steht der Aspekt des privativen, ver-rückten Inhalts so im Vordergrund, dass oft schon aus dem Thema selbst der Verdacht auf einen Wahn begründet werden kann. In der angloamerikanischen psychopathologischen Tradition, die Ich-Störungen nicht als eigenständige Erlebniskategorie kennt, gehören die entsprechenden Symptome (z. B. Gedankenentzug, Erleben der Person als eine Andere usw.) zum Gegenstandsbereich des bizarren Wahns.

## Überwertige Ideen

Nahe beim Wahn und gelegentlich schwierig von ihm abzugrenzen sind die sog. überwertigen Ideen. Man versteht darunter nicht wahnhafte, jedoch überstarke Überzeugungen, die das Erleben und Denken beherrschen, ohne dass eine wirkungsvolle, selbstkritische Einstellung möglich wäre. Dem Inhalt nach sind sie aber einfühlbar. Die Stärke des tragenden Affekts und die Dogmatik, mit der sie vertreten werden, machen die Überwertigkeit der damit verknüpften Ideen aus. Solche Ideen können den Kern abnormer Entwicklungen, z. B. paranoider, hypochondrischer, depressiver Art bilden. Der Übergang ergibt sich meist schon aus den spontanen, ungerichteten Mitteilungen des Patienten. Schwierig kann die Abgrenzung von eigentlichen Wahngedanken besonders dann sein, wenn Wahngedanken nicht völlig fixiert und zeitweise noch einer gewissen Kritik zugänglich sind.

## Distanz und Korrektur

Klingt der Wahn ab, können zwei verschiedene Phasen unterschieden werden. Zunächst wird sich der Wahnkranke von seinen privativen Wirklichkeitsauffassungen distanzieren. Er wird also berichten, dass er endlich nicht mehr verfolgt werde und der ganze Spuk ein Ende habe. Allerdings sei es vor einer Woche tatsächlich noch so gewesen, dass die Mafia hinter ihm her gewesen sei, dafür habe es ja eindeutige Zeichen gegeben. Eine Korrektur ist dagegen erst erreicht, wenn der Patient rückblickend die ganze Symptomatik einer psychischen Erkrankung zuschreibt.

### 3.6.9  Sinnestäuschungen

Bei den Sinnestäuschungen handelt es sich um Wahrnehmungsstörungen, die sich auf die verschiedenen Sinnesorgane beziehen. Dabei liegt keine primäre Fehlfunktion der Sinnesorgane selbst vor, sondern im eigentlichen Sinne eine Interpretationsstörung der Sinneseindrücke. Differenziertere Feststellungen bezüglich der Funktion der Sinnesorgane selbst gehören in den Rahmen der neurologischen Untersuchung. Aber auch ohne eine solche wird sich der Psychiater vergewissern, wie es mit der Seh- und Hörkraft des Patienten steht. Auch sonst wird er an den möglichen organischen Hintergrund bei Sinnesmissempfindungen denken, z. B. bei abnormen Geruchsempfindungen oder Sensibilitätsstörungen.

Eine größere Rolle spielen im Rahmen psychiatrischer Erkrankungen aber Fehlinterpretationen von Sinneseindrücken, d. h. Illusionen, Halluzinationen oder Pseudohalluzinationen. Neben dem Inhalt von Halluzinationen und dem Sinnesgebiet auf dem sie wahrgenommen werden, sollen auch die Umstände, unter denen sie auftreten, sowie die subjektive Einstellung des Patienten dazu, seine Vorstellungen bezüglich ihrer Verursachung, erfragt werden. Das Wissen um den Täuschungscharakter solcher Sinneseindrücke kann verschieden ausgeprägt sein und beim selben Patienten, je nach emotionaler Verfassung und den sonstigen Umständen, variieren.

---

Verschiedene Sinnestäuschungen
- Illusionen: Fehlwahrnehmung tatsächlich vorhandener Objekte (Verkennungen)
- Halluzinationen: Wahrnehmungen ohne vorhandenes Wahrnehmungsobjekt
- Pseudohalluzinationen: Halluzinationen mit Wissen des Patienten über den Trugcharakter

## Illusionen

Bei den Illusionen handelt es sich um Verkennungen tatsächlich vorhandener Objekte. Es liegen also Täuschungen im Wahrnehmungsakt vor. Im Gegensatz zu den Wahnwahrnehmungen sind illusionäre Verkennungen nicht zweigliedrig, die Pathologie liegt also nicht in der Interpretation einer ungestörten Wahrnehmung, sondern die Wahrnehmung selbst ist gestört, das Sinnesorgan wird sozusagen getäuscht. Das häufigste Beispiel aus vielen Lehrbüchern, weil es Vielen aus dem Alltagserleben vertraut ist, sind die Büsche in der Dämmerung, die als Gestalten verkannt werden. Illusionäre Verkennungen sind oft flüchtig. Man sieht oder hört noch einmal genauer hin und kann oft den falschen Sinneseindruck sofort korrigieren. Illusionen kommen vor allem auf optischem und akustischem Gebiet vor.

Meist ergeben sich Hinweise auf illusionäre Verkennungen aus den spontanen Schilderungen, wobei dann die Natur der fraglichen Wahrnehmungen genauer exploriert werden muss. Wenn z. B. der Patient erzählt, dass er auf der Straße von Passanten immer wieder Schimpfwörter höre, kann es sich sowohl um Illusionen als auch Halluzinationen handeln. Dass solche Erlebnisse aber auch einmal der Realität entsprechen können, wird man ebenfalls in Betracht ziehen und genau fragen, was solchem Betragen der Passanten vorausging und wie sich der Patient verhielt. Illusionen kommen auch bei Gesunden vor, man denke nur an die Pareidolien, bei denen in Schatten, Wolkenformationen oder Klecksen bestimmte Bilder, oft Gesichter, gesehen werden. Ob sie psychopathologische Bedeutung haben, ergibt sich nur aus dem Gesamtbefund.

## Halluzinationen

Unter Halluzinationen versteht man Wahrnehmungserlebnisse ohne entsprechende gegenständliche Reizquelle, die für wirkliche Sinneseindrücke gehalten werden. Es kann auf sämtlichen Sinnesgebieten halluziniert werden, häufig auf mehreren gleichzeitig. Das Realitätsurteil ist mehr oder weniger eingeschränkt bis aufgehoben. Ist das Realitätsurteil ungestört, weiß also der Betroffene vom Trugcharakter seiner Wahrnehmung, spricht man von Pseudohalluzinationen. Der Halluzinierende sieht, hört, riecht, schmeckt etwas, wofür kein sinnlicher Wahrnehmungsgegenstand, kein Objekt vorhanden ist. In gleicher Weise kann er auch an oder in seinem Leib etwas spüren ohne objektive Reizquelle.

---

**Einteilung der Halluzinationen nach dem betroffenen Sinnesorgan**
- Akustische Halluzinationen
  - Stimmenhören (Phoneme)
  - Andere akustische Halluzinationen (Akoasmen)
- Körperhalluzinationen
  - Taktile (Haptische) Halluzinationen
  - Komplexe Störungen des Leibempfindens (Zoenästhesien)
- Optische Halluzinationen
- Geruchshalluzinationen (Olfaktorische Halluzinationen)
- Geschmackshalluzinationen (Gustatorische Halluzinationen)

---

Bei vielen Patienten kann die Tatsache des Halluzinierens unmittelbar aus der Art der Schilderung der Belästigungen, die sie erleben, entnommen werden. In anderen Fällen lässt sich das Halluzinieren in der Untersuchungssituation beobachten. So etwa, wenn der Patient sich lauschend abwendet, unvermittelt eine abwehrende Handbewegung macht, oder offensichtlich durch innere Erlebnisse vom Kontakt mit der Umwelt abgelenkt ist. In solchen Fällen wird man direkt fragen, was der Patient eben erlebt hat, und – unter Umständen die Tatsache des Halluzinierens als selbstverständlich unterstellend – Auskunft darüber erbitten, was die Stimmen eben zu ihm gesagt hätten. Der Anfänger wird gut daran tun, solche direkten Fragen nur dann zu stellen, wenn er seiner Sache sicher ist, sonst wird er, wie oben ausgeführt, leicht das Zutrauen des Patienten verlieren und damit auch den Erfolg der Untersuchung gefährden. Er wird deshalb eher indirekt vorgehen und dem Patienten sagen, ihm scheine, er sei durch etwas abgelenkt oder in Anspruch genommen. Bestätigt der Patient oder verneint er nicht, so wird der Arzt weiter explorieren und sich nach der Art der Störung erkundigen, allenfalls fragen, ob der Patient Sachen sehe oder höre, die ihn beunruhigen würden. Man vermeide aber bohrende Fragen, versuche sich auch immer zu vergegenwärtigen, wie die Untersuchungssituation dem Patienten selbst vorkommen muss; und man vermeide, ihm Anlass zur Überzeugung zu geben, dass man ihn für verrückt halte.

Bei der Exploration von pathologischen Erlebnissen, wie sie Halluzinationen im Allgemeinen sind, geht man mit Vorteil von normalen alltäglichen Erscheinungen aus. Man wird also nach nächtlichen Träumen fragen, dann nach sonderbaren oder befremdlichen Erscheinungen im Übergang vom Wachen zum Schlafen und kann die Bemerkung beifügen, dass in dieser Situation manche Leute besondere Sinneseindrücke hätten, eine Art Wachtraum, in dem Visionen oder Töne und Stimmen wahrgenommen würden. Man wird den Patienten danach fragen, wie er nachts schlafe, ob er oft gestört werde, welches die Natur dieser Schlafstörungen sei, ob er oft schwere Träume habe, ob er im Dunkeln Angst verspüre, worauf diese Angst beruhe. Anschließend kann man nach solchen Erlebnissen am Tag fragen, nach ungewöhnlichen Erscheinungen, die er üblicherweise nicht hatte.

Jedem ist auch verständlich, dass man im heftigen Affekt, in Angst oder Wut Dinge verkennt oder doch bedrohlicher erlebt, als sich nachträglich herausstellt. Man wird also den Patienten nach solchen Erfahrungen befragen und beifügen, dass manche Menschen, wenn sie sich intensiv in Gedanken mit etwas beschäftigen müssten, seien es Menschen oder Dinge, den Eindruck bekämen, sie hörten oder sähen diese leibhaftig. Gibt der Patient zu erkennen, dass er solche Erfahrungen gemacht hat, so wird man genauer nach den Umständen fragen, nach Zeit und Ort dieser Erlebnisse, seiner damaligen seelischen Verfassung, seiner eigenen Interpretation dieser Vorkommnisse, ob sie damals und auch heute noch Realitätscharakter für ihn hätten oder ob er sie als Trugwahrnehmungen erkannte. Wie ausführlich der Patient Auskunft auf solche Fragen geben kann, hängt natürlich von seinem gegenwärtigen Befinden ab, aber auch von seiner generellen Fähigkeit, seelische Vorgänge zu beschreiben; dies wird wiederum stark durch seine Beziehung zum Untersucher und seine Vorstellungen über die Untersuchungssituation beeinflusst.

Vielen Patienten, besonders schizophrenen, fehlen die Worte, um ihre abnormen Erlebnisse zu beschreiben. Diese sind so anders, so verschieden von den bisherigen Erfahrungen, dass die üblichen Begriffe für sie gar nicht zutreffen. Es kann deshalb unter Umständen eine sorgfältige Exploration notwendig sein, bis einigermaßen deutlich wird, welche Qualität die Erlebnisse des Patienten haben, und was er mit den Wörtern eigentlich meint, die er zu ihrer Beschreibung verwendet. Oft ist nicht leicht zu entscheiden, ob die vom Patienten beschriebenen Erlebnisse Halluzinationen, Illusionen, Wahnideen oder bloße Vorstellungen sind. Nur die genaue Exploration kann zur Unterscheidung verhelfen, wobei zu beachten ist, dass Vorstellungen und Wahnideen im inneren, subjektiven Raum erscheinen, während Halluzinationen mit Bezug auf diesen von außen kommen, mithin Objektivitätscharakter haben, wie Jaspers (1973) sagt. Oft liegt die Unmöglichkeit der genauen psychopathologischen Diagnose aber nicht nur an der Unfähigkeit des Patienten, exakte Angaben zu machen, sondern daran, dass die Wirklichkeit viel mannigfaltiger ist, als es die dem Psychiater zur Verfügung stehenden theoretischen Kategorien sind. Wichtiger als eine Etikette ist deshalb die genaue Beschreibung der Erlebnisse des Patienten, möglichst in seinen eigenen Worten.

Halluzinationen werden in der Regel als von außen wahrgenommen, ohne Unterschied zu den Wahrnehmungen die Gesunde haben. Das nicht vorhandene Objekt wird also wirklich gesehen, die Stimme wirklich im Ohr gehört. Es gibt auch Studien mit bildgebenden Verfahren, die nachweisen konnten, dass bei Halluzinationen dieselben kortikalen Sinnesareale aktiviert sind wie bei realen Wahrnehmungen. Einem Patienten die von ihm gesehene weiße Maus auszureden, macht demnach wenig Sinn, er sieht sie wirklich. Neben den Sinnesgebieten auf denen Halluzinationen stattfinden, kann man diese noch nach der Komplexität ihrer Erscheinung unterscheiden. Hier kann es Halluzinationen von elementaren Geräuschen bis hin zu ganzen szenischen Abläufen gehen.

> **Einteilung der Halluzinationen nach ihrer Komplexität**
> - Einfache (elementare) Halluzinationen (Klopfen, Klicken, Blitze, Lichter, usw.)
> - Komplexe Halluzinationen (Bilder, Personen, Stimmen usw.)
> - Szenische Halluzinationen (Theaterstücke, Musikstücke, Dialoge)

## Akustische Halluzinationen

Hat der Patient äußern können, dass er Stimmen oder Töne wahrnehme (obwohl niemand anwesend ist), die er mit den Ohren höre und die nicht „lebhaften Phantasien" entsprächen, dann wird man sich einmal nach dem genauen Inhalt dieser Stimmen erkundigen, ferner nach deren Herkunft, ob sie dem Patienten bekannten oder unbekannten Personen gehören, männlich oder weiblich sind. Wichtig ist auch, welche Gedanken sich der Patient bzgl. der Übertragung der Stimmen gemacht hat, ob die sprechenden Personen versteckt in der Nähe anwesend sind, durch die Wände sprechen können oder z. B. Heizungs- und Wasserleitungsrohre benutzen. In vielen Fällen hört der Patient die Stimmen aus dem Radio und Fernsehapparat, wobei dann zu entscheiden ist, ob es sich um Beziehungsideen, Illusionen oder eigentliche Halluzinationen handelt. Um eine Wahnwahrnehmung würde es sich handeln, wenn der Patient den Radiosprecher richtig hört, aber z. B. die Nachricht über ein Verbrechen auf sich bezieht und meint, es werde durch irgendein Begleitgeräusch oder eine Formulierung signalisiert, er sei der Täter. Man muss sich sehr detailliert danach erkundigen, was der Patient tatsächlich mit seinen Ohren gehört hat und welche Bedeutung er dem Gehörten zuschreibt. Viele schizophrene Patienten können sehr gut unterscheiden zwischen halluzinierten Stimmen, die sie aus dem Radio hören, auch wenn der Apparat abgeschaltet ist, und den wirklichen Sendungen. Im Gespräch können sie aber bald das eine, bald das andere meinen, wenn sie von Radionachrichten sprechen.

Sorgfältige Beachtung verdient die Stärke der Überzeugung des Patienten, dass es sich bei den halluzinierten Stimmen um Lautquellen handle, die außerhalb von ihm selbst liegen. Bei organisch bedingten Delirzuständen kann der Patient oft zeitweise den Trugcharakter erkennen und nachträglich das Krankhafte des Zustandes zugeben. Bei Schizophrenen gibt es alle Übergänge vom Stimmenhören mit außerhalb des Patienten liegender Lautquelle sowie Stimmen, die aus ihm selbst kommen, bis hin zu Gedankeneingebung und Gedankenlautwerden als Phänomene der Ich-Störungen. Für die Diagnose sind die Art der Halluzinationen, die Umstände ihres

Auftretens, der Verlauf und die Einsichtsfähigkeit des Patienten in den Trugcharakter wichtiger als der Inhalt. Dieser hingegen liefert Hinweise auf die Art der Konflikte und kann dazu beitragen, die Lebenssituation des Patienten besser zu verstehen.

## Optische Halluzinationen

Was über die akustischen Halluzinationen gesagt wurde, gilt in gleicher Weise auch für die optischen. Man wird versuchen, vom Patienten eine möglichst eingehende Schilderung der Visionen zu erhalten, ihrer Beziehung zu den realen Objekten, ihrer sinnlichen Qualität, Dauer, Ausdehnung, Bewegung, Bedeutungsgehalt. Auch hier wird man den Umständen des Erscheinens große Beachtung schenken. Treten sie nur nachts im Dunkeln auf? Am Tag? Wenn der Patient allein ist? Nur an bestimmten Orten? – Wie reagiert er darauf? Erschreckt, angstvoll, gleichmütig, amüsiert?

## Geruchs- und Geschmackshalluzinationen

Geruchs- und Geschmackshalluzinationen kommen oft gemeinsam vor, werden vom Patienten sprachlich auch nicht immer auseinander gehalten. Wenn der Patient nicht spontan von Geruchsbelästigungen spricht, kann man fragen, ob er unangenehme Gerüche in seiner Wohnung oder am Arbeitsplatz wahrnimmt, die früher nicht vorhanden waren und die ihn beunruhigen.

Häufig wird er eine Erklärung dafür haben, nämlich dass es sich um Gas oder Staub handelt, die, um ihn zu schädigen, eingeblasen würden. In gleicher Weise kann er in den Speisen einen giftigen oder ekligen Geschmack verspüren, was nicht selten dann im Rahmen von Verfolgungsideen interpretiert wird.

## Taktile und Körperhalluzinationen

Es gibt alle Übergänge von umschriebenen, lokalisierbaren Hautempfindungen von voller, sinnlicher Realität, wie Insektenkrabbeln, Nässe, Berührungen, Stiche usw., bis zu diffusen Empfindungen des Elektrisiert- und Bestrahltwerdens, die der Patient nicht mehr auf der Haut lokalisiert, sondern im ganzen Körper spürt. Auch lässt sich oft nicht entscheiden, ob es sich mehr um taktile Halluzinationen, um Körperhalluzinationen, die innere Organe betreffen, oder um Wahnideen handelt. Diese Unterscheidung ist weniger wichtig als die Abgrenzung von organisch bedingten Parästhesien, von echten körperlichen Leiden und von realen äußeren Einflüssen, was besonders bei Schizophrenen schwierig sein kann. Wenn ein Schizophrener zu spüren glaubt, wie eine Schlange in seinem Leib rumort, kann er daneben noch Symptome eines Magenkarzinoms haben. Man wird sich bei psychischen Patienten nie aufgrund der Schilderung absurder Leiberlebnisse mit der Diagnose von Körperhalluzinationen zufrieden geben, sondern immer eine sorgfältige körperliche Untersuchung vornehmen, die allein gestatten kann, eine gleichzeitig vorliegende körperliche Erkrankung auszuschließen.

## Pseudohalluzinationen

Im Gegensatz zu den echten Halluzinationen wird der Trugcharakter vom Patienten unmittelbar oder doch bald nachher erkannt. Sie kommen am ehesten vor dem Einschlafen im Dunkeln vor, in Affektzuständen, in der schweren Erschöpfung (Fata Morgana), in histrionischen Ausnahmezuständen u. a. Der Übergang zu echten Halluzinationen ist fließend, und oft ist der Gesamtbefund für die Zuordnung entscheidend.

## 3.6.10 Ich-Störungen

Das AMDP-System zählt zu den Ich-Störungen Auffälligkeiten des Ich-Erlebens, der Ich-Identität, wie Depersonalisation (auch die wahnhafte Verkennung der eigenen Person), Derealisationen und Beeinflussungserlebnisse, besonders im Phänomen des Gedankenausbreitens, des Entzugs der eigenen Gedanken und der Eingebung fremder Gedanken, im Gefühl des Hypnotisiert- und Ferngelenktwerdens, sowie andere Fremdbeeinflussungserlebnisse, also ein von außen Gelenktwerden anderer Körpervorgänge (z. B. Bewegungen), aber auch die Fremdbeeinflussung von Emotionen („es ist gar nicht meine Wut, die ich habe, sie wird von außen gemacht")

> **Ich-Störungen nach AMDP**
> — Derealisation
> — Depersonalisation
> — Gedankenausbreitung
> — Gedankenentzug
> — Gedankeneingebung
> — Andere Fremdbeeinflussungserlebnisse

Derealisation ist ein seltsames Erleben der Veränderung der Umgebung im Verhältnis zur eigenen Person. Alle Straßen sind enger geworden als gewohnt, die Farben sind eintöniger, fader oder gerade umgekehrt, bunter, knalliger. Die Geräusche der Umgebung haben einen anderen Charakter als üblich angenommen, sind lauter, differenzierter oder leiser und dumpfer. Derealisationserleben gibt es nicht nur bei schizophrenen Störungen, sondern auch bei dissoziativem Erleben, zu Beginn einer Panikattacke oder auch in einer Aura vor einem epileptischen Anfall. Menschen die Derealisationen kennen, wissen oft sofort, was man meint, wenn man entsprechende Fragen stellt. Für die anderen, die solches Erleben nicht kennen, ist die Exploration schwierig, da ein allgemeines Urteil über eine veränderte Umwelt („die Umwelt hat sich verändert") häufig ist, dass dies aber in der seltsamen Art eines Derealisationserlebens berichtet wird, ist selten.

Scharfetter (2017) hat sich ausführlich mit der Systematik von Ich-Störungen beschäftigt und ordnet sie in folgendem Grundschema:

**Systematik von Ich-Störungen. (Mod. nach Scharfetter 2017)**
**Störungen der Ich-Vitalität** – Das Gefühl der eigenen Lebendigkeit nimmt ab oder geht verloren, Angst vor dem Nichtmehrsein oder gar dem Weltuntergang.
**Störungen der Ich-Aktivität** – Die Eigenmächtigkeit im Denken und Handeln ist herabgesetzt oder aufgehoben bis zur Fremdsteuerung, Gefühl des Lahmgelegtseins oder des Besessenseins.
**Störungen der Ich-Konsistenz** – Das natürliche Gefühl des Zusammenhangs des Leibes und seiner Teile, der Gedanken-Gefühls-Verbindungen, der Gedankenketten, aber auch der Willens- und Handlungsimpulse geht verloren. Diese Auflösungserscheinungen können nicht nur die eigene Seele, sondern auch die umgebende Welt bis zu Weltuntergangserlebnissen einbeziehen.
**Störungen der Ich-Demarkation** – Die Fähigkeit zur Unterscheidung von Ich und Nicht-Ich ist beeinträchtigt oder verloren. Der private Eigenbereich im Leiblichen, im Denken und Fühlen ist durchlöchert oder aufgehoben, der Patient fühlt sich schutzlos allen Außeneinflüssen ausgesetzt.
**Störungen der Ich-Identität** – Unsicherheit über die eigene Identität und Angst vor ihrem Verlust bis zur Einbuße des Wissens, wer man selbst ist; Idee der Geschlechtsänderung, der Verwandlung in ein anderes Wesen, der anderen Abstammung.

Als Transitivismus wird bezeichnet, wenn der Patient seine Erlebnisse und Verhaltensweisen anderen Menschen zuschreibt, als Appersonierung, wenn er wahnhaft am eigenen Leib erlebt, was er bei anderen Menschen beobachtet.

Bei ausgesprochenen Graden der Ich-Störung wird der Patient meist schon im freien Gespräch, wenn er überhaupt zu Mitteilungen zu bewegen ist, darauf anspielen. Es macht dann keine Mühe, genauer zu explorieren. Freilich wird der Patient nur dann über seine beunruhigenden und oft beängstigenden Erlebnisse sprechen können, wenn er Zutrauen gefasst hat. Bei der Exploration wird man dem Grundsatz folgen, vom Einfühlbaren, dem alltäglichen Erleben Nahestehenden zum Uneinfühlbaren, allgemein als krankhaft Empfundenen fortzuschreiten. Man wird den Patienten bei der Schilderung seiner Symptome und Beschwerden fragen, ob er den Eindruck habe, er habe sich in letzter Zeit verändert, wenn ja, in welcher Weise. Aber längst nicht immer, wenn der Patient sich verändert fühlt, handelt es sich um Depersonalisation.

Besonders sorgfältig, aber auch vorsichtig wird man nach Beeinflussungen des Denkens fragen. Freilich wird man das niemals unvermittelt tun, es sei denn, der Patient hat direkte Hinweise dafür gegeben und die selbstverständliche Annahme dieser Phänomene durch den Psychiater erleichtert es ihm, offen darüber zu sprechen. Wenn der Patient Verdacht auf eine erhöhte Beziehungsbereitschaft, auf eine mangelhafte Abgrenzung seiner Person von der Umgebung erweckt hat, wird man fragen, ob er manchmal das Gefühl habe, seine Gedanken würden beeinflusst, so als ob er unter Hypnose oder Telepathie stünde. Ob er selbst Gedanken lesen könne, ob andere seine Gedanken lesen würden? Ob er schon erlebt habe, dass seine Gedanken weggenommen, von anderen laut ausgesprochen oder ihm fremde Gedanken eingegeben würden? Man wird auch danach fragen, wie der Patient sich diese Vorkommnisse erklärt. Empfindet er sie als krankhaft, als besondere Auszeichnung seiner Person? Welches ist der Inhalt der ihm eingegebenen Gedanken?

Störungen dieser Art sind immer ein Zeichen tiefgreifender Alteration. Sie haben diagnostisch eine hervorragende Bedeutung und müssen deshalb sorgfältig exploriert werden, immer aber mit dem nötigen Takt und Einfühlungsvermögen in die Situation des Patienten. Im angloamerikanischen Sprachraum werden die Ich-Störungen den bizarren Wahnphänomenen zugeordnet. Dies geschieht mit einigem Recht, handelt es sich doch um wahnhafte Konzepte des Patienten bezüglich seiner eigenen Person oder zur Beziehung von Ich und Nicht-Ich, also seiner Person und seiner Umgebung. In der deutschsprachigen psychopathologischen Tradition werden Ich-Störungen als separate pathologische Phänomene eingestuft.

### 3.6.11 Formale Denkstörungen

Denkprozesse werden in der psychopathologischen Untersuchung in der Regel aus der Sprache und im Dialog mit dem Untersucher erschlossen. Andere Methoden, z. B. Zeichentests, verlangen spezielle Kenntnisse. Allgemein kann das Denken inhaltsarm, auf wenige Themen beschränkt, oder reich, originell und vielseitig sein. Es gibt redegewandte und eher verbal unbeholfene Menschen. Diese Aspekte beziehen sich aber vor allem auf die allgemeine Art des Denkens und die Inhalte. In der Psychopathologie werden formale und inhaltliche Denkstörungen unterschieden. Sind bei den letzteren die Inhalte des Denkens pathologisch wie beim Wahn oder Zwangsphänomenen, so ist bei den ersteren der formale Ablauf des Denkens gestört. Formale Störungen können sich dabei auf die Geschwindigkeit des Denkens, auf die Gradlinigkeit, den Inhaltszusammenhang, die Kohärenz, oder auf andere Aspekte der Denkprozesse beziehen.

**Formale Denkstörungen nach AMDP**
- Gehemmt
- verlangsamt
- umständlich
- eingeengt
- perseverieren
- Grübeln
- Gedankendrängen
- ideenflüchtig
- Vorbeireden
- gesperrt/Gedankenabreißen
- inkohärent/zerfahren
- Neologismen

Zu beachten ist auch die Abhängigkeit des Denkens von Affekten. Wie stark und in welcher Weise wird der Gedankengang durch aufkommende Affekte beeinflusst? Eine dauernde, übermäßige Abhängigkeit des Denkens von affektiven Bedürfnissen, ein Denken, das privaten Gesetzen folgt, wenig Rücksicht auf Logik nimmt und durch die Kommunikation mit anderen Menschen kaum korrigiert werden kann, wird autistisch genannt. Das Ausmaß autistischen Denkens, das ein Patient zeigt, ist ein wichtiges Charakteristikum und muss deshalb sorgfältig erwogen werden. Wie meistens in der Psychopathologie gibt es alle Übergänge vom gesunden, logischen Denken zu schwerst autistischem Denken, bei dem die Fähigkeit zur Kommunikation weitgehend verloren geht. Es ist deshalb nicht nur festzustellen, ob und in welchen Zusammenhängen ein Mensch autistisch denkt, sondern es gilt auch, dessen soziale Bedeutung abzuschätzen. Zusätzlich zur Beobachtung der Denkprozesse im Gespräch wird man den Patienten fragen, ob er so gut wie früher denken könne, ob er zeitweise Mühe habe, seine Gedanken zu steuern oder zu kontrollieren bzw. ob er seine Gedanken gut konzentrieren könne oder wodurch er allenfalls leicht abgelenkt werde.

Viele der formalen Denkstörungen werden zum besseren Verständnis in der folgenden Beschreibung in grafischen Analogien dargestellt. Dabei wird davon ausgegangen, dass sich die meisten formalen Denkstörungen im Dialog mit dem Untersucher zeigen. Dieser stellt eine Frage und statt der gradlinigen direkten Antwort zeigt sich das jeweilige Phänomen der formalen Denkstörung.

**Gehemmt und verlangsamt**    Diese beiden Aspekte der verminderten Geschwindigkeit des Denkens sind im AMDP als getrennte Merkmale beschrieben. Bei gehemmt handelt es sich um die vom Patienten empfundene Verlangsamung, die meist einen blockierenden, bremsenden Charakter hat. Verlangsamt meint die vom Untersucher wahrgenommene verminderte Geschwindigkeit, das Zögern im Gedankengang, verlängerte Antwortlatenzen usw.

**Umständlich**    Beim umständlichen Denken wird nicht direkt geantwortet, sondern es werden unnötige Ausschmückungen, Umwege gemacht, bis der Patient schließlich die erwartete Antwort auf die Frage gibt (◪ Abb. 3.3).

**Eingeengt**    Beim eingeengten Denken hält der Patient an einem ihn beschäftigenden Thema fest. Obwohl der Untersucher versucht, das Thema zu wechseln, kann oder will der Patient diese Themenwechsel nicht mitgehen und kommt immer wieder auf sein Kernthema zurück (◪ Abb. 3.4).

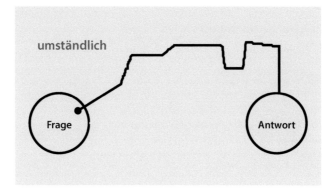

◘ **Abb. 3.3**   Umständliches Denken

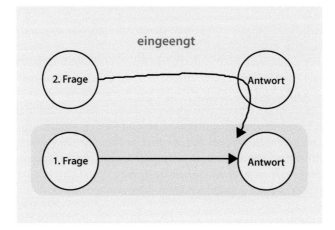

◘ **Abb. 3.4**   Eingeengtes Denken

**Perseverieren**   Mit Perseverieren meint man nicht die inhaltliche Einengung, also das Klebenbleiben an eingeschränkten Themen im Gespräch, sondern das (mechanische) Klebenbleiben an einzelnen vorher gebrauchten Begriffen. Der Patient wird z. B. gefragt, wie alt er sei und antwortet: 53. Dann wird er gefragt, ob er denn verheiratet sei und er antwortet wieder: 53 (◘ Abb. 3.5).

**Grübeln**   Grübeln ist ein den meisten Menschen bekanntes Erleben. Einzelne Gedanken wollen sich nicht entfernen, sie drehen sich im Kreis und dieser kreisende Charakter ist oft quälend. In schwerem Ausmaß kann man sich kaum mit anderen Dingen beschäftigen. Grübeln ist oft auch die Ursache für Einschlafstörungen (◘ Abb. 3.6).

**Gedankendrängen**   Anders als beim Grübeln, bei dem ein Gedanke belästigend wirkt, ist es beim Gedankendrängen die Vielfalt der verschiedenen Gedanken. Sie überstürzen sich, sind kaum mehr zu ordnen und haben wegen dieses Verlustes der Kontrolle einen drängenden Charakter.

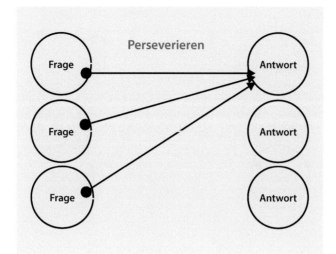

**Abb. 3.5** Perservieren

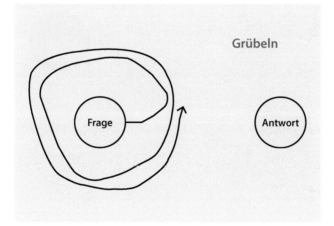

**Abb. 3.6** Grübeln

**Ideenflüchtig** Synonym zu ideenflüchtig wird oft der Begriff assoziativ gebraucht. Der Patient beginnt, auf eine Frage zu antworten, wird dann aber von einer Assoziation abgelenkt und entfernt sich eventuell durch immer neue Gedankensprünge von der ursprünglich erwarteten Antwort (◼ Abb. 3.7).

**Vorbeireden** Beim Vorbeireden wird direkt auf eine Frage geantwortet, es wird allerdings eine Antwort gegeben, die nichts mit der Frage zu tun hat. Der Untersucher fragt, was denn der Patient zu Mittag gegessen habe woraufder Patient antwortet: Hoffentlich scheint bald die Sonne. Solches Nichteingehen auf die Frage kann unterschiedliche Gründe haben, vielleicht hat der Patient die Frage missverstanden, bei ihm unangenehmen Fragen ist er vielleicht auch ausgewichen. Zum Einordnen als Vorbeireden im psychopathologischen Sinn gehört, dass der Patient die Frage

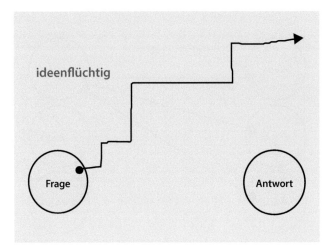

■ **Abb. 3.7**    Ideenflüchtig

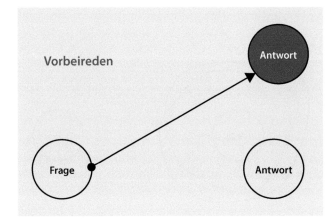

■ **Abb. 3.8**    Vorbeireden

verstanden hat und auf Nachfrage auch erinnert, aber in einer Art dissoziiertem Vorgang die falsche Antwort gibt. In diesem engen Sinn ist Vorbeireden ein seltenes Phänomen (■ Abb. 3.8).

**Gesperrt/Gedankenabreißen**    Auch das Phänomen, dass wir plötzlich den Faden verlieren und nicht mehr wissen, was wir eigentlich sagen wollten, ist Vielen vertraut. Der Patient beginnt mit einer Antwort auf die gestellte Frage und stockt plötzlich mitten in der Antwort. Der Untersucher sollte dann in jedem Fall nachfragen, was gerade geschehen ist, ob der Patient einen Fadenriss seiner Gedanken erlebt habe, wie häufig das vorkomme, und ob er es früher auch schon erlebt habe oder ob dies neu sei (■ Abb. 3.9).

**Inkohärent/Zerfahren**    Bei Inkohärenz ist der Inhaltszusammenhang des Denkens gestört. Der Untersucher versteht nicht mehr oder nur mit einiger Phantasie, was der Patient sagen will. Der

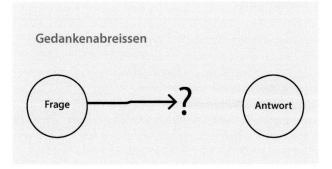

**Abb. 3.9** Gedankenabreißen

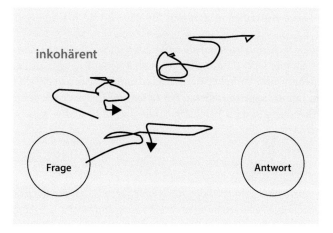

**Abb. 3.10** Inkohärent

Patient redet wirr bis hin zu aufgehobener Grammatik mit zerstörtem Satzbau (Paragrammatismus) oder sogar einem Sprachzerfall mit unverständlichem Wort- und Silbengemisch (Schizophasie). Der noch manchmal in Lehrbüchern vorzufindende Versuch, inkohärent und zerfahren zu unterscheiden und das erste Phänomen schizophrenen und das zweite organischen Erkrankungen zuzuordnen, hat sich nicht bewährt. Erstens sind die Phänomene zu ähnlich und zweitens widerspricht die feste Zuordnung einzelner Merkmale zu bestimmten Erkrankungen den nosologisch unspezifischen Begriffen der deskriptiven Psychopathologie (■ Abb. 3.10).

**Neologismen** AMDP hat ein weites Bedeutungsfeld des Phänomens Neologismen. So werden nicht nur eigentliche Wortneuschöpfungen abgebildet, sondern auch der semantisch ungewöhnliche Gebrauch von Begriffen. Gerade bei Neologismen wird sehr deutlich, dass man die Beschreibung von Phänomenen von ihrer Ausdeutung trennen muss. Auch Dichter erfinden neue Wörter und Menschen mit anderem Sprachhintergrund verwechseln manchmal Begriffe. Ob also ein deskriptiv beurteilter Neologismus als pathologisches Phänomen beurteilt wird, hängt ganz vom Gesamtzusammenhang ab.

## 3.6.12 Andere Störungen

Das AMDP-System fasst hier eine Anzahl von Verhaltensstörungen und besonderen Einstellungen zusammen, die z. T. direkt beobachtet werden können, besonders bei hospitalisierten Patienten, z. T. exploriert werden müssen. Selbstverständlich verlangt eine sorgfältige und vollständige Untersuchung, dass auch alle nichtverbalen Äußerungen des Patienten ständig registriert werden. Dazu gehören besonders nichtverbale Äußerungen von Emotionen, der Grad der Hilfs- und Betreuungsbedürftigkeit im Zusammenhang mit der Untersuchung und besonders im Alltag. In welchem Ausmaß versorgt der Patient sich selbst, wie ist seine Körperpflege? Ernährt er sich selbst genügend? Lehnt er die Nahrungsaufnahme mehr oder weniger deutlich ab? Isoliert er sich von seiner Umgebung? Wie steht es mit seinem mitmenschlichen Kontaktverhalten bzw. seinem Kontaktbedürfnis? Ist er zurückhaltend, scheu, einzelgängerisch, anklammernd, distanzlos, dominierend, umtriebig, klebrig, querulatorisch, aggressiv nur verbal oder auch mit Neigung zu Tätlichkeiten? Zeigt er selbstbeschädigende Tendenzen wie das stereotype bzw. zwanghafte Haare-Ausreißen, Aufkratzen der Haut, Einstechen von Nadeln, Kopf an die Wand schlagen u. a.?

Wichtig ist auch, sich ein Urteil darüber zu bilden, in welchem Ausmaß der Patient sich selbst krank fühlt. Empfindet er die von ihm genannten Veränderungen als Leiden, kann er sie als krankhafte Erlebnis- und Verhaltensweisen anerkennen, oder hält er sich nicht für krank? Häufig, aber nicht immer, folgen aus diesen Einstellungen eine positive oder negative Haltung gegenüber der Behandlung und die Bereitschaft oder das Widerstreben gegenüber der Zusammenarbeit mit dem Arzt.

### Suizidalität

Die Prüfung der Suizidalität gehört zu den unverzichtbaren Bestandteilen jeder psychopathologischen Untersuchung. Die Beurteilung ist oft schwierig und es ist mit Nachdruck darauf hinzuweisen, dass es keine sogenannten objektiven Methoden dafür gibt. Einzig die direkten und indirekten Beobachtungen im Untersuchungsgespräch geben Aufschluss. Häufig wird der Patient nicht selbst Suizidgedanken im Gespräch erwähnen. In der psychopathologischen Befunderhebung soll der Psychiater immer von sich aus das Thema anschneiden. Er kann dies tun, ohne befürchten zu müssen, zu einer suggestiven Verstärkung Anlass zu geben; im Gegenteil, das offene Ansprechen kann den Patienten entlasten. Zu achten ist auf Faktoren in der Lebensgeschichte des Patienten, die allgemein geeignet sind, das Suizidrisiko zu erhöhen. Der wichtigste Prädiktor für einen erneuten Suizidversuch ist dabei ein bereits in der Vorgeschichte einmal unternommener Suizidversuch.

**Faktoren der Lebensgeschichte, die das Suizidrisiko erhöhen können**
- Frühere Suizidversuche
- Suizide oder Suizidversuche in der Familie oder im nahen Bekanntenkreis
- Eine Depression, die durch ängstliche Unruhe und Getriebensein charakterisiert ist
- Schwere Schuld- und Insuffizienzgefühle
- Wirkliche oder vermeintlich unheilbare Krankheit
- Verlust der bisherigen sozialen Stellung und des Ansehens.

Von Ringel (2007) wurde ein präsuizidales Syndrom beschrieben, das sich aus situativer Einengung, Einengung der Wertewelt, dynamischer (affektiver) Einengung mit gehemmter und gegen die eigene Person gerichteter Aggression sowie Selbstmordphantasien aufbaut und sich schließlich auch auf die Einengung zwischenmenschlicher Beziehungen auswirkt. Es kann auf dem Boden der verschiedensten psychiatrischen Krankheitsbilder entstehen, statistisch wohl am häufigsten im Rahmen depressiver Episoden, auf dem Hintergrund neurotischer und konstitutioneller Fehlentwicklungen und in akuten Krisen, die durch Verluste, Kränkungen, Enttäuschungen u. a. ausgelöst werden. Es sollte aber auch besonders bei Schizophrenien, bei chronischer Abhängigkeit von Alkohol und anderen psychotropen Substanzen nicht vernachlässigt werden, auch wenn keine eigentliche Depression vorhanden ist.

Pöldinger hat anschließend an die Überlegungen von Ringel versucht, Suizidalität als Prozess zu konzeptionalisieren (Pöldinger 1989 und 1996). Er hat dabei die aufeinanderfolgenden Phasen der Erwägung, der Ambivalenz und des Entschlusses beschrieben. In der Phase der Erwägung spielen vor allem psychodynamische und soziale Faktoren eine Rolle, wie soziale Isolierung und Aggressionshemmung. Vorbilder in der Familie, aus Medienberichten, der Literatur oder anderem bilden suggestive Momente, die dazu beitragen, dass die Betroffenen in die Phase der Ambivalenz übergehen. Hier schwankt der Patient zwischen Argumenten Pro und Contra der Suizidmöglichkeit. Er wird affektiv hin und her gerissen. Häufig findet in dieser Phase auch die Kontaktaufnahme zu anderen Menschen, nicht selten auch zu Ärzten, statt, bei denen mehr oder weniger offene Hinweise auf das Vorhaben geäußert werden. Diese dienen als Hilferuf im Sinne einer Ventilfunktion in der Phase der Ambivalenz. Schließlich kommt es in der Phase des Entschlusses zu konkreten Gedanken und Planungen über die Methode des Suizids. Oft tritt in dieser Phase eine Erleichterung beim Patienten auf, die von Therapeuten nicht selten als Besserung der Symptomatik fehlgedeutet wird. Es ist aber die sprichwörtliche Ruhe vor dem Sturm, die Entlastung aus der quälenden Ambivalenz nach gefasstem Entschluss.

Mitteilungen über Suizidgedanken, innere Schuldgefühle, Selbstvorwürfe, Hoffnungslosigkeit wird der Patient nur machen, wenn er zum Psychiater Vertrauen gewonnen hat. Je mehr er aber Vertrauen fasst, je mehr das Untersuchungsgespräch zur konzentrierten Psychotherapie wird, desto eher wird eine wichtige Komponente des präsuizidalen Syndroms, nämlich die affektive Einengung, durchbrochen und aggressive Spannung, die sich gegen den Patienten selbst richtet, vermindert.

Es kann deshalb die scheinbar paradoxe Situation eintreten, dass ein Patient viel über Suizidgedanken erzählt, die ihn in echter Weise quälen, dass aber trotzdem das Suizidrisiko nicht so groß ist wie bei einem anderen Patienten, der nur einige nichtssagende Äußerungen vorbringt, auch sonst wenig mitteilsam ist und scheinbar beherrscht und distanziert wirkt.

Ob ein Patient als suizidgefährdet bezeichnet werden muss, hängt von der Art und Weise ab, in der er über seine um Selbstmordhandlungen kreisenden Gedanken und Affekte spricht und wie stark man ihm die Kontrolle über solche Gedanken zutraut. Das Ausmaß seiner Mitteilungen und ihre Aufrichtigkeit hängen aber wiederum von der Beziehung zum Arzt ab. „Suizidrisiko" ist keine Größe, die irgendwie objektiv am Patienten erfasst werden könnte. Sie wird durch die Person des Untersuchers bestimmt, seine Bereitschaft zu hören und sich den Ängsten des Patienten auszusetzen. Gelingt ihm das, so kann im Gespräch erneut eine tragfähige mitmenschliche Beziehung entstehen, die für den Patienten eine erste neue Hoffnung in der Sinnlosigkeit der momentanen Situation bedeutet, wodurch die Gefahr der Selbstvernichtung bereits etwas vermindert wird. Die Bestimmung des Suizidrisikos lässt sich also nicht auf eine oder mehrere Testfragen reduzieren. Die Person des Untersuchers und seine Art der Beziehung zum Patienten haben dabei einen wesentlichen Anteil. Nach Suizidgedanken kann man in einer unaufdringlichen Weise im Zusammenhang mit den Zukunftsvorstellungen des Patienten fragen. Wenn er ausführt, er könne sich eine weitere Existenz nicht vorstellen, wenn der aktuelle Zustand sich nicht ändere, so kann man fragen, ob ihm denn das Leben verleidet sei. Je nach seiner Antwort können weitere Einzelheiten exploriert werden, nämlich Intensität der Suizidgedanken und mögliche Mittel zum Suizid. Hat der Patient schon eigentliche Absichten gehegt, eventuell früher Suizidversuche unternommen? Was hat ihn bisher zurückgehalten? Oft bedeutet schon die offene Erörterung dieses ganzen Komplexes eine Erleichterung. Freilich ist entscheidend, dass der Arzt nicht in der Haltung des distanzierten Beobachters solche Fragen stellt, sondern aus echter Anteilnahme, die in dieser Situation an sich schon einen therapeutischen Faktor darstellt.

So sollte man die Patienten offen fragen, ob sie noch Selbstmordabsichten hegen. Wird diese Frage verneint, sei es, weil es der Wahrheit entspricht, sei es aus absichtlicher Verheimlichung, so kann man weiter fragen, was dem Patienten geholfen habe, sich von den Suizidabsichten innerlich zu distanzieren. Die Antwort auf diese Frage erlaubt unter Umständen einen Blick auf die innere Verfassung des Patienten, auf die widerstreitenden Kräfte, die in ihm wirksam sind. Ob man freilich auf solche Fragen relevante Antworten erhält, hängt wiederum von der ganzen Gesprächssituation ab.

Das Suizidrisiko kann selbstverständlich nicht ein für alle Mal beurteilt werden. Es kann sich täglich, ja stündlich verändern, je nach der momentanen inneren Verfassung des Patienten, den eventuellen zusätzlichen Belastungen, Frustrationen, aggressiven Spannungen oder Tagesschwankungen der depressiven Verstimmung. Man wird also bei depressiven Patienten immer daran denken und sich ständig fragen müssen, ob das Risiko tragbar sei oder ob neue therapeutische bzw. sichernde Maßnahmen am Platze seien.

Es wurde gesagt, die Tätigkeit des Psychiaters wäre in einer kaum vorstellbaren Weise entlastet, wenn es das Suizidrisiko nicht mehr gäbe. Daran ist sicher etwas Wahres, und jeder psychiatrische Praktiker kennt die sorgenvollen Zweifel, ob er bei einem depressiven Patienten genügend vorgesorgt oder ob er nicht zu optimistisch gedacht habe. Wohl jeder Psychiater mit eigener Verantwortung wird früher oder später den Suizid eines seiner Patienten beklagen müssen, bei dem entweder das Risiko falsch eingeschätzt und die Sicherung ungenügend durchgeführt worden ist. Mit anderen Worten: Irrtümer und Fehleinschätzungen sind trotz sorgfältiger Untersuchung nicht selten, ja lassen sich nie ganz vermeiden, weil man dem Patienten auch nicht mehr an Freiheitsbeschränkung zumuten darf als unbedingt notwendig. Man kann also sozusagen auf beiden Seiten der Entscheidung Fehler machen. Diesen schmalen Grad in der Mitte immer richtig zu treffen, ist in einem Berufsleben über die Jahre nicht möglich. Erwartet werden kann aber die sorgfältige Abwägung und verantwortliche Auseinandersetzung mit der Abklärung der Suizidalität. Ein Vermeiden des Themas wird der Wichtigkeit der Aufgabe nicht gerecht und ist ein Fehler. Genauso wichtig wie die Beurteilung des Suizidrisikos ist der tragfähige, psychotherapeutische Kontakt zum Patienten, der gleichzeitig die Suizidgefahr verringern kann.

## 3.7    Intelligenz

Die wichtigsten Hinweise auf das intellektuelle Niveau eines Patienten ergeben sich aus der Lebensgeschichte. In den meisten Fällen, wird man aus der Lebensgeschichte genügend Anhaltspunkte gewinnen, um sagen zu können, ob das Intelligenzniveau des Patienten wenigstens durchschnittlich ist, sofern nicht eine spezielle Fragestellung eine genaue Bestimmung notwendig macht. Besondere diagnostische Bedeutung haben die Fälle von Minderbegabung, wo das intellektuelle Defizit bzw. seine sozialen Folgen von anderen psychopathologischen Syndromen abzugrenzen sind, z. B. von einer Depression oder einer leichten Demenz.

Hinweise aus der Lebensgeschichte zur Beurteilung der Intelligenz
- Schulerfolg
- Berufsausbildung
- erreichte Stellung im Beruf
- Nebenbeschäftigungen
- Allgemeine Interessen.

Freilich hat das zur Voraussetzung, dass der Psychiater selbst über sichere Kenntnisse des Schulsystems verfügt, das der Patient durchlaufen hat, dass er die theoretischen Anforderungen der verschiedenen Berufe etwas kennt und die Stellung im Beruf nicht nur nach einer Etikette beurteilt, sondern sich genau vergewissert, welche Kompetenzen und Verantwortlichkeiten damit verbunden sind.

Genügen die Angaben aus der Lebensgeschichte nicht, z. B. weil eine offensichtliche Diskrepanz zwischen angeblichem Schulerfolg und erreichter beruflicher Position oder ein Missverhältnis zwischen beruflichen Fähigkeiten und Ansprüchen des Patienten erkennbar werden oder differenzialdiagnostische Überlegungen eine genauere Bestimmung notwendig machen, wird man zunächst im Untersuchungsgespräch eine kleine Prüfung vornehmen. Dabei gilt es besonders behutsam vorzugehen, um den Patienten nicht zu verletzen oder bloßzustellen. Intelligenzmangel bedeutet in unserer Gesellschaft meist eine schwere Kränkung für die Persönlichkeit. Die Qualifikation „böse", „schlecht" oder „faul" wird von vielen Menschen viel leichter ertragen als „dumm". Dem hat der Psychiater Rechnung zu tragen, will er nicht die Beziehung zum Patienten unnötig belasten oder gar die therapeutische Einwirkungsmöglichkeit verbauen. Man wird also, wo immer möglich, dem Patienten dazu verhelfen, das Gesicht zu wahren und Entschuldigungen für Nichtwissen bereitwillig entgegennehmen oder ihm selbst welche anbieten, z. B. mit der Bemerkung, dass viele Leute die betreffende Frage auch nicht beantworten könnten, oder dass es wirklich schon lange her sei, seit er die Schule verlassen und dass er verständlicherweise deshalb vieles vergessen habe. Das subjektive Gefühl des Ungenügens kann auch dadurch gemildert werden, dass gegen Schluss der Prüfung immer leichtere Fragen gestellt werden, die der Patient sicher beantworten kann.

Wenn eine Intelligenzprüfung im Rahmen des Untersuchungsgesprächs notwendig ist, dann wird man sie vielseitig gestalten und sich keinesfalls mit einigen Rechenaufgaben zufrieden geben. Man wird sich jedoch an elementare Kenntnisse und Fähigkeiten halten müssen und darf bei Erwachsenen hinsichtlich des Schulwissens keine zu hohen Anforderungen stellen. Der Untersucher sollte sich deshalb für den Routinegebrauch eine Reihe von Testfragen zurechtlegen, die am besten immer in gleicher Form verwendet werden. Nur auf diese Weise wird er einen eigenen Maßstab für die Qualität der Antworten erhalten.

Für die Beurteilung der Antworten auf Intelligenzfragen kommt es weniger darauf an, wie exakt der Patient eine Aufgabe lösen kann, als auf die Art und Weise, wie er die Aufgabe anpackt, den Grad der Abstraktionsfähigkeit, ob er an Äußerlichkeiten hängen bleibt oder das Wesentliche erkennt. In der Regel wird man eine solche Prüfung nicht wie ein Schulexamen durchführen. Das könnte leicht den Widerstand des Patienten wegen unguter Schulerinnerungen heraufbeschwören und seine Mitarbeit infrage stellen. Immerhin kann man Fragen nach dem allgemeinen Wissen im Zusammenhang mit der Gedächtnisprüfung anbringen. Ein schlechtes Gedächtnis zu haben, ist sozial weniger diskriminierend. Man wird also zuerst nach Schulerinnerungen fragen, dann ihm erklären, man wolle nun sehen, an wie viel vom seinerzeitigen Schulstoff er sich noch erinnern könne, und dann z .B. einige Rechenaufgaben vorlegen. Wenn möglich, wird man die Prüfung unterteilen und je nach dem Verlauf des Gesprächs sich bietende Gelegenheiten, z. B. auch bei der Prüfung der Auffassung nutzen, um den Patienten zu bitten, ein von ihm gebrauchtes Fremdwort doch zu erklären oder Unterschiede klarzulegen. Der erfahrene Untersucher wird es auf diese Weise meist nicht nötig haben, den Patienten direkt mit Fragen nach allgemeinem Wissen und Denkvermögen zu konfrontieren, oder nur dann, wenn auch dem Patienten klar gemacht werden kann, dass nun eine genauere Kenntnis seiner Fähigkeiten in seinem eigenen Interesse liegt.

In der orientierenden psychiatrischen Untersuchung geht es, wie z. B. auch bei der Prüfung kognitiver Störungen wie Merkfähigkeits-, Konzentrations- oder Auffassungsstörungen vor allem darum, eine gesicherte Indikationsstellung für eine weiterführende neuropsychologische Untersuchung abgeben zu können. Diese kann dem Patienten dann aus den vorliegenden Anhaltspunkten gut verständlich gemacht werden. Man wird ihm dann mitteilen, dass aufgrund der oberflächlichen Prüfung doch eine genauere Abklärung sinnvoll erscheine, weil man das doch genauer wissen wolle und deshalb spezielle Testuntersuchungen bei Spezialisten durchführen möchte.

## 3.8    Sexualität

Im Kapitel Anamnese wird auch auf die Exploration von Themen der Sexualität, Partnerbeziehungen, Ehe hingewiesen. Einige Aspekte dieses Themenkomplexes gehören aber auch zur psychopathologischen Untersuchung. Trotz Liberalisierung im Bereich sexueller Verhaltensweisen macht die unbefangene Sexualanamnese vielen Patienten (und Ärzten) Mühe. Die Art des Vorgehens und Fragens wird deshalb meist dafür verantwortlich sein, ob relevante Informationen erhältlich sind. Fragen nach der Sexualität sollen nicht für den Schluss des Untersuchungsgesprächs aufgespart und dann gewissermaßen nebenbei gestellt werden. Das würde dem Patienten die Vorstellung vermitteln, der Arzt halte dieses Problem für nebensächlich. Am besten ist es, solche Fragen im passenden Zusammenhang einzufügen, z. B. bei der Besprechung des Tagesablaufs und gemeinsamer Aktivitäten bei Männern, die mit einer Partnerin zusammenleben; bei Frauen im Anschluss an Fragen nach Menarche, Menstruation, Beschwerden und Unregelmäßigkeiten dabei.

Sehr wesentlich ist bei der Sexualanamnese die vom Arzt benutzte Wortwahl. Grundsätzlich soll er sich im ganzen Untersuchungsgespräch bemühen, die Sprache des Patienten zu benutzen. Angesichts der Tabuisierung des gesamten Sexualbereichs kann das u. U. dem Arzt nicht leicht fallen. Auf alle Fälle müssen deutliche, dem Patienten verständliche Bezeichnungen verwendet werden und keine medizinische Fachsprache. Viele Patienten haben gar keine Wörter für den sexuellen Bereich oder nur verpönte, vulgäre, die sie dem Arzt gegenüber nicht zu gebrauchen wagen. Das gilt besonders für Frauen und wird durch den Umstand verstärkt, dass die Vulgärsprache die sexuelle Rolle der Frau meist in jener des (erniedrigten) Sexualobjekts sieht. Es ist deshalb meist sinnvoll, dass der Arzt dem Patienten verständliche, deutsche Bezeichnungen verwendet.

Wie in anderen Bereichen der Anamnese sollen auch hier zunächst offene und neutrale Fragen gestellt werden. Dabei ist nicht nur nach der sexuellen Funktionsfähigkeit zu fragen, sondern auch nach der Erlebnisfähigkeit, also nicht nur nach der Häufigkeit des Geschlechtsverkehrs, sondern auch danach, ob der Patient oder die Patientin Freude daran haben, ob er ihnen Befriedigung bringt, evtl. was die Befriedigung verhindert.

Im Allgemeinen ist es richtig, im Gespräch vom Üblichen auszugehen, also von der Annahme, dass auch ein alter Mensch noch Geschlechtsverkehr hat, wenn er mit einem Partner zusammenlebt. Bei Patienten ohne feste Partnerbindung darf man zunächst als selbstverständlich annehmen, dass sie sich mehr oder weniger häufig selbst befriedigen. Man wird also beim Fragen davon ausgehen und z. B. sagen: „Welche Erfahrungen haben Sie mit Selbstbefriedigung gemacht, was erleben Sie dabei, bringt sie Ihnen Befriedigung?" Ergeben sich aus den Hinweisen des Patienten Anhaltspunkte für eine sexuelle Funktionsstörung, so wird man genauer fragen, z. B. bei Männern: „Haben Sie manchmal Schwierigkeiten mit der Gliedsteife? Wie oft passiert es, dass der Samenerguss zu früh kommt?" Oder bei Frauen: „Haben Sie manchmal Schmerzen beim Geschlechtsverkehr? Wie oft schlafen Sie mit Ihrem Partner, ohne dass Sie Lust dazu haben? Haben Sie häufig Probleme, zum Höhepunkt zu kommen, und führt das zu Schwierigkeiten mit Ihrem Partner?" Gerade bei solchen intimen Fragen wird erstens ein gewachsenes Vertrauensverhältnis zwischen Therapeut und Patient notwendig sein, es sind deshalb auch vermutlich keine Fragen für den ersten Gesprächskontakt. Zweitens wird man die Tiefe der Fragen (und damit auch das Ausmaß der Intimität) daran ausrichten, ob es Hinweise auf Partnerkonflikte oder Störungen des Sexuallebens in der Anamneseerhebung oder im psychopathologischen Befund ergeben haben.

Zeigen sich solche Störungen, dann muss nach ihrem Beginn, den damaligen Umständen, der Häufigkeit und dem Ausmaß der daraus resultierenden Beeinträchtigung der Partnerbeziehung gefragt werden. In der Regel ist ein Hinweis auf den Beziehungsaspekt sexueller Störungen notwendig mit dem Vorschlag einer besonderen Sexualberatung unter Einbezug des Partners oder der Partnerin. Ratschläge für die Sexualberatung gibt z. B. Buddeberg (2005).

Abgesehen von sexuellen Funktionsstörungen ist auch auf besondere sexuelle Verhaltensweisen zu achten. Man wird also die Patienten z. B. fragen, ob sie sich eher zu Männern als zu Frauen (bzw. umgekehrt) erotisch hingezogen fühlen, ob sie entsprechende konkrete Erlebnisse gehabt haben, ob diese Befriedigung etwas für sie brachte und wie sie jetzt darüber denken. Homosexuelle Lebensweisen sind zum Glück ja über die Jahre mindestens in mitteleuropäischen Ländern viel weniger tabuisiert als früher. Es gibt deshalb heute viele Menschen, die mit ihrer homosexuellen Ausrichtung sehr offen umgehen. Dennoch gibt es auch immer noch Menschen, für die diese Themen ein Tabu darstellen, über das sie nicht gern und offen sprechen. Deshalb wird man auch bei diesen an sich normalen Fragen gegebenenfalls sehr feinfühlig umgehen müssen. Über fetischistische und transvestitische Neigungen wird der Patient möglicherweise im Zusammenhang mit der Selbstbefriedigung berichten, wenn er danach gefragt wird, ob er besondere Dinge verwendet, die ihm den Genuss erhöhen.

Nach andersartigem, deviantem Sexualverhalten, z. B. exhibitionistischem, pädophilem, sadomasochistischem, sodomitischem u. a. Verhalten, wird man i. Allg. nur in direkter Weise fragen, wenn der Patient dafür Hinweise gegeben hat. Im Gespräch über die Sexualanamnese kann es besonders wichtig sein, dass der Arzt dem Patienten durch unterstützende Bemerkungen Hilfe gibt. Das kann dadurch geschehen, dass er darauf hinweist, dass es vielen Menschen nicht leicht falle, über diese Dinge zu sprechen, dass einem eben oft die passenden Worte fehlen würden, dass es aber gemeinsam schon gelingen werde, die wesentlichen Punkte zu klären. Zudem wird man immer wieder der Patientin oder dem Patienten erklären, dass man diese Fragen stelle, um die Gesamtsituation gut zu verstehen und aus diesem Verständnis eine möglichst zielgerichtete Therapie vorschlagen zu können. Durch plausible Erklärungen über den Sinn der Fragen soll immer wieder der Eindruck von voyeuristischem Interesse des Arztes entkräftet werden, den die Patienten bei solchen Themen leicht gewinnen können. Gerade hier wird deutlich, dass es nur gelingen wird, sinnvolle, das heißt potenziell therapiebeeinflussende Informationen zu erhalten, wenn während des Gesprächs oder der verschiedenen Gespräche genug Vertrauen zwischen Arzt und Patient gewachsen ist.

# Anamnese

© Springer-Verlag GmbH Deutschland 2017
A. Haug, *Psychiatrische Untersuchung*,
DOI 10.1007/978-3-662-54666-6_4

Bei den verschiedenen Formen der Anamnese geht es darum, ein möglichst vollständiges Bild der aktuellen sozialen Situation, aber auch zurückliegender Daten der Lebensgeschichte des Patienten zu erfahren. Die Wichtigkeit der anamnestischen Informationen leiten wir daraus ab, dass der Mensch ein soziales Wesen ist, eingebettet in ein Geflecht von aktuellen Beziehungen, dass er aber auch nur so vollständig wie möglich zu verstehen ist, wenn seine biografische Entwicklung und die vielfältigen Prägungen in dieser Zeit deutlich werden (Dührssen 2010). Auch hier wird wie in vielen anderen Bereichen der psychiatrischen Untersuchung ein Ideal vorgestellt, das weitgehende Vollständigkeit der Informationen anstrebt. Wie immer wird dieses Ideal nicht in jeder klinischen Situation zu erreichen sein. Es wird oft jeweils nur eine Annäherung möglich sein. In Zeiten elektronischer Datenerfassung und der kritischen Haltung gegenüber Datensammlungen im Sinne des Datenschutzes kommt noch ein anderer Gesichtspunkt hinzu. Das Grundprinzip der Datenerfassung, dass nur Informationen erhoben, elektronisch erfasst und unter bestimmten Bedingungen ausgewertet oder weitergegeben werden sollen, die zur Erledigung der jeweiligen Aufgabe notwendig sind, gilt auch hier. Also keine Datensammlung um der Datensammlung willen. Der Untersucher wird also auch bei der Erfassung anamnestischer Informationen eine für die Situation und die angestrebten therapeutischen Ziele erforderliche Auswahl aus den unten beschriebenen Themenbereichen treffen müssen. Bei der spezifischen verhaltenstherapeutischen Behandlung einer Spinnenphobie, ist es sicher nicht nötig, alle Teile der Anamnesen vollständig zu erfassen. Dies gilt auch für die Tiefe der Information innerhalb eines Themenbereiches.

Wenn wir allerdings gemäß dem Grundsatz Scharfetters den Menschen *ganz ernst nehmen* wollen und dafür *Kunde über ihn in seiner ganzen Werdensgestalt* erhalten sollten, dann belegt dies auch die Wichtigkeit möglichst vollständiger anamnestischer Informationen. Die klinische Erfahrung zeigt auch hier wie in vielen anderen Bereichen der psychiatrischen Untersuchung, dass die behandelnden Psychiater oder Psychologen eher zu wenig als zu viel Informationen über ihre Patienten haben. Nicht selten erlebt man zudem auch Überraschungen. Anamnestische Daten, die eigentlich für die Stützung der diagnostischen Hypothese oder auch des provisorisch entworfenen Therapiezieles für gar nicht so wichtig gehalten werden, können im Einzelfall überraschend völlig neue Erkenntnisse liefern und sowohl diagnostisch als auch therapeutisch auf ganz neue Wege führen. Es gibt immer wieder Informationen, auf die man auch hätte verzichten können und andere, die wegweisend sind. Welche zu welchem Teil gehören, weiß man allerdings meist erst hinterher, wenn man sie erfasst hat. Anzuraten ist also, dass sich die behandelnden Therapeuten zumindest einen groben Überblick über die folgenden Themenbereiche bei ihren Patienten verschaffen und keinen ganz auslassen.

**Formen der Anamnese**
- Krankheitsanamnese
- Spezielle Krankheitsanamnese
- Allgemeine Krankheitsanamnese
- Allgemeine Anamnese
- Biographische Anamnese
- Persönlichkeitsentwicklung
- Sozialanamnese
- Familienanamnese

Auch wenn die Informationen aus verschiedenen Lebensbereichen beim Patienten ineinandergreifen, können aus didaktischen Gründen unterschiedliche Formen der Anamnese getrennt behandelt werden. Man unterscheidet zunächst zwischen einer allgemeinen Anamnese und einer Krankheitsanamnese. Bei der letzten geht es um alle Informationen, die Krankheiten betreffen. In der speziellen Krankheitsanamnese geht es um die Daten zur Entwicklung der aktuell vorliegenden Erkrankung – oder wenn die Diagnose noch nicht klar ist, zumindest des aktuell vorliegenden Syndroms oder der einzelnen Beschwerden; bei der allgemeinen Krankheitsanamnese um alle anderen früheren Erkrankungen inklusive wichtiger körperlicher Krankheiten. Bei der allgemeinen Anamnese geht es um die Erfassung aller biografischer Daten inklusive der Informationen über die Persönlichkeitsentwicklung, die aktuelle soziale Situation und die Familie.

Es stehen unterschiedliche Quellen für die Informationen zu anamnestischen Daten zur Verfügung. Es sind dies zunächst einmal die Berichte der Patienten selbst. Wichtige Informationen können aber im Einzelfall auch von Angehörigen, Vorbehandlern oder Behörden kommen. Ob solche Informationen eingeholt werden dürfen, hängt in der Regel vom Einverständnis des Patienten ab. In bestimmten Fällen, wie z. B. einer behördlichen Verordnung zur Unterbringung eines Patienten in einer Klinik (zur diagnostischen Abklärung, aber auch z. B. im Rahmen des Maßnahmevollzugs) sind die Rechte der Patienten hier eingeschränkt. Inwieweit ein Recht auf Informationsweitergabe vom Vorbehandler an einen nachbehandelnden Arzt ohne spezifische Einwilligung besteht, ist in verschiedenen Ländern unterschiedlich geregelt. Auch wenn die Einwilligung des Patienten ohne spezielle Erlaubnis vorausgesetzt werden darf, kann diese vom Patienten explizit verweigert werden. In jedem Fall ist es wichtig, dem Patienten mitzuteilen, welche Informationen vorliegen und auf der Basis welcher Daten die weiteren Schritte geplant werden. Im Abschnitt über die Rahmenbedingungen der psychiatrischen Untersuchung wurde dazu schon über mögliche Interessenskonflikte mit den Angehörigen berichtet. Die transparente Offenlegung der vorhandenen Informationen dient aber nicht nur der Gestaltung einer vertrauensvollen Beziehung zum Patienten, sondern gibt ihm auch die Gelegenheit, die vorliegenden Daten zu validieren, bzw. aus seiner Sicht zu kommentieren oder zu kritisieren. Es gibt von dieser Regel nur sehr seltene Ausnahmen, z. B. wenn die Rechte Dritter betroffen sind.

Ganz besondere Vorsicht ist geboten bei einem Informationsaustausch mit dem Arbeitgeber. Hier wird dies ausschließlich im Einverständnis mit dem Patienten möglich sein. Dies gilt selbst dann, wenn der Patient auf Rat und vielleicht auch Druck des Arbeitgebers zur psychiatrischen Untersuchung gekommen ist. Dass der Arbeitgeber im Einzelfall der Veranlasser der Untersuchung ist, heißt noch lange nicht, dass er auch ein Recht auf Informationen über die Ergebnisse der Untersuchung hat. Dennoch kann es manchmal sinnvoll sein, den Patienten zu fragen, ob es nicht gut wäre, den Arbeitgeber mit in den Prozess einzubeziehen. Immer wieder werden z. B. mit dem Casemanagement größerer Arbeitgeber sehr gute Erfahrungen gemacht. Dies muss gemeinsam mit dem Patienten sorgfältig im Einzelfall geprüft und Vor- und Nachteile gegeneinander abgewogen werden. Die letzte Entscheidung darüber trifft jeweils der Patient.

**Mögliche Quellen der Information zu anamnestischen Daten**
- Patient
- Angehörige oder Freunde
- Arbeitgeber
- Vorbehandler

- Behörden
- Evtl. Zusatzangaben
- Tagebücher
- Skalen
- Lebensläufe

In alten Lehrbüchern finden sich oft noch Angaben zur Informationserhebung mittels Tagebüchern, und es war in vielen Kliniken üblich, dass Patienten nach der Aufnahme einen Lebenslauf schreiben sollten. Tagebücher, sofern sie heute überhaupt noch geschrieben werden, dienen insbesondere als Erinnerungsstütze für die Patienten selbst. Die Bitte um das Schreiben eines Lebenslaufes ist heute nicht mehr sehr verbreitet, sozusagen aus der Mode gekommen. Ich selbst habe damit gute Erfahrungen gemacht. Bei der Verfassung eines Lebenslaufes ist man gezwungen, eine Auswahl aus den vielen Lebensereignissen zu treffen. In der diagnostischen Situation gewinnt der Untersucher so einen ersten Überblick über die Gewichtung von Lebensereignissen durch den Patienten selbst. Nicht selten ist aufschlussreich, was bei dieser Auswahl vorkommt, oft aber auch was nicht vorkommt. Ein berühmtes Beispiel findet sich bei Friedrich Glauser, der während seines Aufenthaltes in der Zürcher Universitätsklinik Burghölzli einen Lebenslauf verfasste. Lesenswert auch seine nicht immer schmeichelhaften Kommentare zu den behandelnden Ärzten (Glauser 2002).

Die Reihenfolge der Behandlung der verschiedenen anamnestischen Themen ist natürlich dem Untersucher freigestellt. In der Regel wird man vor der Erfassung der Anamnese den psychopathologischen Befund erheben und danach auf ein vorhandenes Syndrom oder sogar eine klassifikatorische Diagnose schließen können. Meist ergibt sich daraus organisch, dass man im Anschluss Informationen zur speziellen Krankheitsanamnese erfragt. Nicht zuletzt braucht man diese bei den meisten Diagnosen zur Abklärung der Zeit- und Verlaufskriterien. Üblicherweise wird man dann – wenn man schon bei Krankheitsthemen ist – die Informationen zur allgemeinen Krankheitsanamnese erheben. Für den Bereich der Krankheitsanamnese braucht es in der Regel keine besonderen Erklärungen gegenüber den Patienten. Solche Fragen werden erwartet. Wenn man dann zur Erhebung der allgemeinen Anamnese übergeht, sind dagegen Erläuterungen oft sinnvoll. Man könnte z. B. sagen: „Wir haben jetzt viel über Krankheiten gesprochen. Ich möchte aber möglichst viel von dem verstehen; wie es dazu gekommen ist und wie Ihre allgemeine Lebenssituation ist. Dazu gehören auch zurückliegende Informationen aus Ihrem Leben. Sind Sie einverstanden, mir etwas über Ihre Biografie zu erzählen?" Man wird dann zunächst die Biografie in möglichst chronologischer Reihenfolge erfassen und erst dann, vielleicht auch manchmal als Einschub, die Familienanamnese (Eltern, Geschwister usw.) erheben. Eventuell sind dann auch wieder entsprechende Erklärungen sinnvoll, weil der Sinn der Erfassung so weit zurückliegender Daten dem Patienten nicht immer ohne Erläuterung verständlich ist. Genauso gut kann man mit der aktuellen sozialen Situation beginnen, also mit Fragen nach der eigenen Familie oder nach der beruflichen Tätigkeit.

Ähnlich wie beim psychopathologischen Befund ist auch hier anzustreben, dass ein möglichst organisches Gespräch entsteht. Im Kapitel zur Gesprächsführung (▶ Kap. 2) finden sich dafür einige Hinweise (z. B. zusammengehörige Themen gemeinsam explorieren, Überleitungen durch Stichwörter im Gespräch aber auch gezielt einleiten, usw.). Dennoch wird bei der Anamneseerhebung die Struktur der Informationserhebung für den Patienten deutlicher zu spüren sein. Das sorgt aber in der Regel auch nicht für Irritationen, da von den Patienten bei anamnestischen

Daten, schon allein durch die chronologische Abfolge, eine eher checklistenartige Struktur von Daten erwartet wird. Dennoch ist auch hier auf das erste Ziel der guten Gesprächsführung, der Beziehungsgestaltung, zu achten, zumal es auch bei den anamnestischen Daten oft um heikle, z. B. schambesetzte Informationen gehen wird.

## 4.1    Spezielle Krankheitsanamnese

Bei der speziellen Krankheitsanamnese geht es um die Erfassung von Verlaufsdaten zur aktuellen Erkrankung. Im freien Teil des Erstinterviews wird der Patient auf offene Fragen wie: „Was ist der Grund dafür, dass Sie zu uns gekommen sind?" schon einige Informationen zu seinen Hauptbeschwerden geben. Dabei wird er oft auch berichten, seit welcher Zeit die Symptome bestehen, vielleicht auch wie sie sich entwickelt haben. Nach der Durchführung der psychopathologischen Befunderhebung wird man dann schon genauere Informationen zum aktuellen Krankheitsbild haben. Oft hat man auch schon gewisse Hypothesen zur vorliegenden Erkrankung. An diese allgemeinen Informationen kann man anknüpfen und bei der speziellen Krankheitsanamnese die Verlaufsdaten noch einmal systematisch vertiefen.

> **Ziele der Informationserhebung zur speziellen Krankheitsanamnese**
> - Informationen zur Störung im aktuellen Querschnitt
> - Verlaufsgestalt der Störung im Längsschnitt
> - Abgrenzung zu normaler Befindlichkeit
> - Zeitliche Gradienten von Befindlichkeitsveränderungen
> - Informationen über das Zuviel oder Zuwenig von Erleben und Verhalten
> - Frequenz und Dauer vor allem bei kurz dauernden Ereignissen

Ziele der Informationserhebung zur speziellen Krankheitsanamnese sind die aktuelle Krankheitssituation, also den Querschnitt der Erkrankung, sowie die Verlaufsgestalt, also den Längsschnitt, zu verstehen. Dabei ist die Abgrenzung zur normalen Befindlichkeit wichtig. Je nach der Art dessen, was ein Patient an Erleben und Verhalten in gesunden Zeiten bei sich kennt und gewohnt ist, werden Störungen ein unterschiedliches Gewicht erhalten. Dabei wird auch die Exploration des Zuviel oder Zuwenig eine wichtige Rolle spielen. Die Störung des Patienten kann darin bestehen, dass er in bestimmten Situationen zu viel Wut empfindet, sie kann aber auch darin liegen, dass er sich nicht wehren kann und zu wenig Wut erlebt. Nicht das Trauern ist pathologisch, sondern trauern wird erst dann möglicherweise Krankheitswert erhalten, wenn zu viel Trauer oder zu wenig Empfindung von Trauer vorliegt. Die zeitlichen Gradienten der Symptome sowie, vor allem bei kurzdauernden Ereignissen wie etwa bei Panikattacken, ihre Frequenz und Dauer sind zu erfragen.

> **Beispielfragen zur speziellen Krankheitsanamnese**
> - Wann und unter welchen Umständen sind die ersten Zeichen der Erkrankung aufgetreten?
> - Wer hat diese wahrgenommen?
> - Wie haben sich die Symptome im weiteren Verlauf entwickelt?

- Welche auslösenden Faktoren könnten beteiligt sein?
- Welche Ursachen werden vermutet?
- Inwiefern stören/behindern die aufgetretenen Symptome den Patienten?
- Wie bewertet der Patient selbst die Symptome?
- Wie haben Angehörige/Freunde reagiert?
- Hat der Patient einen Arzt oder anderen Therapeuten aufgesucht?
- Welche Behandlung wurde durchgeführt?
- Welche Behandlungsversuche hat der Patient selbst unternommen?
- Welches Ergebnis hatten diese Behandlungen?

Wenn genug Informationen zur gegenwärtigen Erkrankung bzw. den vorliegenden Symptomen vorliegen, kann zur allgemeinen Krankheitsanamnese übergegangen werden.

## 4.2    Allgemeine Krankheitsanamnese

Die allgemeine Krankheitsanamnese stellt die Informationen zur aktuellen Befindlichkeitsstörung in einen größeren Rahmen der lebensgeschichtlichen Entwicklung der Gesundheit bzw. dem Auftreten schwerwiegenderer Erkrankungen. Dabei geht es zunächst durchaus auch um psychische Erkrankungen in der Vorgeschichte. Gerade bei rezidivierenden Erkrankungen ist die lebensgeschichtliche Sicht auf den Krankheitsverlauf wichtig. Denken wir z. B. an die bipolare Störung, so wird wichtig sein, wie oft schon Phasen der Erkrankung erlebt wurden, wann die erste Phase war und ob die zurückliegenden Phasen eher von einem depressiven oder manischen Syndrom geprägt waren.

Genauso wichtig ist aber die Exploration schwerwiegender körperlicher Erkrankungen. Sie können lebensbestimmend für den Patienten sein. Wenn wir an Krebserkrankungen oder auch chronische Krankheit wie rheumatoide Arthritis oder die Parkinson-Krankheit denken, wird der Psychiater nicht selten auch mit psychischen Begleiterscheinungen der körperlichen Störung oder der psychischen Reaktionen darauf zu tun haben. Aber auch wenn kein Zusammenhang von körperlichen und psychischen Erkrankungen besteht, wird eine schwere körperliche Erkrankung doch Bedeutung für die Lebensgestaltung und –planung für den Patienten haben und damit in Interaktion mit der aktuellen Befindlichkeitsstörung treten.

Bei den Fragen nach der speziellen aber vor allem auch der allgemeinen Krankheitsanamnese wird es immer wieder auch darum gehen, das Selbstkonzept des Patienten zu erfassen. Wie steht er zu seinen Störungen, wie ordnet er sie innerhalb seines gesamten Lebenskonzeptes ein. Deshalb sind Fragen wichtig, wie bisher mit den Erkrankungen umgegangen wurde und wie z. B. die Umgebung, Partner, Familie, Freunde, die Störungen beurteilen.

Beispielfragen zur allgemeinen Krankheitsanamnese
- Ist die jetzige Symptomatik zum ersten Mal aufgetreten?
- Wann waren früher ähnliche oder andere psychische Symptome vorhanden?
- Wie war der Verlauf dieser Erkrankungen?
- Welche Behandlungen wurden durchgeführt?

- Von wem und mit welchem Erfolg?
- Welches Konzept hat der Patient zum Zusammenhang früherer und aktueller Symptome?
- Wie denken die Angehörigen/Freunde darüber?
- Ist oder war der Patient körperlich krank?
- Welche somatischen Therapien wurden mit welchem Ergebnis durchgeführt?
- Ist der Patient aktuell in somatischer Behandlung?
- Bei wem dürfen eventuell Auskünfte eingeholt werden?
- Gibt es gynäkologische Auffälligkeiten (Menarche, Menopause, Periode, Geburten, Aborte, Operationen)?
- Welche Genuss- und Arzneimittel werden konsumiert (Koffein, Nikotin, Alkohol, Drogen, Arzneimittel, auch nicht verordnete)?
- Gibt es einen zeitlichen Zusammenhang zwischen psychischen und somatischen Symptomen?
- Gibt es sonst einen vermuteten Zusammenhang von körperlichen und psychischen Symptomen?

Frauen sollten zudem zur gynäkologischen Anamnese (Menarche, Menopause, Periode, Geburten, Aborte, Operationen) befragt werden und bei allen Patienten gehören Informationen zum Genuss- und Arzneimittelkonsum (Koffein, Nikotin, Alkohol, Drogen, Arzneimittel, auch nicht verordnete) zur allgemeinen Krankheitsanamnese. Zu körperlichen Erkrankungen und deren Behandlung sollten, falls der Patient dies nicht ablehnt, Informationen von Hausärzten oder Spezialisten eingeholt werden. Der Patient sollte gebeten werden, vorhandene Unterlagen wie Befundberichte, Entlassungsberichte aus klinischen Behandlungen usw. mitzubringen.

## 4.3    Biografische Anamnese

Die biografische Anamnese als Teil der allgemeinen Anamnese wird üblicherweise chronologisch erfasst, beginnt mit der Geburt des Patienten und endet mit der aktuellen sozialen Situation. An dieser Stelle kann es Überschneidungen mit der sozialen Anamnese geben, die eigentlich ein Teil der biografischen Anamnese ist. Bei der biografischen Anamnese geht es darum, die wichtigsten Lebensereignisse zu erfassen. Natürlich beginnt das mit der Geburt und deren Verlauf, geht dann über die frühkindliche Entwicklung mit den Fragen nach der Entwicklung von Motorik und Sprache, Kindergartenzeit, Schulzeit und Ausbildung bis zur heute aktuellen beruflichen Situation. Auf der Ebene der persönlichen Beziehungen sind z. B. Informationen über den Tod wichtiger Bezugspersonen oder die Heirat, Geburt von Kindern und ähnliche zu erheben.

Themen der biografischen Anamnese
- Schwangerschaftsverlauf (Krankheiten der Mutter während der Schwangerschaft, Komplikationen im Schwangerschaftsverlauf)
- Geburt (Termin, Komplikationen, Status bei Geburt, Mehrlingsgeburt)
- Stellung in der Geschwisterreihe

- Frühkindliche Entwicklung (Sprache, Motorik, soziale Entwicklung, Primordialzeichen, früheste Kindheitserinnerung)
- Schulische Entwicklung (Kindergarten, Schule, Leistungen, Vorlieben und Sozialverhalten, Abschluss)
- Beziehung zu den Eltern und Geschwistern (Bezugspersonen, längere Trennungen)
- Andere wesentliche Bezugspersonen mit Einfluss auf die Entwicklung
- Sexualentwicklung
- Andere wesentliche Lebensereignisse (Hochzeit, Geburt von Kindern, Delinquenzen, Gefängnisaufenthalte)
- Berufliche Aus- und Weiterbildungen
- Freizeitgestaltung (Hobbies, Interessen, Zeitaufwand)

Die Methode zur Erhebung der Informationen ist meist die biographische Datensammlung. Es ist aber denkbar, dass sie auch unter bestimmten konzeptuellen Gesichtspunkten stattfindet, so z. B. unter tiefenpsychologischen Aspekten (Dührssen 2010). Wenn man allerdings zu früh die Sammlung der Informationen konzeptuellen Gesichtspunkten unterordnet, das heißt die Datenerfassung von vorneherein bewertend oder mindestens gewichtend vornimmt, besteht die Gefahr, dass Daten nicht erfasst werden, die nicht zum Konzept passen, die aber doch für die Behandlung wichtig werden könnten.

## 4.4    Soziale Anamnese

Die soziale Anamnese ist eigentlich ein Teil der biografischen Anamnese, da die aktuelle soziale Situation natürlich auch zum letzten Teil der aktuellen Biografie gehört. Sie soll hier dennoch, wie auch in manchen Lehrbüchern, gesondert dargestellt werden. Bei der sozialen Anamnese wird die Blickrichtung ganz auf die eigene Familie gelenkt, falls eine solche besteht. Gibt es Kinder, lebt der Patient mit den Kindern und einer Partnerin zusammen, gibt es überhaupt Partner usw.? Gibt es einen Freundeskreis und wie setzt sich dieser zusammen?

Interessant sind weiterhin berufliche Aspekte. Ob der Patient sich in einer Ausbildung befindet oder diese abgeschlossen hat und wenn ja, welche, sind wichtige Informationen zum Beruf. Hierzu gehört auch die Beziehung zu Arbeitskollegen – gab es bestimmte Konflikte (mit wem, warum usw.)? Die sogenannte Altfamilie, also die Eltern, Geschwister und andere Verwandte der Patienten wird in der Familienanamnese beschrieben. Wie die Beziehung zu den einzelnen Mitgliedern der Altfamilie ist, ob spezielle Konflikte vorliegen, wie eng der Kontakt ist und ob es Gründe für eventuellen mangelnden Kontakt gibt, sind Bestandteile der sozialen Anamnese. Der Untersucher muss entscheiden, ob er diese Informationen eher hier oder im Rahmen der Familienanamnese erhebt.

Bestandteile der sozialen Anamnese
- Aktuelle familiäre Konstellation
- Partnerschaft
- Kinder

- Beziehung zur Altfamilie
- Berufliche Situation
- Konfessionelle, politische oder sonstige Bindungen
- Wirtschaftliche Situation

## 4.5    Familienanamnese

Beim Thema Familienanamnese interessiert uns vor allem die sogenannte Altfamilie. Das ist die Familie, in der der Patient aufgewachsen ist. Hier verfolgen wir einen Mehrgenerationen-Ansatz. Interessant sind also allenfalls nicht nur Informationen über die Eltern oder Geschwister, sondern auch über Großeltern und andere Verwandte. Die Notwendigkeit solch umfassender Informationen leitet sich daraus ab, dass bei vielen psychischen Erkrankungen genetische Faktoren eine zum Teil wesentliche Rolle spielen. Dazu kommt, dass sich spezielle Betreuungssituationen durch Krankheiten der Eltern oder Geschwister (z. B. fehlende Mutter) negativ auf die Entwicklung und das Befinden von Patienten auswirken können. Nicht selten dienen z. B. auch Suizide bei weiter entfernten Verwandten für den Patienten als Rollenvorbild. Genau sollten auch die Beziehungen der einzelnen Verwandten zum Patienten erfasst werden, sofern noch solche vorliegen. Bei der Therapieplanung können gegebenenfalls allenfalls solche bestehenden Beziehungsnetze als Ressource für den Patienten genutzt werden.

Gesichtspunkte der Familienanamnese
- Ähnlich wie biographische Anamnese – jetzt bezogen auf die Herkunftsfamilie
- Mehrgenerationen-Ansatz
- Mindestens Eltern und Großeltern, evtl. auch andere Familienangehörige
- Krankheiten von Verwandten (psychische und schwere körperliche, Suizide; eventuell Familienstammbaum erstellen)
- Entwicklung der Beziehung der einzelnen Verwandten zum Patienten
- Alter des Patienten beim Tod von Verwandten
- Sozialer Status der Verwandten
- Ausgeübte Berufe
- Besondere Vorkommnisse mit Bedeutung für den Patienten

# Ergänzende Untersuchungen

© Springer-Verlag GmbH Deutschland 2017
A. Haug, *Psychiatrische Untersuchung*,
DOI 10.1007/978-3-662-54666-6_5

Mit der sorgfältigen Anamneseerhebung und der Erstellung des psychopathologischen Befundes sind die Hauptteile der psychiatrischen Untersuchung durchgeführt. Häufig vervollständigen ergänzende Untersuchungen das diagnostische Bild, vor allem wenn sich aus Anamnese oder Psychopathologie die Indikationen für weitere Spezialuntersuchungen ergeben haben.

## 5.1    Körperliche Untersuchung

Oft kommen zugewiesene Patienten vom Hausarzt oder anderen vorbehandelnden Ärzten. In der psychiatrischen Praxis wird unter anderem aus diesem Grund häufig auf die körperliche Untersuchung verzichtet. Ein weiterer Grund ist, dass psychiatrisch-psychotherapeutische Behandlungen heute oft sehr kompetent von Psychologinnen und Psychologen durchgeführt werden, denen aber die Kompetenz für die körperliche Untersuchung fehlt. Daraus entstehen dann Abstimmungsprobleme mit den Ärzten und allenfalls Auseinandersetzungen über unterschiedliche Therapeutenrollen. Vor allem auch im ambulanten Bereich finden oft keine solchen körperlichen Untersuchungen mehr statt. Dabei ist aber zu beachten, dass psychische Erkrankungen oft einen direkten Zusammenhang mit körperlichen Funktionsstörungen haben. Dabei sind mehrere Konstellationen denkbar.

Mögliche Zusammenhänge von körperlichen und psychischen Störungen
- Die vorliegende körperliche Erkrankung wird psychisch dysfunktional verarbeitet
- Die vorliegende körperliche Erkrankung löst eine zusätzliche psychische Erkrankung aus
- Eine körperliche Erkrankung muss bei Therapie der psychischen Erkrankung mitbehandelt werden
- Die vorliegenden psychischen Symptome sind eigentlich Symptome einer unentdeckten
- Körperkrankheit
- Eine psychische Erkrankung löst körperliche Dysfunktionen aus
- Körperliche Störungen treten als Nebenwirkung bei Therapie einer psychischen Krankheit auf

Das beste Beispiel für eine psychische Begleitsymptomatik bei körperlicher Erkrankung sind Krebserkrankungen. Hier bedarf es häufig einer psychotherapeutischen, manchmal sogar psychopharmakologischen Begleitbehandlung, wenn z. B. eine positive Zukunftssicht fehlt oder sogar klar depressive Syndrome auftreten. Eine andere Konstellation liegt vor, wenn direkt organische Gründe eine psychische Erkrankung verursachten. So kann es bei Lebererkrankungen durch die dysfunktionalen Metabolisierungen von Schadstoffen zu dementiellen Erkrankungen kommen oder durch die hormonelle Dysbalance bei Schilddrüsenerkrankungen zu Depressionen. Auch wenn die körperliche und psychische Erkrankung keinen direkten (verursachenden) Zusammenhang haben, muss doch vor allem im Rahmen von stationären Behandlungen die körperliche Erkrankung mitbehandelt werden. Bei einem schizophrenen Patienten mit insulinpflichtigem Diabetes muss selbstverständlich die diabetologische Situation des Patienten auch im psychiatrischen Patientenhaus im Auge behalten werden. Immer wieder geschieht es, dass Patienten in das psychiatrische Patientenhaus eingewiesen werden, weil sie durch psychische Symptome aufgefallen sind, sich dann aber bei einer gründlichen somatischen Abklärung herausstellt, dass eine bisher nicht bekannte körperliche Erkrankung die Ursache für die psychischen Symptome ist. Der in der Psychiatrie entdeckte Hirntumor als eigentlicher Grund für die Antriebslosigkeit und Lethargie eines Patienten ist ein berühmtes Beispiel. Zwischen Körper und Psyche gibt es vielfältige Interaktionen und so ist es nicht verwunderlich, dass auch eine bestehende psychische Erkrankung körperliche Begleitsymptome auslösen kann. Vielfältige körperliche Störungen können z. B. bei Patientinnen mit Anorexie auftreten. Schließlich ist ein ähnlicher Zusammenhang auch gegeben, wenn durch die pharmakologische Behandlung einer psychischen Störung körperliche Erkrankungen als Nebenwirkung auftreten, wie z. B. das metabolische Syndrom bei einer Therapie mit Neuroleptika. All diese Beispiele verdeutlichen die Wichtigkeit einer körperlichen Untersuchung als Bestandteil der psychiatrischen Untersuchung.

Über die Notwendigkeit der ergänzenden körperlichen Untersuchung herrscht unter Psychiatern meist auch Einigkeit. Weniger einig ist man sich in der Frage, wer diese Untersuchung durchführen soll. Im „Normalfall" der psychiatrischen Untersuchung kommt der Patient von sich aus bzw. auf Rat der Angehörigen oder anderer Betreuer oder wird von einem Kollegen zugewiesen. Trifft Letzteres zu, so werden schon eine oder mehrere körperliche Abklärungen durchgeführt worden sein. Dass in diesem Fall der Psychiater noch eine eigene vornimmt, ist gelegentlich überflüssig und für den Patienten nur eine Belästigung. Der Psychiater kann aber aufgrund seiner oft vollständiger erhobenen Lebensgeschichte in die Lage kommen, körperliche Zusatzuntersuchungen vorschlagen zu müssen, z. B. eine neurologische, ophthalmologische, otorhinolaryngologische, endokrinologische, toxikologisch u. a., für die er die betreffenden Spezialisten beiziehen wird.

Kam der Patient direkt zum Psychiater, ohne dass vor kurzem eine körperliche Untersuchung durchgeführt wurde, so steht der Psychiater vor dem Problem, ob er selbst den Patienten untersuchen oder ihn einem Internisten, Allgemeinpraktiker oder Neurologen zuweisen soll. Der von der Klinik kommende Psychiater der älteren Schule wird es für selbstverständlich halten, dass er den Patienten selbst untersucht und damit gleichzeitig beweist, dass er ein Arzt ist und nicht ausschließlich Psychotherapeut. Umgekehrt wird der psychodynamisch orientierte Psychotherapeut gelegentlich die körperliche Untersuchung an einen Kollegen delegieren, mit dem Argument, die Übertragungssituation würde sonst unübersichtlich und u. U in unerwünschter Weise beeinflusst. Wie häufig in der Medizin, sind auch in dieser Frage rigorose Standpunkte für den Patienten eher von Nachteil. Grundsätzlich sollte eine körperliche Untersuchung durchführen, wer dazu in der Lage ist und die notwendige Erfahrung besitzt. Viele Psychotherapeuten besitzen sie nicht mehr. Dann ist es zweifellos besser, den Patienten zu überweisen.

In der Psychiatrischen Klinik ist es nach wie vor mit Recht eine Selbstverständlichkeit, dass derselbe Arzt den Patienten sowohl körperlich als auch psychisch untersucht. Im Allgemeinen sollte die körperliche Untersuchung bald nach dem Klinikeintritt stattfinden. Zu diesem Zeitpunkt ist sie auch für den Patienten am ehesten verständlich, weil ja sein gesamtes Befinden geprüft werden soll. Die alte Regel, dass die körperliche Untersuchung innerhalb 24 h nach Klinikeintritt stattfinden muss, ist auch heute nicht überholt. Sie gibt zudem Gelegenheit, einen ersten Kontakt mit dem Patienten herzustellen, und zeigt ihm den Psychiater in der Funktion des Arztes. Man wird aber auch diese Regel nicht starr einhalten, besonders bei jenen psychotischen Patienten, bei denen die körperliche Untersuchung Angst auslöst oder als sexuelle Annäherung missverstanden wird. Im Übrigen liefert die körperliche Untersuchung wertvolle Aufschlüsse über das Verhalten des Patienten, seine Angst, sein Schamgefühl, seine erotisch-verführerischen Tendenzen, seine hypochondrischen Einstellungen und seine psychomotorischen Äußerungen.

Es kann bei der körperlichen Untersuchung durch den Psychiater nicht die Kompetenz eines ausgebildeten Internisten oder Neurologen erwartet werden. Vielmehr geht es um die orientierende internistische und neurologische Untersuchung (Schnorpfeil und Reuter 2010; Füeßel und Middeke 2014). Ähnlich wie bei der orientierenden Untersuchung kognitiver Funktionen im Rahmen des psychopathologischen Befundes sollen hier vor allem grobe Normabweichungen entdeckt werden. Gibt es Auffälligkeiten, soll der Patient hier (Neuropsychologie) wie dort (Internist, Neurologe) dem Spezialisten für weitere Abklärungen zugeführt werden.

**Bestandteile der orientierenden internistischen Untersuchung**
- Inspektion der Haut und des Gewebes
- Lungenfunktion (Auskultation und Perkussion)
- Herz-Kreislaufsystem (Herzrhythmus, -frequenz, -geräusche, RR, Strömungsgeräusche große Gefäße, Fußpuls, Schellong-Test)
- Magen-Darm-Trakt (Rachenraum, Darmmotilität, Resistenzen)
- Leber und Milz (Größe, Gestalt)

Bei der fallführenden Behandlung eines Patienten durch eine Psychologin oder einen Psychologen muss die körperliche Untersuchung an einen ärztlichen Kollegen oder eine Kollegin delegiert werden. Sie sollte aber keinesfalls unterlassen werden. Auch sollte man sich nicht mit dem groben Augenschein zufrieden geben, wenn der Patient körperlich gesund wirkt und dies auch von sich sagt. Die körperliche Untersuchung gehört aus den genannten Gründen zum Pflichtprogramm einer sorgfältigen psychiatrischen Untersuchung, wenn auch die Durchführung gelegentlich an einen Spezialisten delegiert werden kann. Der Patientin oder dem Patienten muss die Sinnhaftigkeit der körperlichen Untersuchung erklärt werden, eventuell mit einigen der oben angeführten Argumente. Lehnt ein Patient die körperliche Untersuchung ab, kann sie – von lebensbedrohlichen Spezialsituationen abgesehen – auch nicht durchgeführt werden. Meist kann mit dem Patienten ein Kompromiss in Form eines anderen Untersuchers oder einer Untersucherin gefunden werden. Bleibt auch danach eine Ablehnung der Untersuchung, wird dies dokumentiert und der Patient im Verlauf immer wieder auf die Notwendigkeit angesprochen. Oft kann der orientierende internistische und neurologische Befund bei gewachsenem Vertrauen dann im Verlauf nachgeholt werden.

**Bestandteile der orientierenden neurologischen Untersuchung**
- Grob- und Feinmotorik (Gangbild, Muskelkraft-, -masse und -tonus, Fingerbeweglichkeit, extrapyramidalmotorische Störungen)
- Koordination
- Hirnnerven
- Reflexe
- Sensibilität (Berührung, Schmerz, Temperatur, Bewegung, Vibration)

Welche Labor- und Spezialuntersuchungen im Einzelfall anzuordnen sind, ergibt sich aus den jeweiligen Befunden. Viele Kliniken haben ein Routineprogramm, das regelmäßig durchgeführt wird. Man denke daran, dass viele Untersuchungen Angst auslösen können; deshalb muss für sorgfältige Aufklärung und evtl. Begleitung des Patienten Sorge getragen werden. Körperliche Untersuchungen von Frauen sollten vom männlichen Arzt in Gegenwart einer weiblichen Hilfsperson vorgenommen werden. Die wahnhafte Verkennung kann zwar auch dadurch nicht verhindert werden, die Vorkehrung erleichtert aber in der Regel die Vertrauensfindung der Patientin und schützt im Übrigen auch juristisch.

## 5.2 Auskünfte von Angehörigen, Arbeitgebern und anderen Drittpersonen

Früher wurde den sog. „objektiven Angaben" über den Patienten, womit Auskünfte von Angehörigen und anderen Informanten gemeint waren, eine oft dominierende Rolle zugeschrieben. Beispielsweise verlangte Meyer (1951) vor der Untersuchung eines Patienten außerhalb der Klinik schriftliche Aufzeichnungen eines Familienmitgliedes, die am besten durch den Hausarzt korrigiert würden. Abgesehen davon, dass solche Auskünfte selten „objektiv" sind, ja es gar nicht sein können, weil die Lieferanten der Informationen meist selbst Akteure in einem Familiendrama sind, wird heute auch die Bedeutung der Aussagen von Drittpersonen über den Patienten für die psychiatrische Beurteilung etwas anders eingeschätzt als früher. Dies mag damit zusammenhängen, dass die meisten Patienten, die ambulant zum Psychiater kommen, nicht schwer psychotisch oder sonst in ihren Äußerungen unverständlich sind. Manche Patienten werden zur ersten Konsultation beim Psychiater von einem oder gar mehreren Angehörigen begleitet. Wen soll man zuerst empfangen? Soll man von Anfang an Patient und Begleiter oder gar die ganze Gruppe mit ins Untersuchungszimmer nehmen? Die Meinungen darüber sind heute unter den Psychiatern geteilt. Besonders die Anhänger der modernen Familien-, Ehe- und Gruppentherapie befürworten das letztere Vorgehen. Es gibt zweifellos gute Gründe für jede Möglichkeit. Der Psychiater sollte im Allgemeinen jenes Vorgehen wählen, das ihm vertraut ist und mit welchem er sich sicher fühlt. Keinesfalls sollte er sich aus theoretischen Überlegungen heraus in eine Rolle drängen lassen, die ihm nicht liegt. Die Konfrontation mit einer ganzen Familie oder auch nur mit einem Ehepaar braucht Übung und Erfahrung, wenn man nicht schwerwiegende Fehler machen will.

Der Autor bevorzugt aufgrund eigener Erfahrungen folgendes Vorgehen: Zunächst fragt er in der Regel den Patienten ob es ihm recht ist, wenn das Gespräch mit allen Beteiligten geführt wird. Ist er damit einverstanden, wird das Gespräch mit der ganzen Gruppe begonnen. Nach einer offenen, einleitenden Frage („Worum geht es?", „Was kann ich für Sie tun?", „Was ist der Grund, warum Sie hier sind?" usw.) ist die Rolle des Untersuchers zunächst einmal, zuzuhören und sich von der Gruppendynamik ein Bild zu machen. Wie verhält sich der Patient seinen Angehörigen gegenüber und umgekehrt? Wer ist offensichtlicher Motivator der Konsultation, wie stark sind die Motive einer Abklärung beim Patienten selbst? Welche Erklärungen für die berichteten Auffälligkeiten haben die Beteiligten? Hier können Fragen eingeschoben werden wie: „Was meinen Sie denn, wie das Verhalten zu erklären ist?", oder: „Was ist denn Ihrer Meinung nach der Grund für die geschilderten Auffälligkeiten?". Zurückhalten wird man sich als Untersucher mit eigenen Erklärungen oder wertenden Stellungnahmen. Oft wollen gerade Angehörige rasch wissen, wie der Untersucher denn die Lage beurteile, und manchmal wird auch das Drängen deutlich, ob der Untersucher nicht auch ihre Sicht der Dinge teile. Hier sollte man ausweichen und etwa antworten, dass man erst die Lage genau verstehen wolle und erst nach einer genaueren Untersuchung mehr sagen könne.

Sind in diesem Gesprächssetting die ersten Informationen ausgetauscht, bittet man die Angehörigen in der Regel um Verständnis, dass man jetzt mit dem Patienten alleine sprechen möchte. Dieses Gespräch leitet dann die eigentliche psychiatrische Untersuchung ein, wobei der Informationsstoff aus der Einleitung mit den Angehörigen oft als Aufhänger für den psychopathologischen Befund oder die Anamnese dienen können. Die Angehörigen werden dann am Ende des Gespräches wieder hinzugezogen und über das weitere Vorgehen verständigt, das man mit dem Patienten vorher vereinbart hat. Wird ein Patient zur Untersuchung begleitet, so ist er meist auch damit einverstanden, dass der Arzt anschließend noch mit den Begleitpersonen spricht. Allerdings darf diese Einwilligung nicht stillschweigend vorausgesetzt werden, sondern die Frage ist offen mit dem Patienten zu diskutieren. Unter Umständen wird er dann spezielle Themen vom

Gespräch mit dem Begleiter ausnehmen wollen. Eventuell kann man dann auch nochmal sachliche Widersprüche klären, die sich während der psychiatrischen Untersuchung gezeigt haben.

Gelegentlich kommt es vor, dass ein Angehöriger zuerst alleine, ohne Patientin oder Patient, mit dem Untersucher sprechen will. Auf ein solches Anliegen geht der Untersucherin aller Regel (es gibt Sondersituationen, in denen der Patient selbst darauf drängt) nicht ein. Schon der leise Verdacht, man nehme nicht eindeutig für den Patienten Partei, sondern tausche eventuell mit anderen Geheiminformationen aus, kann nicht nur bei psychotischen Menschen das Vertrauensverhältnis entscheidend zerstören noch bevor es überhaupt richtig zustande gekommen ist. Besonders wichtig ist dieses Vorgehen bei Jugendlichen, die von ihren Eltern zur Untersuchung gebracht werden, aber auch bei offensichtlich dominanten gesunden Ehepartnern und bei Schizophrenen.

Bei urteilsfähigen Patienten wird man selbstverständlich auch im weiteren Verlauf nicht ohne ihr Wissen und ihre Einwilligung mit den Angehörigen sprechen. Besondere Vorsicht ist bei unmündigen, aber urteilsfähigen Jugendlichen am Platz. Die Eltern haben nur eingeschränkt Anspruch auf Auskünfte des Arztes. Heikel ist die Situation jedoch, wenn die Eltern den Jugendlichen zum Psychiater bringen, also sie selbst den Behandlungsvertrag schließen, der Jugendliche aber nur gezwungenermaßen mitmacht. Dann ist ein sorgfältiges Abwägen des wohlverstandenen Interesses des Patienten notwendig. Es gibt keine allgemein gültigen Regeln dafür, in welchen Fällen die Unterredung mit dem Familienmitglied in Gegenwart des Patienten und wann ohne ihn erfolgen soll. Sicher aber sollen die Wünsche des Patienten in dieser Hinsicht eine entscheidende Rolle spielen; von Notfällen abgesehen, in denen gelegentlich auch über seinen Kopf hinweg gehandelt werden muss.

Spricht man im späteren Verlauf oder in Ausnahmesituationen einmal allein mit den Angehörigen, so können schwierige Situationen entstehen, wenn man im Interesse des Patienten bestimmte Fragen nicht beantworten darf. Die bloße Weigerung, auf eine Frage einzugehen, weil der Patient es nicht wünsche, kann geradezu das Misstrauen und die Eifersucht der Angehörigen wecken, was wiederum die Beziehung des Patienten zu seiner Familie stört. Wo solche Komplikationen befürchtet werden müssen, tut man gut daran, mit den Angehörigen nur im Beisein des Patienten zu sprechen. Freilich werden unter Umständen dann die Angehörigen gehindert, sich offen zu äußern; dies erlaubt nur eine halbe Information und erschwert gelegentlich die richtige Diagnose, z. B. bei Patienten, deren krankhafte Verhaltensweisen sich überwiegend in der Familie manifestieren. Dies ist aber gegenüber dem möglichen Vertrauensverlust durch den Patienten das kleinere Übel.

Muss man in der Psychiatrischen Klinik Patienten untersuchen, die unfreiwillig in Notfallsituationen hospitalisiert wurden, ist man häufig allein schon für die Diagnose und die Einleitung von ersten Notfallmaßnahmen auf Auskünfte aus der Umgebung des Patienten angewiesen. Man wird aber auch in diesem Fall sorgfältig abwägen, welches Interesse des Patienten vorgeht – das seiner Geheimsphäre oder das der Behandlung. Keinesfalls darf es einfach das Interesse des Psychiaters bzw. seiner Bequemlichkeit sein, wenn die Geheimsphäre verletzt wird.

Besonders vorsichtig wird man mit Erkundigungen außerhalb des engeren Familienkreises sein, z. B. beim Arbeitgeber, bei Lehrern usw. Diese können aber zur Abklärung der sozialen Beeinträchtigung des Patienten notwendig sein, die für die Indikation zur Behandlung oder die Art der Therapie selbst von Bedeutung ist. Selbstverständlich ist, dass eine solche Informationseinholung nur mit dem Einverständnis des mündigen und urteilsfähigen Patienten vorgenommen werden darf.

Besonderheiten ergeben sich in gutachterlichen Situationen. Verlangt der Zweck der Untersuchung hier genauere Erhebungen in der Umgebung des Patienten, z. B. wenn eine

Rentenberechtigung aus psychiatrischen Gründen abzuklären ist, dann wird man dem Patienten sagen müssen, dass ohne diese Auskünfte eine Beurteilung nicht möglich sei, was sich zu seinem Nachteil auswirken könne. Freilich wird man dafür Sorge tragen, dass bei der Befragung von Auskunftspersonen trotz Einwilligung die Geheimsphäre des Patienten nicht mehr als unbedingt notwendig verletzt wird.

## 5.3 Anforderung früherer Patientengeschichten und Akten

Wo immer möglich, wird man frühere Informationen z. B. aus psychiatrischen Krankengeschichten über den Patienten heranziehen. Bei Psychosen ist die Beurteilung von Diagnose und Verlauf oft nur mit ihrer Hilfe möglich. Es gehört zur Pflicht im Verkehr unter Kollegen, dass beim Ersuchen um Ausleihe mitgeteilt wird, aus welchen Gründen diese Bitte erfolgt. Der Besitzer der Patientengeschichte muss aufgrund dieser Angaben entscheiden können, ob er keine Verletzung der Schweigepflicht begeht, wenn er die Patientengeschichte zur Verfügung stellt. Der Patient muss den herausgebenden Arzt von der Schweigepflicht entbinden. Bei Begutachtungen muss nach den lokalen gesetzlichen Vorschriften entschieden werden, wann und wie die Zustimmung des Patienten einzuholen ist.

## 5.4 Psychologische Testverfahren

In vielen Fällen wird der Psychiater wünschen, das Ergebnis seiner Untersuchung im Gespräch durch psychologische Testverfahren zu ergänzen. Im Gegensatz zu früheren Generationen wird er aber heute kaum mehr in der Lage sein, diese Tests selbst durchzuführen und auszuwerten; nicht nur aus zeitlichen Gründen, sondern auch weil ihm die notwendigen Kenntnisse über die heute vorliegenden sehr viel spezifischeren und damit auch aussagekräftigeren Testverfahren fehlen. Selbst innerhalb der Psychologie hat sich das Gebiet der Neuropsychologie inzwischen als selbstständige Teildisziplin etabliert.

Der Untersucher wird deshalb den Patienten bei gestellter Indikation für eine Spezialabklärung dem klinischen Psychologen mit einer bestimmten Fragestellung überweisen. Damit er dies tun kann, muss er über die Möglichkeiten und Bedingungen der Testuntersuchung genügend informiert sein. Es stehen heute außerordentlich viele Tests zur Verfügung, und laufend werden neue entwickelt. Die Qualität der Untersuchung zeigt sich nicht in der wahllosen Vielfalt benutzter Testverfahren, sondern in der weisen Beschränkung auf einige Tests, deren Aussagewert und praktische Verwendbarkeit gut bekannt sind. Üblicherweise werden mehrere Hauptgruppen von Tests unterschieden (z. B. Wirtz 2014), wobei sich die Gruppen stark überschneiden:

**Gruppen von psychologischen Testverfahren (nach Wirtz 2014)**
- Allgemeine Intelligenztests,
- Tests spezieller Fähigkeiten und Begabungen sowie Leistungstests,
- Persönlichkeitstests und
- klinische Tests zur Hilfe bei der Diagnose von Neurosen, Psychosen, Hirnschädigungen u. a.

Ebenso wie für eine körperliche Spezialuntersuchung sollte der Patient auch auf die Begegnung mit dem Psychologen, der eine spezielle neuropsychologische Untersuchung durchführen soll, vorbereitet werden. Der Arzt wird ihm erklären, dass zur Vervollständigung der Untersuchung oder evtl. zur Beantwortung spezieller Fragen (z. B. Eignungen, Neigungen, Gedächtnis usw.) besondere Untersuchungsmethoden notwendig sind. Man wird im Allgemeinen vermeiden zu sagen, dass aus den Tests Hinweise auf Diagnosen möglich werden und sie vielmehr als Beitrag zum Verständnis des Patienten und seiner Schwierigkeiten bezeichnen. In der Regel wird man dem Patienten auch nicht bestimmte Tests nennen, die appliziert würden, weil der Psychologe, wie bereits erwähnt, in der Wahl seiner Hilfsmittel frei sein sollte. Meistens genügen einige Worte der Aufklärung, um die günstige Mitarbeit des Patienten zu erhalten. Man wird auch darauf hinweisen, dass die Psychodiagnostik geeignet ist, die gesunden Anteile der Persönlichkeit erkennbar zu machen.

In der ambulanten Praxis ergibt sich eine solche Information über die indizierte Zusatzuntersuchung für den Patienten ohne weiteres, weil er für einen neuen Termin bestellt werden muss. In der Klinik sollte es nicht vorkommen, dass der Arzt ohne Wissen des Patienten eine psychologische Untersuchung veranlasst und der Patient dann nichts ahnend einbestellt wird. Seine Mitarbeit kann unter diesen Umständen leicht in Frage gestellt sein, worauf sich im negativen Fall der Aufwand nicht mehr lohnt. Es ist besser, bei einem widerstrebenden Patienten auf die Untersuchung vorläufig zu verzichten, nicht nur weil die Testresultate fragwürdig wären, sondern auch weil der therapeutische Effekt verhindert wird, der sonst eventuell vom Kontakt mit dem Psychologen ausgehen kann.

Damit der Psychologe seine Hilfsmittel richtig auswählen kann, muss er wissen, welche Probleme sich dem Psychiater bei der Beurteilung des Patienten stellen bzw. welche Fragen er beantwortet haben möchte. Er muss z. B. wissen, ob eine Beurteilung des allgemeinen Intelligenzniveaus einschließlich spezieller Begabungen gewünscht wird, ob eine psychoorganische Störung verifiziert werden soll, oder ob sich die Frage psychotischer Erlebnisweisen und Denkprozesse stellt.

Am einfachsten wird die Fragestellung in einem kurzen Gespräch mit dem Psychologen bereinigt. Dabei können die seelischen Funktionsbereiche, die genauer zu prüfen sind, genannt werden.

**Seelische Funktionsbereiche für die neuropsychologische Zusatzuntersuchung**
- Allgemeines Intelligenzniveau
- Spezielle Begabungen
- Berufseignungen und Interessen
- Gedächtnis, Merkfähigkeit, Auffassung
- Aufmerksamkeit, Konzentration, Leistungsfähigkeit
- Wahrnehmung
- Denken, abnorme Denkprozesse, Abhängigkeiten von Affekten
- Affektive Ansprechbarkeit
- Antrieb, Willensbildung
- Einstellungen und Werte
- Kommunikation, soziale Fertigkeiten
- Einstellung zur eigenen Person
- Einstellung zur Sexualität.

Als weniger günstig hat sich die Überweisung mithilfe vorgedruckter Formulare herausgestellt. Der Anfänger ist dann versucht, alles zu verlangen, um vollständig zu sein. Perfektionismus ist aber bei der psychologischen Testung ebenso zweifelhaft wie bei der körperlichen Untersuchung. Aufwand und Kosten stehen meist nicht in einer vertretbaren Relation zum Nutzen, abgesehen von der Belästigung des Patienten. Im Gespräch mit dem Psychologen muss deshalb auch die Sinnhaftigkeit des Auftrags überprüft werden. Ein sinnvoller Auftrag sollte für den Patienten in diagnostischer und/oder therapeutischer Hinsicht Konsequenzen haben, indem die Resultate dem Arzt Informationen für die Beurteilung und den Umgang mit dem Patienten liefern. Die Bereinigung des Auftrags im Gespräch mit dem Psychologen fördert die Zusammenarbeit und verhindert sinnlose Testapplikationen, deren Resultate nur den Umfang der Patientengeschichte vergrößern. Auch von Routineuntersuchungen aller Klinikeintritte ist abzusehen, für eine neuropsychologische Zusatzuntersuchung muss eine entsprechende Indikation vorliegen.

Es hat sich als günstig erwiesen, wenn der Psychologe den Patienten nach Abschluss der Untersuchung und Auswertung zu einem orientierenden Gespräch bestellt. Dabei wird er ihm die Resultate erläutern und so Ängste und übertriebene Erwartungen abbauen können. Jedenfalls unter stationären Verhältnissen sollte sich ein solches Gespräch leicht arrangieren lassen. Vielleicht lassen sich aus den diagnostischen Befunden auch therapeutische Gespräche ableiten, in die diese Nachbesprechung dann nahtlos führt. Im günstigsten Fall ergeben sich aus der Nachbesprechung direkt und konkret Therapieziele für die psychotherapeutische Behandlung.

Neben der speziellen psychodiagnostischen Abklärung besonderer Fragestellungen durch den Neuropsychologen schadet es auch nicht, wenn im Anschluss an die eigentliche psychiatrische Untersuchung mit dem Patienten vom Untersucher einige einfache Testverfahren durchgeführt werden, um die Verdachtsdiagnose zu erhärten oder den Ausgangswert des Schweregrads eines Syndroms mit einer Syndromskala zu messen und dessen Veränderung im weiteren Verlauf auch immer wieder zu dokumentieren. Hierzu haben sich folgende Testverfahren bei ausgewählten Diagnosen bewährt, die keine Spezialkenntnisse erfordern, leicht durchgeführt und mit einer Anleitung auch vom Untersucher ausgewertet werden können. Dabei können sowohl Selbst- als auch Fremdbeurteilungsskalen zur Anwendung kommen. Die aufgeführten Skalen sind eine Auswahl international etablierter Syndromskalen, die gut verfügbar und ohne Spezialkenntnisse anwendbar sind. Es gibt zudem heute für fast alle Krankheiten spezifische psychologische Testverfahren (CIPS 2015). Die genannten häufigen Diagnosen stellen ebenfalls nur eine Auswahl dar.

**Testverfahren im Sinne von Syndromskalen für die Anwendung in der allgemeinen psychiatrischen Untersuchung**
- Depression
  - Hamilton Rating Scale of Depression (HRSD)
  - Montgomery Asperg Depression Rating Scale (MADRS)
  - Bech-Rafaelsen-Melancholie-Skala (BRMS)
  - Beck Depressions Inventar-II (BDI-II)
- Angst
  - Hamilton Angst Skala (HAMA)
- Schizophrenie
  - Brief Psychiatric Rating Scale (BPRS)
  - Positive and Negative Sndrome Scale (PANSS)

- Zwangsstörung
  - Yale-Brown Obsessive Compulsive Scale (Y-BOCS)
- Demenz
  - Mini-Mental State Examination (MMSE)
  - Uhren Zeichen Test (nach Shulman 1993)
  - Montreal Cognitive Assessment (MoCA)
- ADHS
  - Homburger ADHS Skalen für Erwachsene (HASE)

Checklisten dienen zur strukturierten Erfassung der diagnostischen Kriterien verschiedener Diagnosesysteme. Sie bieten eine Vereinfachung der Diagnostik durch ihren strukturierten Aufbau, setzen aber diagnostisches Expertenwissen voraus, da die Kriterien in freien oder halbstrukturierten Interviews erhoben werden. Die mit solchen Instrumenten erreichbare Interrater-Reliabilität liegt dementsprechend deutlich unter der mit standardisierten diagnostischen Interviews zu erreichenden.

# Syndrome

© Springer-Verlag GmbH Deutschland 2017
A. Haug, *Psychiatrische Untersuchung*,
DOI 10.1007/978-3-662-54666-6_6

## 6.1   Vom Symptom zur Diagnose

Der Weg der psychiatrischen Diagnostik ist grundsätzlich der gleiche wie in der Körper-Medizin. Er beginnt mit dem Sammeln von Informationen über den Patienten und mit der Identifikation von Krankheitszeichen oder Symptomen. Die zweite Aufgabe besteht im Sichten und Abwägen dieser Informationen. Es gilt, ihren Bedeutungsgehalt zu erfassen, ebenso den evtl. Zusammenhang einzelner Symptome untereinander, d. h. das Vorhandensein von Zustandsbildern oder Syndromen. Der dritte Schritt bedeutet den Vergleich der beim Patienten registrierten Symptome mit den bekannten Krankheitsbildern der Psychiatrie.

Von diesen diagnostischen Schritten erfordern Symptom, Zustandsbild bzw. Syndrom phänomenologische Herangehensweisen, während bei der klassifikatorischen Diagnostik und bei den Störungsgruppen Verlaufsbesonderheiten und ätiologische Vorstellungen hinzukommen (◘ Tab. 6.1).

Die Unterscheidung von Zustandsbildern und Syndromen wird heute nur noch selten gemacht. Sie wird hier wie in den früheren Auflagen aus didaktischen Gründen beibehalten. Dabei werden bei Zustandsbildern die im Einzelfall auftretenden Symptomkombinationen beschrieben, bei Syndromen handelt es sich um definierte Symptommuster. Die Zustandsbilder sind weitgehend deckungsgleich mit den Merkmalsgruppen des AMDP-Systems. Unter *Syndromen* versteht man dagegen Muster von überzufällig häufig gemeinsam auftretenden Symptomen. Dass sie überzufällig häufig gemeinsam auftreten belegen dann im Einzelfall statistische Prozeduren wie die Faktorenanalyse und andere Verfahren, die aus einer Grundgesamtheit von Items (Symptomen) solche Muster berechnen (Bortz und Schuster 2016).

## 6.2   Zustandsbilder versus Syndrome

Zustandsbilder und Syndrome erlauben noch nicht die (klassifikatorische) Diagnose einer bestimmten Krankheit oder Störung der seelischen Gesundheit. Sie sind vieldeutig und verlangen weitere Untersuchungen zur Klärung und eindeutigen Zuordnung. So ist z. B. ein depressives Syndrom das Kernsyndrom depressiver Störungen (Depressive Episode, rezidivierende depressive Störung, bipolare Störung depressiv, Dysthymie), kann aber auch in deutlicher Ausprägung bei

◘ Tab. 6.1  Schritte auf dem Weg zur klassifikatorischen Diagnose.

| Einzelschritte | Beispiel |
|---|---|
| Erfassen der Symptome (= einzelne Krankheitszeichen) | Denkhemmung, depressive Stimmung, Schuldgefühle |
| Erkennen eines Zustandsbildes aufgrund von Leitsymptomen | Depressives Zustandsbild |
| Identifizieren eines Syndroms (= Symptomverband) | Depressives Syndrom, depressiv-hypochondrisches Syndrom |
| Miteinbeziehen ätiologischer Faktoren, Charakteristika des Verlaufs | Erste schwer ausgeprägte depressive Phase ohne Anhaltspunkte einer organischen Ursache |
| Klassifikatorische Diagnose mit Symptom-, Verlaufs- und Ausschlusskriterien | Schwere depressive Episode ohne psychotische Symptome |

schizophrenen Störungen, bei Störungen durch psychotrope Substanzen oder bei der Demenz und anderen organischen Störungen vorhanden sein. Die syndromale Diagnostik ist damit keinesfalls gleichzusetzen mit einer diagnostizierten Erkrankung (klassifikatorische Diagnose). Sie ist dennoch aus mehreren Gründen sehr bedeutend, in der Regel im klinischen Gebrauch bedeutender als die klassifikatorische Diagnose selbst. So erlaubt ein Syndrom eine Schweregradkennzeichnung. Durch die Feststellung der Ausprägung der ein Syndrom konstituierenden Einzelsymptome können Summenwerte eines Syndroms berechnet und über Normtabellen in Normwerte umgerechnet werden. Diese normierten Syndromwerte können dann wiederum mit anderen Syndromausprägungen verglichen werden. Dies ermöglicht, den Schweregrad eines Syndroms zwischen verschiedenen Patienten oder zu verschiedenen Zeitpunkten im Verlauf bei demselben Patienten zu vergleichen.

**Syndromanwendung für den Schweregradvergleich**
- Statistische Berechnung eines Syndroms (Welche Symptome konstituieren ein Syndrom?)
- Erfassung der Ausprägung der Symptome, die zum Syndrom gehören
- Summenwert der Symptomausprägung berechnen (Rohwert des Syndroms)
- Umrechnung der Rohwerte in normierte Werte (z. B. Z-Transformation bei AMDP)
- Vergleich der transformierten Werte im Verlauf oder zwischen verschiedenen Patienten

Der zweite Grund für die Wichtigkeit der Syndrome liegt darin, dass sich die Behandlungen in aller Regel am Syndrom und nicht an der klassifikatorischen Diagnostik orientieren. Liegt z. B. bei der Schizophrenie oder der Demenz ein ausgeprägtes depressives Syndrom vor, wird man neben der antipsychotischen beziehungsweise antidementiven Medikation auch eine antidepressive vorschlagen.

## 6.3    Häufige Zustandsbilder

Sehr oft ist der Psychiater schon aufgrund der Feststellung eines Zustandsbildes gezwungen, erste therapeutische Maßnahmen einzuleiten, z. B. die Krankenhauseinweisung bei einem depressiven Zustandsbild wegen Suizidgefahr oder die rasche neurologische Abklärung bei einem Zustandsbild mit Bewusstseinstrübung. Im Folgenden werden einige häufig vorkommende Zustandsbilder kurz beschrieben. Die Aufzählung erhebt keinen Anspruch auf Vollzähligkeit, sondern soll dem Untersucher einen Anhaltspunkt, eine erste Orientierung bezüglich der Erscheinungsvielfalt psychischer Phänomene erlauben. Bezüglich einer genaueren Beschreibung wird auf die Abhandlung der Merkmalsgruppen nach AMDP in ▸ Abschn. 3.6 verwiesen.

**Zustandsbilder je nach Leitsymptomatik**
- Besonnenheit
- Bewusstsein
- Orientierung
- Psychomotorische Auffälligkeiten
- Veränderung der Stimmung

- Störungen des Denkens
- Wahngedanken
- Sinnestäuschungen
- Störungen mnestischer und anderer kognitiver Funktionen.

**Besonnenheit**    Eine erste wichtige Feststellung gilt dem Urteil darüber, ob der Patient besonnen ist. Der Begriff ist etwas altmodisch, weil er auch nicht trennscharf von anderen abgegrenzt werden kann. Dennoch beschreibt er einen wichtigen Zustand von mehr oder weniger stark vorhandener Beherrschung der grundlegenden Lebensanforderungen, die sich einem Patienten stellen. Man versteht unter Besonnenheit einen Zustand, in dem der Patient im Großen und Ganzen wie ein Gesunder auffasst und urteilt, sich auf Fragen besinnen, sich etwas merken kann, keinen intensiveren Affekt zeigt und in ruhiger, ausgeglichener Stimmung ist. Der Begriff geht also über den Begriff der Bewusstseinsklarheit hinaus. Das seelische Befinden wirkt beim besonnenen Menschen grosso modo intakt, was nicht ausschließt, dass er daneben schwere psychische Störungen wie Wahnideen oder Sinnestäuschungen haben kann.

**Bewusstsein**    Die nächste wichtige Feststellung gilt dem Bewusstsein des Patienten und hier besonders quantitativen Aspekten. Ist er bei klarem Bewusstsein oder liegt eine Störung vor? Die Untersucher sollen quantitative und qualitative Veränderungen des Bewusstseins beschreiben und verschiedene Zustandsbilder herabgesetzten Bewusstseins unterscheiden.

**Orientierung**    Der Untersucher beurteilt die Orientierung des Patienten, stellt Störungen oder Unschärfen fest und beschreibt, auf welche Bereiche (Qualitäten) sich diese beziehen.

**Psychomotorische Auffälligkeiten**    Im Hinblick auf die psychomotorischen Erscheinungen können folgende Zustandsbilder vorhanden sein:
- erregtes Zustandsbild,
- stuporöses Zustandsbild,
- katatones Zustandsbild,
- apathisches Zustandsbild,
- gehemmtes Zustandsbild,
- antriebsarmes Zustandsbild,
- antriebsgesteigertes Zustandsbild.

**Veränderung der Stimmung**    Weitere wichtige Unterscheidungen der Zustandsbilder ergeben sich aus der Veränderung der Stimmung. Hier kann man folgende Situationen unterscheiden:
- depressives Zustandsbild,
- euphorisches Zustandsbild,
- gereiztes Zustandsbild,
- aggressives Zustandsbild,
- ängstliches Zustandsbild,
- suizidales Zustandsbild.

**Störungen des Denkens**    Hier werden sowohl formale wie inhaltliche Denkstörungen beschrieben. Die Rückschlüsse auf das Denken unserer Patienten ziehen wir aus dem, was sie uns über sprachliche Kommunikation mitteilen. Hierbei kann der Patient an sich selbst Veränderungen wahrnehmen und beschreiben, oft wird man aber auch bei der Beurteilung formaler Aspekte der Sprechweise Auffälligkeiten feststellen. Man kann folgende Zustandsbilder unterscheiden:

- Zustandsbild, bei dem Störungen des formalen Denkens bzw. der sprachlichen Äußerungen im Vordergrund stehen,
- Zustandsbild mit Verwirrtheit (Cave: Verwechslung mit aphasischen Sprachstörungen),
- Zustandsbilder, die von Wahngedanken und/oder Sinnestäuschungen beherrscht werden,
- paranoides Zustandsbild,
- halluzinatorisches Zustandsbild (= Halluzinose),
- paranoid-halluzinatorisches Zustandsbild,
- Zustandsbild, das von zwanghaftem Denken beeinflusst wird.

Man kann die bei der psychiatrischen Untersuchung festgestellten Zustandsbilder auch nach dem Inhalt der vorherrschenden Vorstellungen und Beschwerden unterscheiden. Dies wären z. B. die folgenden Zustandsbilder:

- hypochondrisches Zustandsbild,
- neurasthenisches Zustandsbild,
- phobisches Zustandsbild,
- zwanghaftes Zustandsbild,
- puerilistisches (unreifes, infantiles) Zustandsbild,
- pseudodementes Zustandsbild,
- demonstrativ-histrionisches Zustandsbild,
- Zustandsbild mit mnestischen Funktionsstörungen.

Die Liste der Zustandsbilder ist wie beschrieben in keiner Weise abschließend und dient nur zur ersten Orientierung durch die Heraushebung von Leitsymptomen. Nach der Erfassung von Zustandsbildern oder Leitsymptomen schreitet die Beurteilung weiter zur Abgrenzung von Syndromen. Zustandsbilder und Syndrome lassen sich aber begrifflich nicht immer klar voneinander unterscheiden, sie gehen ineinander über. Einige der oben bezeichneten Zustandsbilder werden nicht selten auch als Syndrome bezeichnet, z. B. das depressive- oder das paranoid-halluzinatorische Syndrom.

## 6.4    Häufige Syndrome

Im AMDP-System werden folgende Syndrome unterschieden, die auf Grund einer faktorenanalytischen Berechnung bei einer großen Grundgesamtheit von stationär behandelten psychisch Kranken errechnet wurden (Gebhardt et al. 1983).

Syndrome (Primärskalen) nach AMDP
- Depressives Syndrom (DEPRES)
- Manisches Syndrom (MANI)
- Psychoorganisches Syndrom (PSYORG)
- Paranoid-halluzinatorisches Syndrom (PARHAL)
- Hostilitätssyndrom (HOST)
- Vegetatives Syndrom (VEGET)
- Apathisches Syndrom (APA)
- Zwangssyndrom (ZWANG)

Bei der Syndromberechnung wurden dabei nicht nur die 100 Items des psychopathologischen Befundes herangezogen, sondern auch die 40 Merkmale des körperlichen Befundes zur Syndromberechnung. So besteht z. B. das vegetative Syndrom aus nur einem Symptom des psychischen Befundes und acht Symptomen des somatischen Befundes. Die entsprechenden Umrechnungstabellen in Z-transformierte Normwerte finden sich im AMDP-Manual (AMDP 2016).

Neben den von AMDP definierten Syndromen sollen im Folgenden noch einige andere, im klinischen Alltag der Psychiatrie immer wieder auftretende Syndrome beschrieben werden.

▪ **Depressives Syndrom**
Das depressive Syndrom nach AMDP setzt sich aus folgenden Symptomen zusammen: Grübeln, Gefühl der Gefühllosigkeit, Störungen der Vitalgefühle, deprimiert, hoffnungslos, Insuffizienzgefühle, Schuldgefühle, antriebsgehemmt, Morgens schlechter, Durchschlafstörungen, Verkürzung der Schlafdauer, Früherwachen, Appetit vermindert.

In ausgeprägten Fällen zeigt sich das depressive Syndrom schon in der Bewegungsarmut, dem traurigen oder erstarrten Gesichtsausdruck, der gebeugten Haltung und dem schleppenden Gang. Nicht selten stehen aber ängstliche Unruhe, inneres und äußeres Getriebensein, Jammern und Verzweiflung im Vordergrund. Ist die depressive Verstimmung nicht derart offensichtlich, dann muss unter Umständen in geeigneter Weise danach gefragt werden. Depressive Patienten klagen spontan oft nur über körperliche Beschwerden, vor allem Schlafstörungen sowohl des Ein- wie des Durchschlafens, über Appetitlosigkeit, Kopfdruck, Schwindelgefühle, Obstipation, Druck auf der Brust, Gefühl der Beklemmung, Müdigkeit, Erschöpfbarkeit und andere.

Man wird solche Patienten in teilnehmender Weise fragen, ob sie sich bedrückt und niedergeschlagen fühlen, keine Freude mehr spüren können, die Hoffnung verloren haben; ob sie sich wegen bestimmter Ereignisse Vorwürfe machen, Schuldgefühle haben, vom Gedanken nicht loskommen, etwas Falsches, eventuell sogar Verwerfliches gemacht zu haben. Der Untersucher wird sich auch erkundigen, ob sich der Patient häufig in pessimistischen Grübeleien verliert, ob er sich zu alltäglichen Dingen kaum mehr entschließen kann, ob er sich von mitmenschlichen Kontakten zurückzieht, seine bisherigen Freizeitbeschäftigungen nicht mehr pflegt. Mit solchen Fragen verschafft sich der Untersucher ein Bild von der Grundstimmung des Patienten und seinem vorherrschenden Gefühl sowie dem Vorhandensein depressiver Gedankeninhalte. Die Bezeichnung larvierte Depression hat sich für jene Zustände eingebürgert, bei denen der Patient in erster Linie über körperliche Beschwerden klagt, die dahinter stehende depressive Verstimmung aber nur erkennbar wird, wenn man ihn in der beschriebenen Weise nach seiner inneren Befindlichkeit befragt.

▪ **Manisches Syndrom**
Das manische Syndrom nach AMDP wird durch folgende Symptome gekennzeichnet: Ideenflüchtig, euphorisch, gesteigertes Selbstwertgefühl, Antriebsgesteigert, motorisch unruhig, logorrhoisch, soziale Umtriebigkeit.

Deutliche Grade der manischen Verstimmung sind meist ohne Schwierigkeiten zu erkennen. Der Patient fällt durch seinen ideenflüchtigen Rededrang, die Logorrhö auf, ferner durch das distanzlose, egozentrische, von der eigenen außerordentlichen Bedeutung überzeugte Verhalten. Lange nicht immer herrscht aber die frohe, euphorische Stimmung vor, wie sie zur klassischen Beschreibung der Manie gehört. Manche Patienten sind eher angetrieben gespannt, in ihrem Betätigungsdrang dauernd leicht gereizt oder sogar aggressiv. Der Anfänger übersieht dann gelegentlich die manische Verstimmung, weil er meint, der Patient müsse sich euphorisch glücklich fühlen. Leichtere manische Verstimmungen sind oft nur bei genauer Exploration erfahrbar.

Wichtige Hinweise geben die Veränderung des Schlafrhythmus und der motorischen Aktivität. Benötigt der Patient plötzlich deutlich weniger Schlaf, ohne am darauffolgenden Tag müde zu werden? Steht er am Morgen ungewöhnlich früh auf, um aktiv zu sein, z. B. Hausfrauen, die schon am frühesten Morgen entgegen sonstiger Gewohnheit die Wohnung zur täglichen Reinigung auf den Kopf stellen; andere, die nachts Briefe an alle möglichen Instanzen schreiben u. a. Man frage nach Zukunftsplänen, Einkäufen, sonstigen Geldausgaben in der letzten Zeit, nach neuen erotisch-sexuellen Interessen, nach Veränderungen in der Beziehung zu Familienangehörigen, bei denen der manisch Verstimmte auf Widerstand stößt. Meist erlebt der Patient diese Veränderungen subjektiv deutlich, besonders wenn sie einer depressiven Verstimmung folgen. Nur will er oft nicht wahrhaben, dass es sich jetzt nicht um seinen ausgeglichenen Habitualzustand handelt, sondern eben um eine Stimmungsverschiebung über das mittlere Maß hinaus. Die Phasenhaftigkeit der Stimmungsverschiebung kann ein wichtiges Indiz für die Diagnose sein; nur darf man nicht vergessen, dass manische Verstimmungen auch in anderem Zusammenhang als bei manisch-depressivem Kranksein, der bipolaren affektiven Störung, vorkommen.

- ■ **Psychoorganisches Syndrom**
Synonyme für das psychoorganische Syndrom sind: hirnorganisches Psychosyndrom im engeren Sinn, organisches (hirndiffuses) Psychosyndrom. Das sogenannte *Korsakow-Syndrom* meint in der Originalbeschreibung ein schweres, akutes, amnestisches Psychosyndrom, wobei der Patient Gedächtnislücken mit Konfabulationen füllt und Alkoholismus die Ursache ist. Klassischerweise ist das Korsakow-Syndrom eine Zustandstrias aus diesem psychoorganischen Syndrom, Parästhesien und Gangunsicherheit.

Das psychoorganische Syndrom besteht nach AMDP aus folgenden Symptomen, die dann überzufällig häufig gemeinsam auftreten: Bewusstseinstrübung, Orientierungsstörung zur Zeit, zum Ort und zur Person, Auffassungsstörungen, Merkfähigkeitsstörungen, Gedächtnisstörungen, Konfabulationen, Pflegebedürftigkeit.

Ein Spezialfall des psychoorganischen Syndroms ist das amnestische Syndrom. Das Frischgedächtnis ist zuerst und stärker betroffen; jüngst Erlebtes wird am schnellsten wieder vergessen. Das Altgedächtnis ist besser erhalten, d. h., je weiter zurück, desto besser. Im Extremfall lebt der Patient vorwiegend in den Erinnerungen seiner Kindheit. Die Merkfähigkeit ist herabgesetzt, wobei einfache, alltägliche Dinge besser behalten werden können als fremd klingende Namen und Begriffe. Gedächtnislücken werden in schweren Fällen durch Konfabulationen ausgefüllt. Bei schwerer Gedächtnisstörung geht auch die Orientierung verloren. Die Auffassung ist verlangsamt, oft ungenau, Fragen müssen z. B. wiederholt werden, bis der Patient sie versteht.

Beim psychoorganischen Syndrom treten auch Denkstörung auf. Der Umfang gleichzeitig möglicher Vorstellungen ist eingeschränkt, das Denken wird übermäßig von affektbetonten Vorstellungen beherrscht. Die Vielfalt der scharfen Einzelbegriffe geht verloren, es herrschen allgemeine Vorstellungen vor (Mensch statt Patientenpfleger, großes Haus statt Klinik usw.). Neigung zu Perseverationen, d. h. einmal gefasste Vorstellungen können nicht gleich aufgegeben werden, wenn ein Themawechsel stattfindet. Intellektuelle Fähigkeiten werden ungleichmäßig abgebaut. Die fest erworbenen Kenntnisse werden lange festgehalten, der Patient ist aber unfähig, neue und ungewohnte Situationen, auch wenn sie einfach sind, zu verstehen.

Die Affekte werden labil, es kommt zu raschen Wechseln, in schweren Fällen zur Affektinkontinenz. Der aktuelle Affekt beherrscht den Patienten völlig; er kann ihn ungenügend bremsen und steuern. Häufig liegt ein Verlust der affektiven Differenzierung vor, der Patient wird stumpf mit abwechselnden Erregungen oder Verstimmungen, Spontaneität und Initiative gehen verloren, der Patient reagiert verlangsamt.

Im Zusammenhang mit den Gedächtnis-, Denk- und Affektstörungen wird die Persönlichkeit als Ganzes beeinträchtigt, speziell die höheren und komplizierteren seelischen Funktionen. Kritikfähigkeit und Urteilskraft gehen verloren, Takt und Rücksichtnahme verschwinden, eine Entdifferenzierung kann Platz greifen mit dem Verlust höherer und moralischer Regungen. Bisher kompensierte Charakterdysharmonien können zu krankhaften Erscheinungen werden: Sparsamkeit verwandelt sich in Geiz, egozentrisches Wesen in Aggressivität. Es gibt beim psychoorganischen Syndrom alle Übergänge von leichten, nur experimentell nachweisbaren Gedächtnisstörungen und verstärkten Charaktereigenheiten bis zu schwerer Gedächtnisschwäche und Persönlichkeitsabbau, ja schwerer Demenz und Pflegebedürftigkeit.

Die verschiedenen Persönlichkeitsbereiche können sehr unterschiedlich betroffen sein. Wenn die Gedächtnisstörungen überwiegen, wird oft nur der Begriff des amnestischen Psychosyndroms gebraucht. Sie können aber auch ganz zurücktreten gegenüber den Denk- und Affektstörungen bzw. der allgemeinen Entdifferenzierung.

Das organische Psychosyndrom kann durch sekundäre Symptome kompliziert sein, z. B. durch vereinzelte Halluzinationen oder Wahnideen. Wenn sie das Bild beherrschen, liegt meist ein delirantes- oder ein paranoid-halluzinatorisches Syndrom vor. Ebenso können Depressionen oder maniforme Verstimmungen sich zum Bild des organischen Psychosyndroms hinzugesellen.

**▪ Paranoid-halluzinatorisches Syndrom**
Wie der Name schon aussagt, stehen beim paranoid-halluzinatorischen Syndrom wahnhafte Vorstellungen und Sinnestäuschungen im Vordergrund des klinischen Bildes.

AMDP führt unter dem Begriff des paranoid-halluzinatorischen Syndroms folgende Symptome auf: Wahnstimmung, Wahnwahrnehmung, Wahneinfall, Wahngedanken, systematisierter Wahn, Wahndynamik, Beziehungswahn, Beeinträchtigungs- und Verfolgungswahn, Stimmenhören, Körperhalluzinationen, Depersonalisation, Gedankenentzug, andere Fremdbeeinflussungserlebnisse.

Gelegentlich wird das Syndrom auch aufgesplittet in ein paranoides Syndrom und ein halluzinatorisches Syndrom, je nachdem welcher Bereich im Erleben des Patienten im Vordergrund steht. Der Begriff paranoid wird nicht einheitlich gebraucht. Oft meint er speziell ein durch Verfolgungs- und Beeinträchtigungsideen wahnhafter Art charakterisiertes Syndrom. Sehr häufig wird das Wort paranoid aber einfach synonym mit wahnhaft verwendet. In diesem Fall kann das paranoide Syndrom verschiedene Inhalte haben, z. B. Verfolgungs-, Eifersuchts-, Liebes-, Abstammungs-, Schuld-, Verarmungs-, hypochondrischer Wahn usw. Wenn die wahnhaften Ideen systematisiert, d. h. zu einem zusammenhängenden, mehr oder weniger logischen Gedankensystem aufgebaut sind, wird gelegentlich der Begriff paranoisches Syndrom benutzt. Es gibt fließende Übergänge von bloßen paranoiden Einstellungen mit überwertigen Ideen bis zum voll ausgeprägten Wahn. Wenn zusätzlich Halluzinationen eine wesentliche Rolle spielen, spricht man von einem paranoid-halluzinatorischen Syndrom. Eine Besonderheit stellt das Derealisations- und Depersonalisationssyndrom dar. Hier stehen Störungen der Selbstwahrnehmung im Vordergrund, Entfremdungsgefühle, die sich sowohl auf die eigene Person als auch auf die Umwelt beziehen können. Oft sind es Symptome wechselnder Stärke, je nach Umweltbezug. Es kann sich um Störungen der Wahrnehmung handeln, das Gefühl, einen Nebel vor den Augen zu haben bzw. wie hinter einer Glaswand zu sein. Die Dinge der Umgebung erscheinen schemenhaft oder der eigene Körper bzw. einzelne Teile erscheinen wie verändert, die Bewegungen automatisch, das Sprechen wie das eines Fremden. Es gibt alle Grade von Störungen: von leichten, flüchtigen Erscheinungen der Entfremdung bis zu schweren Störungen, die dann meist zusammen mit Denkstörungen und Wahnideen auftreten. Reine Depersonalisations- und Derealisationssyndrome sind selten von längerer Dauer. Sie können im Rahmen der verschiedensten psychiatrischen Erkrankungen auftreten.

### ▪ Hostilitätssyndrom

Mit dem Begriff Hostilitätssyndrom werden Zustandsbilder beschrieben von feindselig (hostil) eingestellten Patienten, die ihrer Umgebung gegenüber, nicht selten auch in der Untersuchungssituation misstrauisch auftreten. Wenn sie überhaupt ihren Zustand einer Erkrankung zuschreiben, deckt sich ihr Krankheitskonzept nicht mit dem des Fachmannes. Sie sind krankheitsuneinsichtig und lehnen die Behandlung ab. Diese Einstellung ihrer Umgebung gegenüber äußert sich oft auch in einer gereizt aggressiven Stimmungslage. Im AMDP werden folgende Symptome innerhalb des Hostilitätssyndromes aufgeführt: Misstrauen, dysphorisch, gereizt, Aggressivität, Mangel an Krankheitsgefühl, Mangel an Krankheitseinsicht, Ablehnung der Behandlung.

### ▪ Vegetatives Syndrom

Zum vegetativen Syndrom gehören nach AMDP folgende Symptome: Hypochondrie, Übelkeit, Atembeschwerden, Schwindel, Herzklopfen, Herzdruck, vermehrtes Schwitzen, Kopfdruck, Hitzegefühl.

### ▪ Apathisches Syndrom

Das apathische Syndrom hat eine gewisse Nähe zum depressiven Syndrom, ist aber stärker durch Elemente des (mangelnden) Antriebs als solche der Stimmung charakterisiert. Es gibt auch eine Überschneidung mit dem Begriff der Negativsymptomatik bei schizophrenen Patienten. Bei AMDP ist das apathische Syndrom durch folgende Symptome charakterisiert: Gehemmtes Denken, verlangsamtes Denken, umständliches Denken, eingeengtes Denken, affektarm, affektstarr, antriebsarm, sozialer Rückzug.

### ▪ Zwangssyndrom

Beim Zwangssyndrom lassen sich besonders gut die Unterschiede zwischen Symptom, Syndrom und (klassifikatorischer) Diagnose erläutern. Zwangsgedanken oder Zwangshandlungen sind einzelne Symptome, die bei der Erhebung des psychopathologischen Befundes exploriert werden. Sie sind gekennzeichnet durch eine (in dieser Art übertriebene/unnötige) Repetition; der Patient erkennt den übertriebenen Charakter, versucht deshalb Widerstand gegen die sich von innen aufdrängenden Gedanken oder Impulse aufzubauen und leidet unter den Symptomen, da es ihm nicht gelingt, diese zwanghaft beherrschenden Gedanken oder Handlungsimpulse abzustellen. Im klinischen Alltag treten Gedanken solcher Art oft gemeinsam mit Impulsen (gedanklichen Zwangshandlungen) oder Handlungen auf. Sie sind mit Leidensdruck und den damit verbundenen affektiven Reaktionen verbunden. So kann man mit der Kombination solcher Symptome dann ein Zwangssyndrom beschreiben. Zur Zwangsstörung im Sinne des ICD-10 gehört dann aber noch die Prüfung der Zeit-, Verlaufs- und Ausschlusskriterien. Wenn nach entsprechender Prüfung eine Zwangsstörung als eigenständige Erkrankung diagnostiziert wird, sind die phänomenologischen Beobachtungen (Symptom und Syndrom) zu einem Krankheitskonzept geworden, das einer eigenständigen Krankheit entspricht. Das Zwangs-Syndrom kommt z. B. auch nicht selten bei schizophrenen Erkrankungen vor. Zum Konzept der Zwangsstörung bzw. der schizophrenen Störung im Sinne von ICD-10 gehört aber z. B., dass nicht beide Erkrankungen zusammen (komorbid) diagnostiziert werden dürfen. AMDP führt unter dem Zwangssyndrom folgende dazugehörige Symptome auf: Zwangsdenken, Zwangsimpulse, Zwangshandlungen.

■ **Delirantes Syndrom**

Beim deliranten Syndrom ist der Patient mehr oder weniger schwer desorientiert, das Denken ist ohne Zusammenhang oder geradezu verwirrt, es treten Illusionen und Halluzinationen auf, Wahneinfälle, die rasch wechseln können. Die Patienten gehen auf die Umwelt ein, meist aber in schwer verständlicher, stark affektabhängiger Weise. Oft herrscht ängstliche Erregung und motorische Unruhe. Der Beginn ist mehr oder weniger akut, mit Vorliebe nachts, das Bewusstsein getrübt. Nach Abklingen hat der Patient häufig eine Amnesie.

■ **Dämmerzustand**

Verändertes, eingeengtes Bewusstsein mit traumhafter Verfälschung der Wahrnehmung, oft mit lebhaften Halluzinationen und Illusionen, wobei die Verkennung der Wirklichkeit mehr oder weniger systematisch sein kann. Der Kontakt mit der Umwelt ist meist eingeschränkt, die Patienten erscheinen in sich versunken, können aber auch unter dem Einfluss von Sinnestäuschungen handeln, wobei sie nach außen bei oberflächlichem Kontakt besonnen wirken. Gegenüber dem Delir ist der Dämmerzustand durch stärkeren Verlust des Bezugs zur Umwelt bei systematischerer Verkennung unterschieden. Es gibt aber keine scharfe Grenze, beide Syndrome gehen ineinander über.

■ **Angstsyndrome**

Angst ist immer ein körperliches und seelisches Phänomen zugleich. Zum seelischen Erlebnis der Beklemmung, Bedrohung, des ohnmächtigen Ausgeliefertseins an etwas Unbekanntes, gehören vegetative Begleiterscheinungen: Herzbeklemmung, Herzklopfen, motorische Unruhe, Zittern, kalter Schweiß, Harndrang, Durchfall, trockene Kehle und andere. Der heftige Affekt kann das Denken weitgehend blockieren, Aufmerksamkeit und Gedächtnis behindern. Es gibt alle Abstufungen des Angstsyndroms vom bloßen innerseelischen Erlebnis hinter der äußerlichen Maske betonter Sicherheit, wobei allerdings einige vegetative Begleiterscheinungen die innere Erregung anzeigen können, bis zur offenen Panik mit völlig unbeherrschten Reaktionen. Angst, die sich auf bestimmte äußere Bedrohungen bezieht, wird als Furcht bezeichnet. Schreck bzw. Erschrecken meint plötzlich einsetzende hochgradig alarmierende Furcht. Wie beim Zwangssyndrom ist auch beim Angstsyndrom zwischen dem Syndrom und einer Angststörung nach ICD-10 zu unterscheiden.

Für akute Angstanfälle hat sich die Bezeichnung Panikattacke oder Paniksyndrom eingebürgert. Solche Angstanfälle beziehen sich nicht auf eine spezifische Situation oder bestimmte Umstände, sie sind deshalb nicht vorhersehbar. Panikattacken beginnen ganz plötzlich, dauern aber meist nur kurze Zeit. Der Patient befürchtet häufig, zu sterben oder völlig die Kontrolle über sich zu verlieren. Nicht selten verläuft der akute Angstanfall unter dem Bild der Herzangst mit der Befürchtung, einen Herzinfarkt erlitten zu haben. Wenn starke Hyperventilation die Angst begleitet, kommt es zum hyperventilations-tetanischen Anfall.

Bei generalisierten Angstsyndromen handelt es sich um sogenannte frei flottierende Ängste, die nicht an bestimmte Anlässe gebunden und über längere Zeit vorhanden sind. Die vegetativen Begleiterscheinungen sind milder als im akuten Angstanfall, jedoch kann ständige innere Unruhe, Nervosität, Konzentrationsstörung oder ein Gefühl leichter Benommenheit das Bild beherrschen. Zukunftsangst, Besorgnis über bevorstehendes Unglück, Vorahnungen können den Patienten dauernd quälen. Häufig ist chronische Angst mit depressiven Symptomen verbunden. Sie kann sich aber auch mit vielgestaltigen psychosomatischen Symptomen äußern, wie chronischen Spannungskopfschmerzen, Rückenschmerzen u. a.; dabei ist das bewusste Erlebnis der Angst in den Hintergrund gedrängt. Ein phobisches Syndrom liegt vor, wenn die Ängste sich auf bestimmte Objekte oder Situationen beziehen. Es erscheint als besondere Form des

Angstsyndroms, ohne wesentliche andere Symptome; die Angst wird aber nur manifest, wenn die gefürchtete Situation eintritt, dann aber in unproportioniertem Ausmaß zur realen Veranlassung. Für die Kennzeichnung einer phobischen Störung nach ICD-10 werden dann noch je nach der auslösenden Situation verschiedene Formen der phobischen Störung unterschieden (z.B. Agoraphobie, Klaustrophobie, soziale Phobie usw.). Das phobische *Syndrom* ist aber bei all diesen verschiedenen Formen gleich.

### ▪ Konversionssyndrom
Das Konversionssyndrom ist ein äußerst vielgestaltiges Syndrom, zu dessen Hauptcharakteristika das Auftreten von Konversionssymptomen gehört, d. h. rein funktionelle Störungen, vorzugsweise motorischer, sensorischer und sensibler Art. Im Konzept von Sigmund Freud handelt es sich bei Konversionsvorgängen um dysfunktionale Versuche, Konflikte zu bewältigen oder Stress zu beseitigen, wobei von der Tatsache Gebrauch gemacht wird, dass Ideen, Wünsche, Vorstellungen durch Körperaktivitäten oder Körperempfindungen ausgedrückt werden können. Es kann sich demzufolge um Lähmungen, Krämpfe, Tremor, Gangstörung, Aphonie, Hyp- und Anästhesien, Blindheit, Globusgefühl, Würgen, Erbrechen, Nausea, Hyperventilation, Husten, Harnverhaltung, Dyspareunie, Frigidität, Ohnmachtsanfälle, Dämmerzustände und andere handeln. Zu den Konversionssymptomen treten in wechselnder Stärke gestörte Verhaltensweisen hinzu. Charakteristisch ist ein appellatives, demonstratives Verhalten, eine Tendenz zur Übertreibung und zum Theater, gelegentlich auch um kokettierendes Benehmen. Die Affekte sind lebhaft, oft rasch wechselnd, die Aktivität nicht selten gesteigert, aber wenig zielstrebig. Ein widersprüchliches Erleben der Sexualität, einerseits mit ausgeprägten Wünschen und Fantasien, anderseits mit starker Angst, ist oft erkennbar. Die alte Bezeichnung „hysterisches Syndrom" sollte nicht mehr verwendet werden. Sie ist in die medizinische Umgangssprache eingegangen und dort mit sehr negativen Wertungen besetzt, obwohl der Begriff in der psychoanalytischen Neurosenlehre nicht so gemeint war.

### ▪ Neurasthenisches Syndrom
Das neurasthenische Syndrom ist ein unscharf abgrenzbares Syndrom, das sowohl körperliche als auch psychische Symptome umfasst, bei denen eine herabgesetzte Leistungsfähigkeit in den verschiedensten Bereichen mit einer erhöhten Ansprechbarkeit auf alle möglichen Reize zusammentrifft. Synonym für das neurasthenische Syndrom finden sich verschiedene Begriffe: vegetative Dystonie, neurozirkulatorische Dystonie, psychovegetatives Erschöpfungssyndrom, „Nervosität", vegetative Neurose. Erscheinungsbildlich im Wesentlichen das Gleiche bezeichnen auch die Begriffe Neuropathie und Psychasthenie. Häufige Symptome beim neurasthenischen Syndrom sind Schlafstörungen, rasche Ermüdbarkeit, Erschöpfungsgefühl, Konzentrationsunfähigkeit, Gedächtnisschwäche, Mutlosigkeit, Entschlussunfähigkeit, Angst, besonders phobischer Natur. Ferner kommen häufig körperliche Missempfindungen aller Art vor: Kopfdruck, Zittern, unangenehme Herzsensationen, Verdauungsstörungen, Herabsetzung von Libido und Potenz, Menstruationsunregelmäßigkeiten, Ejaculatio praecox, gehäufte Pollutionen u. a. Alle diese Symptome und noch weitere können in wechselnder Häufigkeit und Kombination zum Bild gehören. Das neurasthenische Syndrom hat fließende Übergänge zu psychoorganischen Syndrom, zum Angstsyndrom, auch zum depressiven und hypochondrischen Syndrom.

### ▪ Hypochondrisches Syndrom
Hauptsymptom ist eine ängstliche Selbstbeobachtung mit einer abnorm besorgten Einstellung bzgl. aller körperlichen Vorgänge. Es fehlt die Unbefangenheit dem Körper gegenüber, die den Gesunden auszeichnet. Diese Besorgnis knüpft an alle möglichen, an sich belanglosen,

körperlichen Missempfindungen an, überbewertet sie, leitet daraus das Vorhandensein einer schweren körperlichen Krankheit ab und kann sogar wahnhaften Charakter annehmen. Häufig wird der ganze Lebensrhythmus auf die ängstliche Vermeidung körperlicher Schädigungen eingestellt, woraus eine enorme Einengung resultieren kann. Oft gesellen sich überwertige Ideen bzgl. gesunder Ernährung und Lebensführung hinzu. Ein hypochondrisches Syndrom kann ohne auslösende körperliche Krankheit entstehen, wobei höchstens vegetative Regulationsstörungen bei der körperlichen Untersuchung nachweisbar sind, die zudem noch mit der erhöhten Aufmerksamkeit und emotionalen Spannung zusammenhängen. Häufig knüpft es aber auch an einen Unfall oder an eine Erkrankung an, die nun hypochondrisch überbewertet werden. Bei leichteren Formen spricht man nur von einer hypochondrischen Einstellung. Für die Integrität der Person besonders wichtige Organsysteme geben bei Erkrankung oder Traumatisierung häufiger Anlass zu hypochondrischen Befürchtungen als andere, z. B. Herz, Genitalorgane, Rückenmark, Gehirn, Magen-Darm-Trakt.

Wenn zusätzlich zum hypochondrischen Syndrom andere Symptome oder Syndrome vorliegen, z. B. ein depressives oder paranoid-halluzinatorisches Syndrom, kann dies dem hypochondrischen Syndrom eine besondere Färbung geben.

# Diagnosen

© Springer-Verlag GmbH Deutschland 2017
A. Haug, *Psychiatrische Untersuchung*,
DOI 10.1007/978-3-662-54666-6_7

Am Ende einer sorgfältigen psychiatrischen Untersuchung hat eine beurteilende Feststellung des Arztes zu stehen. In seltenen Ausnahmefällen wird dies die Feststellung sein, dass beim untersuchten Menschen keine psychiatrische Diagnose vorliegt. In der Regel bildet aber die Diagnose den Abschluss der psychiatrischen Untersuchung. Die gesammelten Informationen vor allem aus dem psychopathologischen Befund und der Anamneseerhebung liegen bisher ungewichtet und uninterpretiert in einer Datensammlung vor. Im diagnostischen Prozess werden diese jetzt zum ersten Mal geordnet, ihrem Gewicht nach bewertet und zu einer konzeptuellen Überlegung genutzt. Für welche Erkrankung oder welche Erkrankungen sprechen die gesammelten Informationen am ehesten? Ohne diesen ordnenden und bewertenden Vorgang bleibt die psychiatrische Untersuchung im wahrsten Sinne des Wortes Stückwerk und lediglich eine Rohdatensammlung zum Selbstzweck, die kaum ein Weiterarbeiten ermöglicht.

Die klassifikatorische Diagnose ist das Ziel der psychiatrischen Untersuchung und gleichzeitig Ausgangspunkt differentieller therapeutischer Überlegungen. Gelegentlich wird deshalb die gesamte psychiatrische Untersuchung synonym als diagnostischer Prozess bezeichnet. Oft herrscht vor allem bei Anfängern eine gewisse Scheu vor dieser Diagnose am Ende der Untersuchung. Darin drückt sich zum einen die kritische Sorge aus, zu schnell Menschen mit einer Festlegung zu labeln. Zum anderen machen wir immer wieder die Erfahrung, dass durch neue Informationen im Verlauf der Behandlung oder auch durch bestimmte Reaktionen auf therapeutische Maßnahmen die Diagnose geändert werden muss. Beide Sorgen sind ernst zu nehmen, dürfen aber nicht dazu führen, dass dieser urteilende Schritt unterlassen wird. Gegebenenfalls kann man bei der Diagnose am Ende der psychiatrischen Untersuchung vorsichtig von einer Verdachtsdiagnose oder einer Eintrittsdiagnose sprechen. Es erfolgt dann am Ende der Behandlung entsprechend eine definitive Diagnose oder Austrittsdiagnose. In jedem Fall muss aber der Untersucher zum Abschluss seiner Untersuchung die detailliert vorliegenden Fakten mit seinem Wissen zu Krankheitsbildern verbinden und in konzeptionellem Sinne über den vorliegenden Zustand des Patienten urteilen.

## 7.1    Diagnosen sind zeit- und kulturabhängige Ordnungssysteme

Wir haben als diagnostische Ebenen schon die symptomale Diagnostik (die Psychopathologie) und die Syndromebene kennen gelernt. Die diagnostische Ebene der Klassifikation handelt jetzt nicht mehr von den phänomenologischen Fakten, die das Erleben und Verhalten von Menschen beschreiben. Vielmehr geht es jetzt um die konzeptionelle Zusammenfassung dieser Einzeldaten zu definierten Krankheitsgruppen. Diagnosen sind Ordnungssysteme, die dazu dienen, viele tausende auf der Welt vorkommende Einzelphänomene zu gruppieren und damit nach bestimmten fachlichen Gesichtspunkten nutzbar zu machen. Hinter diesem Vorgehen stecken organisierende Überlegungen die stark zeit- und kulturabhängig sind. Viele psychiatrische Diagnosen mit denen wir heute arbeiten, gab es vor 50 Jahren noch nicht (z. B. die posttraumatischen Belastungsstörungen, saisonal affektive Störungen, die soziale Phobie oder die Aufmerksamkeits-Defizit-Erkrankung beim Erwachsenen). Das heißt natürlich nicht, dass es nicht auch früher schon Menschen gegeben hat, die schwere Traumata erlebten und darauf mit einer bestimmten psychischen Symptomatik reagierten. Auch die Symptome und der Verlauf der Winterdepression sind immer wieder schon sehr früh beschrieben worden und die Symptome des ADHS kannte man bei Kindern und Jugendlichen. Bei allen diesen Störungen konnten die Einzelbeschwerden registriert und eventuell auch ein Syndrom beschrieben werden, sie wurden aber nicht als eigenständige Erkrankung definiert.

Auch das umgekehrte Beispiel gibt es: Diagnosen, die vor 50 Jahren noch gestellt wurden, erscheinen heute zum Teil absurd. Berühmtestes Beispiel dafür ist die Homosexualität, die im diagnostischen Vorgängersystem zum heute üblichen ICD-10 als eigenständige psychiatrische Diagnose geführt wurde (Degkwitz et al. 1980). Auch für die *kulturelle* Abhängigkeit von diagnostischen Konzepten gibt es einige Hinweise im ICD-10. So wird im Abschnitt F48.8 auf verschiedene Störungen hingewiesen, die in Mitteleuropa kaum diagnostiziert werden, in anderen Kulturkreisen aber eine gewisse Bedeutung haben. Dort wird z. B. Koro genannt (die Angst, der Penis werde in das Abdomen retrahiert, was zum Tode führe) oder Dhat (die übermäßige Sorge um die schwächende Wirkung des Samenergusses).

## 7.2    Der operationalisierte diagnostische Prozess

Die ordnenden Überlegungen, die letztlich zu einer Diagnose führen, können ganz unterschiedlich sein. So gibt es Diagnosesysteme, die sich an den psychoanalytischen Entstehungskonzepten von Erkrankungen orientieren (OPD 2014; Stasch et al. 2015). Sie ordnen das vorhandene Datenmaterial aus dem psychopathologischen Befund und der Anamnese nach dem konzeptionellen Verständnis zur Psychodynamik von Erkrankungen. Allerdings werden auch solche spezialisierten Diagnosesysteme heute in der Regel nur als Ergänzung der sonst breit angewendeten operationalisierten psychiatrischen Diagnostik nach ICD-10 oder dem DSM-5 verstanden. Das ICD-10 der Weltgesundheitsorganisation oder das DSM-5 der American Psychiatric Organisation sind die heute etablierten operationalen Diagnosesysteme (WHO 2016; Dilling und Freyberger 2015; APA 2015; Nussbaum 2013). Dabei hat das ICD-10, zumindest in Mitteleuropa, überragende Bedeutung in der klinischen Routine, das DSM-5 vor allem in der psychiatrischen Forschung. Es gibt einen großen Überschneidungsbereich beider Systeme; so liegen z. B. Überleitungstabellen der Diagnosecodes von einem ins andere System vor (Dilling und Reinhardt 2015). Vor allem liegt beiden Systemen die Philosophie der operationalisierten Diagnostik zu Grunde.

Noch im Vorgängersystem des ICD-10, dem ICD-9, waren Diagnosen durch einen Prosatext umschrieben, der das Erscheinungsbild und den musterhaften Verlauf der Erkrankungen in einer mehr oder weniger vagen Beschreibung aufführte.

> **Konzept der neurotischen Depression nach ICD-9. (Degkwitz et al. 1980)**
> Eine Neurose mit unverhältnismäßig starker Depression, die gewöhnlich einer erkennbaren traumatisierenden Erfahrung folgt; Wahnideen oder Halluzinationen gehören nicht dazu. Der Patient beschäftigt sich fast ausschließlich mit dem vorangegangenen psychischen Trauma, z. B. Verlust einer geliebten Person oder eines Besitzes.
> Die Unterscheidung zwischen depressiver Neurose und Psychose sollte sich nicht nur auf den Grad der Depression stützen, sondern auch auf Vorhandensein oder Fehlen anderer neurotischer und psychotischer Züge und auf den Grad der Störung im Verhalten des Patienten.

Entsprechend waren die Reliabilität der Diagnosen und die Trennschärfe zwischen verschiedenen Diagnosen manchmal gering. Ein Beispiel ist die angeführte *neurotische Depression*, deren Konzept nicht in ICD-10 übernommen wurde, bzw. das sich mit anderer Operationalisierung unter anderen Diagnosen teilweise wiederfindet( Abb. 7.1). Für die neurotische Depression

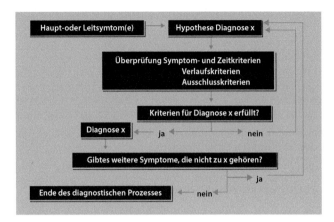

**◻ Abb. 7.1** Der operationalisierte diagnostische Prozess

wurde mit der oben zitierten Beschreibung eine Reliabilität mit einem Kappa von lediglich 0.26 angegeben (Spitzer und Fleiss 1974).

Die Umstellung des diagnostischen Prozesses auf das Konzept der Operationalisierung wurde zum ersten Mal von der American Psychiatric Association im DSM-III vorgeschlagen. Die nachfolgenden Auflagen des DSM und die ICD ab der Version 10 folgten diesem Ansatz. Diese grundlegend andere Art der Diagnosefindung geht zunächst von einer Hypothese für das Vorliegen einer bestimmten Erkrankung aus. Diese Hypothese wird durch das Vorliegen der Haupt- oder Leitsymptome und den Angaben zum bisherigen Verlauf der Symptome gebildet. Danach muss die Gültigkeit der Hypothese aber anhand des Diagnosemanuals überprüft werden. In den verschiedenen Kapiteln des Diagnosemanuals mit der Beschreibung der Erkrankungen sind die Kriterien aufgeführt, die vorhanden sein müssen, damit eine bestimmte Diagnose erstellt werden kann. Dabei können Symptom-, Verlaufs-, Zeit- und Ausschlusskriterien unterschieden werden.

**Zu überprüfende Diagnosekriterien**
- Symptomkriterien
- Zeitkriterien
- Verlaufskriterien
- Ausschlusskriterien

Informationen zu den Symptomkriterien erhalten wir aus der Erhebung des psychopathologischen Befundes, solche zu Zeitkriterien aus der speziellen Krankheitsanamnese, diejenigen zu Verlaufskriterien aus der allgemeinen Krankheitsanamnese und schließlich die zu Ausschlusskriterien aus der allgemeinen Krankheitsanamnese oder manchmal auch der biografischen Anamnese (z. B. Unfall vor dem ersten Auftreten von Symptomen als Hinweis auf eine organische Genese der Erkrankung; oder Suchtmittelkonsum als Hinweis auf eine Genese der Erkrankung durch psychotrope Substanzen). Nicht bei jeder Diagnose sind alle vier Kriterien relevant.

Bei den Symptomkriterien wird oft eine Mindestzahl der aufgeführten kennzeichnenden Symptome gefordert. So müssen z. B. für das Vorliegen einer Schizophrenie ein Symptom aus einer Gruppe von relativ spezifischen vier Symptomen oder zwei Symptome aus einer Gruppen von weniger spezifischen vier Symptomen vorhanden sein.

**Beispiel von Symptomkriterien für die Diagnose einer Schizophrenie nach ICD-10. (Dilling und Freyberger 2015)**

*Vorliegen muss mindestens eines der folgenden Merkmale:*

- Gedankenlautwerden, Gedankeneingebung, Gedankenentzug oder Gedankenausbreitung
- Kontrollwahn, Beeinflussungswahn, Gefühl des Gemachten, deutlich bezogen auf Körper- oder Gliederbewegungen oder bestimmte Gedanken, Tätigkeiten oder Empfindungen; Wahnwahrnehmung
- Kommentierende oder dialogische Stimmen, die über das Verhalten des Patienten reden oder andere Stimmen, die aus bestimmten Körperteilen kommen
- Anhaltender, kulturell unangemessener, bizarrer und völlig unrealistischer Wahn wie der, das Wetter kontrollieren zu können oder mit Außerirdischen in Verbindung zu stehen

*Oder mindestens zwei der folgenden Merkmale:*

- Anhaltende Halluzinationen jeder Sinnesmodalität, täglich während mindestens eines Monats, begleitet von flüchtigen oder undeutlich ausgebildeten Wahngedanken ohne deutlichen affektiven Inhalt oder begleitet von langanhaltenden überwertigen Ideen
- Neologismen, Gedankenabreissen oder Einschiebungen in den Gedankenfluss, was zu Zerfahrenheit oder Danebenreden führt
- Katatone Symptome wie Erregung, Haltungsstereotypien oder wächserne Biegsamkeit (Flexibilitas cerea), Negativismus, Mutismus und Stupor
- Negative Symptome wie auffällige Apathie, Sprachverarmung, verflachte oder inadäquate Affekte.(Es muss sichergestellt sein, dass diese Symptome nicht durch eine Depression oder eine neuroleptische Medikation verursacht werden.)

Kann die Hypothese einer Diagnose nach Prüfung der Kriterien nicht bestätigt werden, muss eine neue Hypothese für die diagnostische Erklärung der vorliegenden Beschwerden gefunden werden. Diese neue Hypothese wird dann wieder anhand der erwähnten Kriterien überprüft usw. Hat die Überprüfung der Diagnosekriterien zu einer Bestätigung der Diagnose geführt, kann die entsprechende Diagnose im Wortlaut des ICD-10 oder DSM-5 gestellt werden; dies ist aber noch nicht das Ende des diagnostischen Prozesses. Vielmehr muss jetzt geprüft werden, ob noch gewichtige Symptome vorliegen, die nicht durch die gestellte Diagnose erklärt werden (die nicht zu dieser Diagnose *gehören*). Für diese Symptome muss dann eine Hypothese für eine zusätzlich vorliegende Erkrankung gebildet und diese wie geschildert wieder überprüft werden. Im Gegensatz zu den Vorgängersystemen wird durch dieses Prinzip der operationalisierten Diagnostik die Stellung mehrerer Diagnosen angeregt, was der Tatsache der häufig vorkommenden Komorbiditäten Rechnung trägt. Erst wenn keine wesentlichen Beschwerden mehr vorhanden sind, die nicht durch eine gestellte Diagnose erklärt werden, ist das Ende des diagnostischen Prozesses erreicht.

**Beispiel von Zeit- Verlaufs- und Ausschlusskriterien für die Diagnose einer depressiven Episode nach ICD-10. (Dilling und Freyberger 2015)**

- Zeitkriterium
  Die depressive Episode sollte mindestens zwei Wochen dauern

— Verlaufskriterium
    In der Anamnese keine manischen oder hypomanischen Symptome, die schwer genug
    wären, die Kriterien für eine manische oder hypomanische Episode zu erfüllen
— Ausschlusskriterium
    Die Episode ist nicht auf einen Missbrauch psychotroper Substanzen oder auf eine
    organische psychische Störung zurückzuführen

## 7.3 Diagnosegruppen des ICD-10

Das Klassifikationssystem der Weltgesundheitsorganisation ICD-10 beinhaltet Codes und Beschreibungen von psychischen und somatischen Erkrankungen. Es hat sich ursprünglich aus der Todesursachenstatistik entwickelt und ist heute in vielen Ländern der Standard für die international anerkannten klinischen Diagnosen. Die Diagnosen für die psychischen Störungen finden sich im Kapitel V des ICD-10 und sind mit den Codes F gekennzeichnet. Die Gruppierung der Diagnosen folgt der Idee von zusammengehörigen Diagnosegruppen, woraus sich eine übersichtliche Kapitelstruktur ergibt. Die WHO hat verschiedene Bücher (Manuale) publiziert, in denen die vorgeschlagenen Diagnosen beschrieben werden. Kerninhalt und allgemeine Struktur sind in allen Manualen gleich. Die verschiedenen Ausgaben unterscheiden sich in der Genauigkeit der diagnostischen Kriterien, strikter in den Forschungskriterien (Dilling et al. 2016b) sowie im beschreibenden Text, ausführlicher in den klinisch-diagnostischen Leitlinien (Dilling et al. 2016a) oder in der Ausrichtung auf ein bestimmtes Zielpublikum (Müßigbrodt et al. 2014). Zudem gibt es noch die Manuale mit der vollständigen ICD-10, also auch den Kodierungen für die somatischen Diagnosen (WHO 2016). In dieser etwas unübersichtlichen Situation kann dem Praktiker für den klinischen Alltag in der Psychiatrie der Taschenführer zur ICD-10-Klassifikation psychischer Störungen empfohlen werden (Dilling und Freyberger 2015). Zur vertieften inhaltlichen Auseinandersetzung mit einzelnen Störungsgruppen wird zusätzlich das Fallbuch zu ICD-10 empfohlen (WHO und Dilling 2012; Freyberger und Dilling 2014).

**Diagnosegruppen der psychischen Störungen nach ICD-10**

| | |
|---|---|
| F0 | Organische einschließlich symptomatischer psychischer Störungen |
| F1 | Psychische und Verhaltensstörungen durch psychotrope Substanzen |
| F2 | Schizophrenie, schizotype und wahnhafte Störungen |
| F3 | Affektive Störungen |
| F4 | Neurotische, Belastungs- und somatoforme Störungen |
| F5 | Verhaltensauffälligkeiten mit körperlichen Störungen und Faktoren |
| F6 | Persönlichkeits- und Verhaltensstörungen |
| F7 | Intelligenzminderung |
| F8 | Entwicklungsstörungen |
| F9 | Verhaltens- und emotionale Störungen mit Beginn in der Kindheit und Jugend |

Im Folgenden werden die einzelnen Diagnosegruppen des Kapitels V des ICD-10 kurz zusammengefasst. Diese kursorische Beschreibung kann nicht die vertiefte Auseinandersetzung mit dem Diagnosemanual der ICD-10 oder auch der ausführlichen Beschreibung von Krankheitsbildern in modernen psychiatrischen Lehrbüchern ersetzen. Das Diagnosemanual gehört als Pflichtlektüre auf den Schreibtisch jedes Untersuchers. Sämtliche Zitate und zusammengefassten Inhalte im vorliegenden Kapitel sind nach dem Taschenführer zur ICD-10-Klassifikation psychischer Störungen (Dilling und Freyberger 2015) zitiert.

## 7.3.1 F0: Organische Störungen

Im Kapitel F0 handelt die ICD-10 alle Diagnosen ab, bei denen eine nachweisbare Ursache durch eine Erkrankung des Gehirns, durch eine Hirnverletzung oder durch andere (äußere) Einflüsse auf das Gehirn vorhanden oder mindestens stark zu vermuten ist. Hierzu gehören die verschiedenen Formen der Demenz, das Delir, das nicht durch psychotrope Substanzen ausgelöst wurde, sowie Persönlichkeits- und Verhaltensstörungen aufgrund einer Krankheit, Schädigung oder Funktionsstörung des Gehirns. Auch wenn nicht bei allen Formen der Demenz die Ätiologie genau geklärt ist, so steht doch fest, dass es sich um einen degenerativen oder durch eine Dysfunktion des Herz-Kreislauf-Systems verursachten Prozess im Zentralnervensystem handelt. Ein Delir, das durch psychotrope Substanzen (oder deren Entzug) ausgelöst wird, wie z. B. das Alkohol-Entzugs-Delir wird in der Diagnosegruppe F1 erfasst. Hier im Kapitel F0 sind Delirformen gemeint, die z. B. durch entzündliche Prozesse ausgelöst werden, oder die als Nebenwirkung einer medikamentösen Therapie auftreten können.

## 7.3.2 F1: Störungen durch psychotrope Substanzen

Die Störungen im Kapitel F1 haben gemeinsam, dass eine Verursachung durch psychotrope Substanzen evident ist. Es wird dann zunächst nach möglichen Substanzgruppen unterschieden. Erwähnt werden Störungen durch Alkohol, Opioide, Cannabinoide, Sedativa oder Hypnotika, Kokain, Halluzinogene, Tabak, flüchtige Lösungsmittel und andere Stimulantien einschließlich Koffein. Auch der multiple Substanzgebrauch kann dokumentiert werden. Wenn zutreffend, wird dann jeweils unterschieden nach akuter Intoxikation, schädlichem Gebrauch, Abhängigkeitssyndrom sowie dem Entzugssyndrom mit und ohne Delir. Zudem kann das Syndrom der psychotischen Störung sowie des amnestischen Syndroms klassifiziert werden.

## 7.3.3 F2: Schizophrenie

Im Kapitel F2 werden die große Krankheitsgruppe der schizophrenen Erkrankungen sowie einige symptomatologisch ähnliche aber seltenere Erkrankungen aufgeführt. Das ICD-10 bietet die Möglichkeit, nach Unterformen der Schizophrenie zu unterscheiden. Die wesentlichen Erscheinungsbilder der Schizophrenie sind die paranoide-, die hebephrene- und die katatone Verlaufsform. Für die ebenfalls aufgeführte Erkrankung der schizotypen Störung gibt es ein breite Diskussion, ob diese nicht besser bei den Persönlichkeitsstörungen aufgeführt werden sollte. In der Tat gibt es einige Argumente, die dafür sprechen. Es treten bei den Patienten Symptome auf, die an diejenigen bei Schizophrenie erinnern, die kennzeichnenden Symptome der schizophrenen Störung treten aber nicht auf. Obwohl das ICD-10 die schizotype Störung im Kapitel F2 abhandelt, heißt es in der Beschreibung: *Entwicklung und Verlauf entsprechen gewöhnlich einer*

*Persönlichkeitsstörung.* Allerdings gibt es aus hereditären Untersuchungen Belege, die eine gewisse Nähe zur Schizophrenie nahelegen. Die schizoaffektive Störung wird zur Zeit eher zu häufig diagnostiziert, obwohl die Kriterien für die Diagnose streng sind. Es müssen die Kriterien für eine affektive Störung aus dem Kapitel F3 und für eine Schizophrenie aus dem Kapitel F2 erfüllt sein. Das klinische Bild muss durch das gleichzeitige Auftreten beider Symptomgruppen gekennzeichnet sein. Die Diagnose soll nur dann gestellt werden, wenn sich weder die Diagnose einer affektiven Störung noch einer Schizophrenie durch die zusätzlich vorkommenden Symptome aus der jeweils anderen Gruppe rechtfertigen lässt. Berücksichtigt man, dass bei Depressionen paranoide Symptome vorkommen können und bei der Schizophrenie affektive Begleitsymptomatik häufig ist, wird die Konstellation einer Gleichwertigkeit der beiden Symptomgruppen bei genauer Auslegung der Kriterien selten sein.

### 7.3.4  F3: Affektive Störungen

Im Kapitel F3 der affektiven Störungen werden die Kriterien für die Depression und die Manie angegeben. Dabei werden als Hauptgruppen die Erkrankungen *manische Episode, bipolare Affektive Störung, depressive Episode und rezidivierende depressive Störung* aufgeführt. Bei den anhaltenden affektiven Störungen finden sich zudem die Zyklothymie und die Dysthymie. Die Logik des Kapitelaufbaus F3 (◘ Abb. 7.2) erschließt sich durch das klinische Erscheinungsbild (Depression und/oder Manie) sowie den Verlauf (einzelne Episode, wiederkehrende Episode, länger anhaltendes Symptombild).

Depressive Episode kann in vier unterschiedlichen Schweregraden auftreten, die entsprechend kodiert werden können. Dabei verzeichnet das ICD eine leichte, mittelgradige und schwere Episode und trennt bei der schweren noch mit und ohne psychotische Symptomatik. Bei der manischen Episode wird zwischen einer Hypomanie, einer Manie ohne und einer Manie mit psychotischen Symptomen unterschieden. Sinngemäße Schweregradeinteilungen finden sich bezogen auf das aktuelle Beschwerdebild auch bei der rezidivierenden depressiven Störung und der bipolaren affektiven Störung. Die Dysthymie ist eine Störung mit anhaltender depressiver Symptomatik, die mindestens zwei Jahre lang dauert und während des Verlaufs nie die Kriterien einer depressiven Episode erfüllt. Bei der Zyklothymie liegt ebenfalls über einen längeren Zeitraum ein Wechsel von depressiver Stimmung und leicht gehobener Stimmung vor, ohne dass die Kriterien für eine bipolare affektive Störung erfüllt werden.

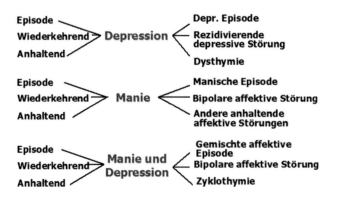

◘ **Abb. 7.2**   Schema der Diagnosen im Kapitel F3: Affektive Störungen

### 7.3.5 F4: Angst-, Zwangs- und Belastungsstörungen

Das Kapitel F4 wird im ICD-10 unter anderem noch unter dem Titel *Neurotische Störung* zusammengefasst. Dies erscheint mir bei der Begriffs- und Konzeptunschärfe einer *Neurose* anachronistisch. Folgerichtig findet sich der Begriff im neuen DSM-5 nicht. Es wäre besser, das Kapitel F4 mit den Haupterkrankungen zu betiteln, die es abhandelt. Es beinhaltet die drei Hauptdiagnosen der Angststörungen, Zwangsstörungen und der Belastungsstörungen. Auch hierbei handelt es sich wie bei der Depression und der Manie um Erkrankungen, bei denen Affekte im Vordergrund der Symptomatik stehen. Entsprechend wenig trennscharf sind die beiden Diagnosegruppen F3 und F4 oft in der klinischen Praxis. Zudem gibt es eine hohe Komorbidität z. B. von depressiver Störung (Episode oder rezidivierend) und Angsterkrankungen. Bei den Angsterkrankungen wird zwischen einer phobischen Störung, einer Panikstörung und einer generalisierten Angststörung unterschieden. Die neu eingeführte Kategorie *Angst und depressive Störung gemischt*, erscheint mir ein Bruch mit dem Prinzip der Operationalisierung und der Komorbidität. Sind die Kriterien beider Störungen erfüllt, sollten nach den allgemeinen Vorgaben der operationalisierten Klassifikation auch beide Störungen diagnostiziert werden. Es gibt eine große Nähe zwischen Angst- und Zwangsstörungen, weswegen z. B. im DSM IV die Zwangsstörung als eine Unterform der Angsterkrankung kodiert wurde. Im DSM-5 hat man sich dem Konzept der ICD-10 wieder angenähert und beschreibt die beiden Erkrankungen eigenständig. Im Feld der *Reaktionen auf schwere Belastungen und Anpassungsstörungen* findet sich die posttraumatische Belastungsstörung, die in Zeiten von vielen Naturkatastrophen und Kriegsereignissen mit Flucht- und Migrationsszenarien immer wichtiger wird. Die klar ereignisbezogene depressive Reaktion, die aber nicht die Kriterien einer Depression aus dem Kapitel F3 oder einer Angsterkrankung erfüllt, wird wie auch die *dissoziativen Störungen* und die *somatoformen Störungen* im Kapitel F4 abgehandelt.

### 7.3.6 F5: Verhaltensauffälligkeiten mit körperlichen Störungen

Im Kapitel F5 der ICD-10 werden vor allem Essstörungen, nichtorganische Schlafstörungen, sexuelle Funktionsstörungen und psychische Störungen im Wochenbett zusammengefasst. Zudem findet sich noch eine Kategorie der Störungen durch schädlichen Gebrauch von nicht abhängigkeitserzeugenden Substanzen wie Antidepressiva, Laxantien, Analgetika, Antazida, Vitaminen, Steroiden und Hormonen, Pflanzen oder Naturheilmitteln. Grundidee der Diagnosekategorie F5 ist der enge Zusammenhang von psychischen Störungen und dem Vorliegen einer speziellen somatischen Situation oder Erkrankung. Bei der Gruppe der Essstörungen können die Anorexie und die Bulimie unterschieden werden. Bei den Schlafstörungen, bei denen keine organische Ursache nachgewiesen wurde, werden die Insomnie, die Hypersomnie, Störungen des Schlaf-Wach-Rhythmus, Schafwandeln, der Pavor Nocturnus sowie Angstträume unterschieden. Bei den sexuellen Funktionsstörungen werden die folgenden Unterformen genannt: sexuelle Aversion und mangelnde sexuelle Befriedigung, Versagen genitaler Reaktionen, Orgasmusstörungen, Ejaculatio präcox, nichtorganischer Vaginismus, nichtorganische Dyspareunie sowie gesteigertes sexuelles Verlangen.

### 7.3.7 F6: Persönlichkeitsstörungen

Das Kapitel der Persönlichkeits- und Verhaltensstörungen ist in mehrfacher Hinsicht eine Besonderheit. Es werden hier Erkrankungen zusammengefasst, die langfristige dysfunktionale Persönlichkeitsprofile oder abnorme Verhaltensmuster auf Grund eines solchen Profils kennzeichnen.

Es handelt sich hier also eher nicht um spezifische psychische Erkrankungen mit einem klaren Beginn und einem Ende, sondern um Eigenschaften der Person, die Krankheitswert erlangen. Diesen Besonderheiten versuchte das DSM-IV noch Rechnung zu tragen, indem es Persönlichkeitsstörungen im multiaxialen System auf einer eigenständigen Achse diagnostizierte. So wurde unterschieden zwischen den eigentlichen psychiatrischen Erkrankungen (Achse 1) und den Persönlichkeitsstörungen (Achse 2). Auch wenn dieses Konzept im DSM-5 wieder aufgegeben und im ICD-10 nicht übernommen wurde, hat es einigen didaktischen Wert zum Verständnis dieser Krankheitsgruppe. Ein weiterer wichtiger Unterschied zu den anderen diagnostischen Gruppen des ICD-10 besteht bei den Persönlichkeitsstörungen darin, dass *alle* im Manual aufgeführten Einschlusskriterien erfüllt sein müssen, bevor überhaupt eine Persönlichkeitsstörung diagnostiziert werden darf.

Erst wenn alle diese Eingangskriterien erfüllt sind, sollen die einzelnen Kriterien der in diesem Kapitel beschriebenen spezifischen Störungen geprüft werden. Vermutlich werden Persönlichkeitsstörungen wegen der Nichtbeachtung dieses Sachverhaltes heute zu häufig diagnostiziert. Der Grund für die relativ hohe Schwelle, die durch die Eingangskriterien gelegt wird, liegt darin, dass zwischen Persönlichkeitseigenschaften, die durchaus manchmal seltsam sein können, und eigentlichen Persönlichkeitsstörungen mit Krankheitswert möglichst gut unterschieden werden soll. Sind die Eingangskriterien erfüllt, können die spezifischen Persönlichkeitsstörungen, Die kombinierten Persönlichkeitsstörungen, die andauernden Persönlichkeitsänderungen, abnorme Gewohnheiten und Störungen der Impulskontrolle, Störungen der Geschlechtsidentität, Störungen der Sexualpräferenz sowie psychische Störungen und Verhaltensstörungen in Verbindung mit der sexuellen Entwicklung und Orientierung unterschieden werden.

---

**Eingangskriterien für die Diagnose einer Persönlichkeitsstörung (alle müssen erfüllt sein). (Mod. nach Dilling und Freyberger 2015)**

G1    Die charakteristischen und dauerhaften inneren Erfahrungs- und Verhaltensmuster der Betroffenen weichen insgesamt deutlich von kulturell erwarteten und akzeptierten Vorgaben (Normen) ab. Diese Abweichung äußert sich in mehr als einem der folgenden Bereiche: Kognition, Affektivität, Impulskontrolle und Bedürfnisbefriedigung oder der Art des Umganges mit anderen Menschen und der Handhabung zwischenmenschlicher Beziehungen.

G2    Die Abweichung ist so ausgeprägt, dass das daraus resultierende Verhalten in vielen persönlichen und sozialen Situationen unflexibel, unangepasst oder auch auf andere Weise unzweckmäßig ist (nicht begrenzt auf einen speziellen auslösenden Stimulus oder eine bestimmte Situation).

G3    Persönlicher Leidensdruck, nachteiliger Einfluss auf die soziale Umwelt oder beides sind dem unter G2 beschriebenen Verhalten zuzuschreiben.

G4    Nachweis, dass die Abweichung stabil, von langer Dauer ist und im späten Kindesalter oder der Adoleszenz begonnen hat.

G5    Die Abweichung kann nicht durch das Vorliegen oder die Folge einer anderen psychischen Störung des Erwachsenenalters erklärt werden.

G6    Eine organische Erkrankung, Verletzung oder deutliche Funktionsstörung des Gehirns müssen als mögliche Ursache für die Abweichung ausgeschlossen werden.

> **Spezifische Persönlichkeitsstörungen nach ICD-10. (Dilling und Freyberger 2015)**
> — Paranoide Persönlichkeitsstörung
> — Schizoide Persönlichkeitsstörung
> — Dissoziale Persönlichkeitsstörung
> — Emotional instabile Persönlichkeitsstörung, impulsiver- oder Borderline Typ
> — Histrionische Persönlichkeitsstörung
> — Anankastische (zwanghafte) Persönlichkeitsstörung
> — Ängstlich (vermeidende) Persönlichkeitsstörung
> — Abhängige (asthenische) Persönlichkeitsstörung
> — Sonstige spezifische Persönlichkeitsstörung, z. B. narzisstische oder passiv-aggressive

Bei den einzelnen spezifischen Persönlichkeitsstörungen findet sich dann das von den anderen psychischen Erkrankungen gewohnte Schema zur Überprüfung von Symptomkriterien, von denen eine gegebene Anzahl von mehreren möglichen vorhanden sein muss. Im DSM-5 sind die Persönlichkeitsstörungen auf der Basis ihrer deskriptiven Ähnlichkeiten in drei Cluster eingeteilt. Diese Unterteilung findet sich im ICD nicht, bietet für das Verständnis dieser Diagnosegruppe aber gewisse didaktische Vorteile. Die Cluster werden im Kapitel über das DSM-5 beschrieben. Beim Erleben und der Ausübung des Sexuallebens gibt es eine große Breite von Variationen und in unseren westlichen Gesellschaften eine wachsende Toleranz gegenüber Normabweichungen. Ob solchen Normabweichungen eine psychiatrische Diagnose im Kapitel der Persönlichkeits- und Verhaltensstörungen gegeben werden sollte, ist nicht nur eine fachliche Diskussion, sondern unterliegt auch gesellschaftlich-kulturellen Festlegungen. Besondere Vorsicht und Sorgfalt ist deshalb in der Anwendung dieser diagnostischen Kategorien gefordert. Auch diesbezüglich muss darauf hingewiesen werden, dass für einen Diagnose nicht nur die deskriptive Beschreibung der Abweichungen erfüllt sein muss, sondern vor allem die Eintrittskriterien für das Kapitel F6 alle erfüllt sein müssen. Damit wird nicht die Normabweichung selbst diagnostisch klassifiziert, sondern vor allem auf den Leidensdruck (G3) und soziale Nachteile (G2) der individuell Betroffenen fokussiert.

In den psychiatrischen Lehrbüchern wurden von jeher Persönlichkeitsstörungen beschrieben, früher unter den Begriffen Psychopathie oder abnorme Persönlichkeit. Psychopathie meinte ursprünglich konstitutionelle, angeborene Charaktervarianten. Mit dem Aufkommen der Psychoanalyse kam die Erkenntnis, dass erscheinungsbildlich gleiche Persönlichkeitsstörungen auch unter dem Druck von in die Kindheit zurückreichenden Milieubelastungen zustande kommen können, die dann als Charakterneurosen bezeichnet wurden. ICD-9 fasste Psychopathie und Charakterneurose unter dem Oberbegriff Persönlichkeitsstörungen in der Kodierung 301 zusammen (Degkwitz et al. 1980). ICD-10 und DSM-5 kennen die Bezeichnung Psychopathie nicht mehr. Sie wurde durch den Begriff Persönlichkeitsstörung ersetzt. In der Umgangssprache wurde Psychopathie zum Schimpfwort. Deshalb soll das Wort in der Fachsprache nicht mehr verwendet werden.

■ **Paranoide Persönlichkeit**
Vorherrschend sind eine misstrauische Einstellung, ein Gefühl der ungerechtfertigten Zurücksetzung, eine hohe Empfindlichkeit gegenüber Kritik und ein Beharren auf eigenen Rechtsstandpunkten. Man wird also danach fragen, wie der Patient mit anderen Leuten im Allgemeinen

auskommt, ob er seinen Kollegen am Arbeitsplatz, den Wohnungsnachbarn u. a. trauen kann und wenn nicht, warum nicht. Ob er glaubt, dass man es mit Kritik besonders auf ihn abgesehen habe, dass er zum Sündenbock gemacht werde. Muss er sich mehr als andere für sein Recht wehren? Kommt es vor, dass man ihm am Arbeitsplatz, am Wohnort oder andernorts, wo er Aufgaben wahrzunehmen hat, versucht eine Falle zu stellen, um ihm zu schaden? Gibt es gar ein Komplott gegen ihn und was hat er allenfalls für Beweise dafür? Man wird also, wie diese Beispiele zeigen, mit allgemeinen Fragen beginnen und nur zu spezifischeren übergehen, wenn der Patient zu erkennen gibt, dass eine misstrauische Beeinträchtigungshaltung häufig vorhanden ist. Diese misstrauische Fehlhaltung, der Angst und Argwohn zugrunde liegen und die zur Verkennung der Umwelt führt, muss vom eigentlichen Wahn unterschieden werden.

### ▪ Schizoide Persönlichkeit

Ein Hauptmerkmal ist die Störung der Kontakt- und Beziehungsfähigkeit zu anderen Menschen. Schizoide sind nach außen eher kühl und verschlossen, haben aber oft ein reiches Phantasieleben und können dadurch in autistisches Verhalten geraten. Die innere Einstellung kann zwischen Größenphantasien und dem Gefühl der Nutz- und Wertlosigkeit schwanken. Gefühle werden abgewehrt und kaum geäußert bzw. nach außen hinter einer Haltung der kühlen Distanz versteckt; wenn sie aber zum Durchbruch kommen, dann nicht selten in wenig angepasster Weise. Man wird also nach Bekannten und Freunden fragen, nach der Art der Beziehung zu ihnen. Ob sich der Patient selbst für kontaktfähig hält, für scheu, ob er lieber allein ist; ob er sich leicht in Tagträumereien begibt; ob er sich gefühlsmäßig eher auf Distanz hält. Solche Fragen sollten im Allgemeinen nicht isoliert gestellt, sondern bei der Erhebung der Lebensgeschichte eingeflochten werden. Die Bedeutung der mit ihnen erhobenen Einstellung ergibt sich nur aus dem Gesamten der persönlichen Entwicklung.

### ▪ Emotional instabile Persönlichkeit

Solche Menschen neigen in ungewöhnlichem Ausmaß zu Temperamentsausbrüchen und zur unbeherrschten Äußerung von Ärger, Wut und Hass, die von gewalttätigen Handlungen begleitet sein können. Es fehlt die sonst kulturell übliche Hemmung und Steuerung solcher Affekte. Jedoch besteht sonst keine Tendenz zu antisozialem Verhalten. Man wird also fragen, ob sich der Patient leicht erregt, wütend wird, ob er Mühe hat, sich zu kontrollieren. Ob es vorkommt, dass er in tätliche Auseinandersetzungen verwickelt wird, schon eine andere Person im Zorn verletzt hat. Welches sind die Anlässe zu solchen Affektausbrüchen? Kam es vor, dass er in unkontrollierte Wut geriet und wie oft? Nicht immer ergeben sich bei Erhebung der Lebensgeschichte spontan Hinweise auf eine abnorme Erregbarkeit, obwohl der Patient darum weiß. Schuld- und Schamgefühle können ihn veranlassen, darüber zu schweigen, wenn nicht aus Informationen Dritter der Untersucher bereits Kenntnis davon hat. Dann muss man unter Umständen speziell in der eben erwähnten Weise fragen.

### ▪ Anankastische Persönlichkeit

Mit diesen Störungen werden pedantische, im Grunde selbstunsichere Menschen beschrieben, die aber hohe Ansprüche an sich selbst stellen, deshalb übertrieben gewissenhaft und perfektionistisch sind und kaum je „Fünfe gerade sein" lassen können. Das Bedürfnis nach häufigen Kontrollen und eine allgemein rigide Einstellung engen ihr Leben ein. Oft sind sie von Selbstzweifeln geplagt. Hinweise auf eine anankastische Einstellung ergeben sich aus der Art, wie der Patient seine Arbeit erledigt, wie er es mit Kontrollen hält, ob er auch weniger wichtige Dinge immer genau und exakt erledigen muss, wie pünktlich er im Allgemeinen ist. Hat er eine tägliche Routine auch zu Hause und in seiner Freizeit, von der er schwer abweichen kann? Wird er von seiner Umgebung als besonders ordentlich, genau auch in kleinen Dingen, zuverlässig, sparsam und pünktlich eingeschätzt? Empfindet er sich selbst so, oder denkt er, er sollte sich in dieser Hinsicht noch mehr anstrengen? Hat er mehr als andere Mühe, sich auf Neuerungen umzustellen und fühlt er sich durch solche leicht beunruhigt?

- **Histrionische Persönlichkeit**

Neuerdings wird in Anlehnung an den angloamerikanischen Sprachgebrauch anstelle des Adjektivs hysterisch das Wort histrionisch verwendet; die Bedeutung ist die gleiche. Mit dem neuen Fachbegriff soll dem negativen Werturteil, das dem Begriff hysterisch im allgemeinen Sprachgebrauch anhaftet, ausgewichen werden. Solche Menschen sind in ihrem Erleben so stark von Gefühlen abhängig, dass ihnen die sachliche Einschätzung ihrer Lebensumstände schwer fällt. Sie wirken gefühlsmäßig labil, oft in Einstellungen und Verhalten unreif, wobei ein demonstrativer, appellativer Aspekt vorhanden sein kann. In Stresssituationen neigen sie zu unüberlegten, impulsiven Handlungen oder reagieren mit körperlichen Beschwerden. Vorausschauende Planung fällt ihnen schwer. Die Sexualität wird oft zwiespältig erlebt; bei erhöhter Ansprechbarkeit auf sexuelle Reize besteht im Grunde verminderte Erlebnisfähigkeit. Man wird also danach fragen, ob der Patient in seinem Alltag eher emotional als sachlich reagiert, in welchem Maß er sich auf andere angewiesen oder von ihnen abhängig fühlt, wie er auf gefühlsmäßige Belastungen in Beruf und Familie reagiert. Hinweise auf eine histrionische Grundeinstellung ergeben sich im Übrigen aus der Beziehung zu Eltern, Geschwistern und dem Lebenspartner, aus der Art des Geltungsstrebens, der vorhandenen oder fehlenden Konstanz in der Gestaltung des eigenen Lebens.

- **Asthenische (abhängige) Persönlichkeit**

Ihre Eigenheiten sind die geringe körperliche und seelische Spannkraft und Ausdauer, deshalb besteht erhöhte Erschöpfbarkeit und ein Hang zur Passivität und allenfalls Willfährigkeit gegenüber den Ansprüchen Anderer. Daraus resultieren oft depressive oder ängstliche Verstimmungen mit vegetativen Körperbeschwerden. Hinweise ergeben sich meist schon aus der beruflichen Anamnese. Man wird fragen, ob der Patient i. Allg. den an ihn gestellten Anforderungen gewachsen ist, ob er sich häufig auch ohne besondere Belastungen erschöpft und energielos fühlt, ob er es kräftemäßig schwierig findet, schon den Pflichten seines täglichen Lebens gerecht zu werden. Ferner wird man das Augenmerk auf die zwischenmenschlichen Beziehungen lenken, ob sich der Patient in besonderem Maße auf andere angewiesen fühlt, ob er seine Anliegen ihnen gegenüber auch vertreten kann, ob er derjenige ist, der meistens nachgeben muss.

- **Dissoziale (antisoziale, soziopathische) Persönlichkeit**

Diese Persönlichkeitsstörung ist durch eine andauernde Verantwortungslosigkeit und Missachtung sozialer Normen und Verpflichtungen charakterisiert. Längerfristige Beziehungen können nicht beibehalten werden, die Frustrationstoleranz ist gering, die Neigung zu aggressivem und gewalttätigem Verhalten groß. Aus Erfahrung, auch Bestrafung, wird kaum gelernt.

Rechtshändel und Delinquenz unterschiedlicher Schweregrade gehören oft zum Bild. Die Diagnose ergibt sich aus der Lebensgeschichte, wobei aber nicht einzelne Vorkommnisse überbewertet werden dürfen. Entscheidend ist die Grundhaltung, die Einstellung zur Gesellschaft, zu ihren Normen und Werten, das Ausmaß an Rücksicht auf Rechte und Bedürfnisse anderer.

Zuletzt soll noch einmal darauf hingewiesen werden, dass die beschriebenen Persönlichkeitstypen zunächst als Akzentuierungen der Persönlichkeit vorkommen. Bevor eine Persönlichkeitsstörung im eigentlichen Sinne einer Erkrankung nach ICD-10 diagnostiziert werden kann, müssen alle Eingangskriterien für Persönlichkeitsstörungen erfüllt sein.

### 7.3.8    F7: Intelligenzminderung

Eine Intelligenzminderung wird im Taschenführer zum ICD-10 beschrieben als „ein Zustand von verzögerter oder unvollständiger Entwicklung der geistigen Fähigkeiten; besonders beeinträchtigt sind Fertigkeiten, die sich in der Entwicklungsperiode manifestieren und die zum Intelligenzniveau beitragen, wie Kognition, Sprache, motorische und soziale Fähigkeiten" (Dilling und Freyberger 2015). Das Ausmaß der Intelligenzminderung nach dem sich die Schweregrade diagnostizieren lassen, wird mit standardisierten Intelligenztests gemessen. Selbstverständlich folgt die Festlegung einer Schwelle zur jeweils schwereren bzw. leichteren Störung einem Expertenkonsens und nicht einem biologisch objektiven Sachverhalt. Durch den wissenschaftlichen Konsens über die Messmethoden ist damit eine relativ hohe Interraterreliabilität gegeben. Mit direkten Ableitungen von Maßnahmen aus dem gemessenen Intelligenzgrad muss aber vorsichtig umgegangen werden. Für die Lebensbewältigung spielt das Ausmaß der Intelligenzminderung nur eine indirekte Rolle.

**Schweregrade der Intelligenzminderung mit Schwellenwerten des IQ. (Dilling und Freyberger 2015)**

| | |
|---|---|
| Leichte Intelligenzminderung | IQ 50-69 |
| Mittelgradige Intelligenzminderung | IQ 35-49 |
| Schwere Intelligenzminderung | IQ 20-34 |
| Schwerste Intelligenzminderung | IQ <20 |

Als Orientierungshilfe wird zur Beurteilung des Schweregrades einer Intelligenzminderung neben dem gemessenen IQ noch das *mentale Alter* angegeben. Gemeint ist die Entwicklungsstufe eines Erwachsenen, die einem bestimmten kindlichen Entwicklungsalter entspricht. Wenn man berücksichtigt, wie unterschiedlich sich Kinder bezüglich Intelligenz entwickeln – vor allem, wenn man ein breiteres Verständnis des Intelligenzbegriffs anwendet – dann erscheint mir diese Orientierungshilfe wenig brauchbar. Es ist besser, die methodisch ermittelten Messwerte anzuwenden, sich dann aber bei der Interpretation der Werte bewusst zu sein, dass es sich nur um relativ reliable Messwerte handelt und nicht um eine globale Einschätzung der Fähigkeiten eines Menschen. Neben den Schweregraden der Intelligenzminderungen kann noch die Diagnose einer dissoziierten Intelligenzminderung gestellt werden. Diese Diagnose trägt der Tatsache Rechnung, dass es Menschen gibt, deren IQ sich in verschiedenen Bereichen der Intelligenz (z. B. verbale versus handlungsbezogene) stark unterscheiden. Liegt solch eine Differenz von mindestens 15 Punkten vor, kann die Diagnose der dissoziierten Intelligenzminderung gestellt werden.

### 7.3.9    F8: Entwicklungsstörungen

Die diagnostische Gruppe der Entwicklungsstörungen ist primär für die Kinder-Jugend-Psychiatrie relevant. Beschrieben werden können umschriebene Entwicklungsstörungen des Sprechens und der Sprache, schulischer Fertigkeiten, motorischer Funktionen und einer Kombination dieser umschriebenen Störungen. In der Unterkategorie der *tiefgreifenden Entwicklungsstörungen* werden der Autismus und das Asperger-Syndrom erfasst. Gemeinsam ist allen diesen

Störungen, dass sie in der Kindheit beginnen, eng mit der biologischen (hier eben verzögerten) Reifung des Zentralnervensystems verbunden sind und dass sie einen relativ kontinuierlichen Verlauf ohne Remissionen oder Rezidiven haben.

### 7.3.10 **F9: Verhaltens- und emotionale Störungen mit Beginn in der Kindheit und Jugend**

Wie schon der Titel andeutet, findet diese Diagnosegruppe ebenfalls überwiegend in der Kinder-Jugend-Psychiatrie Anwendung. Allerdings sind Störungen, die in der Kindheit und Jugend beginnen oft überdauernd und deshalb gelegentlich auch im Erwachsenenalter noch zu diagnostizieren. Gerade auch durch das zunehmende Wissen über das Aufmerksamkeits-Defizit-Syndrom bei Erwachsenen, das eine große Nähe hat zum Aufmerksamkeits-Defizit-Hyperaktivitäts-Syndrom des Kindesalters, wird die Diagnosegruppe der Verhaltens- und emotionalen Störungen auch im Erwachsenenalter häufiger genutzt. Im Kapitel F8 können hyperkinetische Störungen, Störungen des Sozialverhaltens, kombinierte Störungen des Sozialverhaltens und der Emotionen, emotionale Störungen des Kindesalters, Störungen sozialer Funktionen mit Beginn in der Kindheit, Ticstörungen und andere Verhaltens- und emotionale Störungen mit Beginn in der Kindheit und Jugend erfasst werden.

**Andere Verhaltens- und emotionale Störungen mit Beginn in der Kindheit und Jugend**
- Nichtorganische Enuresis
- Nichtorganische Enkopresis
- Fütterstörung im Säuglings- und Kindesalter
- Pica im Kindesalter (anhaltender Verzehr nicht essbarer Substanzen)
- Stereotype Bewegungsstörungen
- Stottern
- Poltern

## 7.4    **Die X-, Y- und Z-Klassifikation des ICD-10**

Neben den beschriebenen Krankheitsgruppen F0 bis F9 sind im ICD-10 noch sogenannte X-, Y- und Z-Diagnosen angegeben.

Bei den X-Diagnosen handelt es sich um die Kodierung von sogenannten *vorsätzlichen Selbstbeschädigungen* durch Selbstverletzungen oder suizidalen Handlungen, oder um sogenannte *vorsätzliche Selbstvergiftungen* durch verschiedene Substanzen. Der Begriff *vorsätzlich* erscheint dabei allerdings höchst problematisch und sollte vermieden werden. Es ist ein im Strafrecht determinierter Begriff, der das *Wissen und Wollen der Verwirklichung eines Straftatbestands* kennzeichnet. Im Bereich der Psychiatrie ist klar, dass entsprechende selbstbeschädigende Handlungen oder auch Vergiftungen im Zusammenhang mit psychischen Problemen oder –Erkrankungen stattfinden. Eine Festlegung auf eine strafbare Handlung schon durch die Kodierung des Geschehens erscheint verfehlt. Mit den Y-Diagnosen können vor allem Arzneimittel, Drogen und biologisch aktive Stoffe erfasst werden, die bei therapeutischer Verwendung schädliche Wirkungen verursachen. Bis auf wenige Spezialsituationen erscheinen die X- und Y-Diagnosen entbehrlich und werden in der klinischen Praxis auch kaum verwendet.

Anders ist dies bei den Z-Diagnosen, die sehr viel größeren Nutzen im diagnostischen Prozess haben und häufiger verwendet werden sollten. Hier handelt es sich um Faktoren, die den Gesundheitszustand beeinflussen und zur Inanspruchnahme von Gesundheitsdiensten führen. Die Z-Diagnosen sind als zusätzliche oder auch alleinige Störungen anzugeben. Als alleinige Störungen kommen sie dann in Frage, wenn Patientinnen oder Patienten Rat suchen und eventuell auch eine Behandlung erhalten, weil sie unter den entsprechenden Belastungsfaktoren leiden, bei ihnen aber keine eigentliche psychiatrische Erkrankung im Sinne der Diagnosen F0 bis F9 vorliegt. Zudem können hier spezielle Situationen, wie die Untersuchung aus administrativen Gründen oder die ärztliche Beobachtung und Begutachtung von Verdachtsfällen kodiert und damit gegebenenfalls die Untersuchung abgerechnet werden, auch wenn keine psychiatrische Diagnose gestellt wird. Als Zusatzdiagnose zu eigentlichen psychiatrischen Diagnosen aus dem Bereich F0-F9 kommen die Z-Diagnosen dann in Frage, wenn betont werden soll, dass es besondere Belastungen gibt, die die Störung vielleicht nicht alleine erklären, aber bei weiterführenden therapeutischen Maßnahmen doch im Auge behalten und in die Behandlung einbezogen werden sollten.

---

**Auswahl von Faktoren, die unter Z-Diagnosen erfasst werden können**
Es handelt sich jeweils um Probleme mit Bezug auf
- die Ausbildung und das Lese-Schreib-Vermögen (z. B. Analphabetentum)
- die Berufstätigkeit oder Arbeitslosigkeit (z. B. Schichtarbeit)
- berufliche Exposition gegenüber Risikofaktoren (z. B. Lärm, Strahlung, Staub)
- die kommunale Umwelt (z. B. Wasserverschmutzung, Luftverschmutzung)
- die Wohnbedingungen oder die wirtschaftlichen Verhältnisse
- Mangel an adäquater Nahrung (z. B. äußerste Armut)
- die soziale Umgebung (z. B. Einsamkeit, Migration, Mobbing)
- negative Kindheitserlebnisse (z. B. sexueller Missbrauch)
- die Erziehung (z. B. Vernachlässigung)
- den engeren Familienkreis (z. B. Eheprobleme)
- bestimmte psychosoziale Umstände (z. B. ungewollte Schwangerschaft)
- andere psychosoziale Umstände (z. B. Gefängnisstrafe)
- die Lebensführung (z. B. Glücksspielen oder Wetten)
- Schwierigkeiten bei der Lebensbewältigung (z. B. Burnout)

---

Auch für die heute häufig gestellte Diagnose des Burnout ist die Z-Klassifikation eine Hilfe, da das Beschwerdebild unter Z73.0 kodiert werden kann. Vorläufig gibt es im ICD-10 keine Möglichkeit, Burnout als eigentliche psychiatrische Erkrankung unter F0-F9 zu erfassen, was bei einer Revision des Systems möglicherweise geändert werden wird.

## 7.5    Das multiaxiale System des ICD-10

Grundüberlegung bei der Einführung des multiaxialen Systems zuerst durch das DSM-III war, dass Menschen in einem Diagnose-Klassifikationssystem einerseits durch das vorliegende

Krankheitsbild beschrieben werden können. Dass aber andererseits nach dem bio-psychoso-
zialen Konzept ein Mensch in seiner psychiatrischen Erkrankung immer auch aus Sicht seiner
sozialen Situation gekennzeichnet werden kann. Für die Gestaltung eines Therapieplanes, dem
letztlich jede Diagnose zu dienen hat, spielen neben den klinischen Diagnosen, die im Wesentlichen durch die Psychopathologie bestimmt sind auch soziale Gegebenheiten eine Rolle. Deshalb
wird der jeweilige Patient oder die Patientin im multiaxialen System der ICD-10 auf drei verschiedenen Achsen beschrieben. Die erste Achse kennzeichnet die klinische Diagnose mit den
psychischen und Verhaltensstörungen, den Persönlichkeitsstörungen und der Intelligenzminderung sowie gegebenenfalls den körperlichen Krankheiten und Störungen. Auf einer zweiten
Achse wird der Grad der sozialen Anpassung oder Behinderung erfasst. Zur Messung dient der
*WHO Short Disability Assessment Schedule* (WHO DAS-S). Auf dieser Skala, die Werte zwischen
0 (minimale Funktionsstörung) bis 100 (maximale Funktionsstörung) umfasst, werden folgende
Aspekte abgebildet: globale Funktion, persönliche Pflege und Versorgung, arbeits- und berufliche Funktionen, familiäre Funktionen sowie soziale Verhaltensweisen und Beziehungen. Auf
der dritten Achse werden dann mithilfe der Z-Klassifikation psychosoziale und Umweltfaktoren
beschrieben, die die Situation der Patientin und des Patienten wesentlich beeinflussen.

---

**Die Achsen des multiaxialen Systems der ICD-10**
- Achse I
  Klinische Diagnosen zu psychischen und Verhaltensstörungen, Intelligenzminderungen
  und körperlichen Krankheiten und Störungen
  (Methode: Diagnosen F0-F9 sowie aus den Kapiteln zu körperlichen Erkrankungen)
- Achse II
  Grad der sozialen Anpassung oder Behinderung
  (Methode: WHO Short Disability Assessment Schedule)
- Achse III
  Psychosoziale und Umweltfaktoren
  (Methode: Z-Klassifikation)

---

Auch wenn das Grundkonzept der multiaxialen Klassifikation einleuchtend ist, hat sich dieser
diagnostische Ansatz nicht breit durchgesetzt. Interessanterweise ist er auch im DSM-5 wieder
aufgegeben worden. Die Argumente dafür werden im Einleitungskapitel des Manuals ausführlich diskutiert (APA 2015). Unbestritten ist aber der bio-psychosoziale Ansatz. Das heißt, dass
für die Therapiegestaltung auch Aspekte der sozialen Situation und der psychosozialen Umweltfaktoren berücksichtigt werden müssen, auch wenn sie im Einzelfall nicht systematisch in einem
multiaxialen System kodiert werden. Informationen dazu liegen ja bei einer sorgfältigen Anamneseerhebung ausreichend vor.

## 7.6 Diagnostisches und statistisches Manual psychischer Störungen, DSM-5

Das diagnostische und statistische Manual psychischer Störungen wird von der American Psychiatric Association herausgegeben (APA 2015). Das DSM-III enthielt zum ersten Mal die Idee
der operationalisierten klassifikatorischen Diagnostik. Es war nicht zuletzt eine Reaktion auf das

ICD-9 der Weltgesundheitsorganisation, das mit der zum Teil sehr geringen Interraterreliabilität den wachsenden Ansprüchen an die Forschungsmethodik nicht mehr genügen konnte. So entstand ein System, in dem Diagnosen nach klaren Kriterien und hypothesenprüfend vergeben wurden. Das ICD-10 folgte diesem Ansatz, der auch in den nachfolgenden Ausgaben des DSM beibehalten wurde. Die aktuelle Ausgabe des DSM-5 erschien 2015 nach einer weltweit geführten Diskussion über die Diagnostik in der Psychiatrie, die sich nicht nur mit der Entscheidung über die Aufnahme oder Nicht-Aufnahme einzelner Diagnosen beschäftigte, sondern sich auch ganz allgemeinen Problemen psychiatrischer Diagnostik widmete. Viele Ideen und Vorschläge, wie z. B. eine stärker dimensionale Sichtweise, wurden nicht in das DSM-5 übernommen. Es ist aber zu erwarten, dass weitere Revisionen von diesen Ansätzen profitieren werden. Nicht zuletzt wird vor allem zunehmende empirische Evidenz durch Forschung in der Psychiatrie auf zukünftige Diagnosesysteme Einfluss nehmen. Schließlich werden immer wieder Hoffnungen genährt, dass durch mehr Wissen zu den biologischen Ursachen vieler psychischer Erkrankungen die ganze Ordnung diagnostischer Systeme in der Psychiatrie revolutioniert werden könnte.

Da der klinisch tätige Psychiater im Alltag der psychiatrischen Untersuchung in der Regel mit dem ICD-10 arbeiten wird, werden die Inhalte des DSM-5 hier nur kurz dargestellt. Zudem gibt es einen großen inhaltlichen Überschneidungsbereich von DSM-5 und ICD-10. Mit der Hilfe von Kodiertabellen können überdies fast alle Diagnosen aus dem einen in das andere System überführt werden (Dilling und Reinhardt 2015).

Auch das DSM-5 teilt in Weiterentwicklung des Vorgängersystems und wie auch schon das ICD-10 die Diagnosen in Gruppen ein, wodurch sich eine übersichtliche Kapitelstruktur ergibt. Es gibt etwas mehr Gruppen als im ICD-10, da z. B. Angst-, Zwangs- und dissoziative Störungen sowie Belastungsstörungen im DSM-5 nicht noch einmal zu einer Metagruppe wie im ICD-10 zusammengefasst sind, sondern als eigenständige Kapitel erscheinen. Es gelingt dennoch schnell, eine diagnostische Übersicht zu erhalten und auch beim einzelnen zu diagnostizierenden Patienten schnell in den zu prüfenden Bereich zu gelangen.

**Die Diagnosegruppen des DSM-5®. (APA 2015)**
- Störungen der neuronalen und mentalen Entwicklung
- Schizophrenie-Spektrum und andere psychotische Störungen
- Bipolare und verwandte Störungen
- Depressive Störungen
- Angststörungen
- Zwangsstörung und verwandte Störungen
- Trauma- und belastungsbezogene Störungen
- Dissoziative Störungen
- Somatische Belastungsstörung und verwandte Störungen
- Fütter- und Essstörungen
- Ausscheidungsstörungen
- Schlaf-Wach-Störungen
- Sexuelle Funktionsstörungen
- Geschlechtsdysphorie
- Disruptive, Impulskontroll- und Sozialverhaltensstörungen
- Störungen im Zusammenhang mit psychotropen Substanzen und abhängigen Verhaltensweisen

- Neurokognitive Störungen
- Persönlichkeitsstörungen
- Paraphile Störungen
- Medikamenteninduzierte Bewegungsstörungen und andere unerwünschte Medikamentenwirkungen
- Andere klinisch relevante Probleme

Im Manual werden nach einem ersten Teil mit *Grundlegende Informationen zum DSM-5* und dem zweiten Kernteil mit den *Diagnostische Kriterien und Codierungen* in einem dritten Teil einige neue Ideen zu Instrumenten und Modellen dargestellt.

## 7.7 Die Reliabilität psychiatrischer Diagnosen

Psychiatrische Diagnosen haben für den Patienten unter Umständen sehr weitreichende soziale Konsequenzen. Die Frage, wie zuverlässig eine solche Diagnose gestellt werden kann, drängt sich deshalb auf. Die Zuverlässigkeit der Diagnose basiert aber auf der Verlässlichkeit der Untersuchung. Psychiater haben sich seit jeher daran gewöhnt, dass zwei Fachkollegen, die den gleichen Patienten nacheinander untersuchen, in manchen Fällen zu verschiedenen Diagnosen gelangen; dass der eine eine Persönlichkeitsstörung, der andere eine Anpassungsstörung feststellt, überrascht kaum. Aber auch wenn der eine Manie, der andere Schizophrenie sagt, wird nicht in erster Linie beim einen (oder bei beiden) berufliche Inkompetenz angenommen. Es gibt verschiedene Gründe, die diese Unterschiede erklären können. Eine wichtige Differenz kann auf der Unschärfe der verwendeten diagnostischen Kategorien beruhen. Zwei Untersucher können also wohl das gleiche Zustandsbild beobachten, sie bewerten einzelne Symptome aber verschieden und weisen das Zustandsbild deshalb anderen diagnostischen Gruppen zu. Es gibt eine ganze Anzahl von Studien über die diagnostischen Gewohnheiten der Psychiater in verschiedenen Ländern, die sehr verschieden sein können. Wie schon dargestellt, handelt es sich bei Diagnosen um Ordnungseinheiten, die von kulturellen- und Zeitgeistvorstellungen geprägt sind.

Bekanntlich ist z. B. das deutsche Schizophreniekonzept recht verschieden von dem der amerikanischen Psychiatrie. Die russische Psychiatrie wiederum hat weitere Besonderheiten. Zur Beurteilung einer psychiatrischen Diagnose gehört auch die Kenntnis, wo oder von wem sie gestellt wurde. Eine gute Übersicht über die internationalen Variationen psychiatrischer Diagnosen in der Zeit vor der Einführung operationalisierter Diagnosesysteme gibt Leff (1977). Durch den allgemeinen Gebrauch von ICD-10 und DSM-5 sind diese Unterschiede in der Klassifizierung psychischer Störungen geringer geworden.

Die Beziehung des Patienten zum Untersucher färbt in starkem Maße die Symptome, die der Letztere zu Gesicht bekommt. Der Patient macht auch nicht jedem Untersucher die gleichen Mitteilungen. Dem einen, der es nicht verstanden hat, sein Vertrauen zu gewinnen, wird er z. B. nichts über die häufig bei ihm vorkommenden Entfremdungs- und Beeinflussungserlebnisse sagen, sondern nur über hypochondrisch anmutende Körpersymptome klagen. Dem anderen wird er sich rückhaltlos offenbaren. Dieser kann nun die Diagnose Schizophrenie stellen, während der andere noch eine Hypochondrie im Rahmen der neurotischen Störungen annimmt. Das Zustandsbild des Patienten kann innerhalb kurzer Zeit erheblich schwanken. Bei zeitlich aufeinander folgenden Untersuchungen hat sich deshalb möglicherweise der Patient deutlich verändert.

Der eine Untersucher wird ihn deshalb psychotisch finden, während der andere nur noch z. B. ein neurasthenisches Syndrom feststellen kann.

Es hat sich aber auch gezeigt, dass psychiatrische Untersucher in nicht geringem Maße suggestiven Einflüssen bezüglich ihrer Diagnosestellung unterworfen sind. Eine einmal formulierte Diagnose hat eine gewisse Wahrscheinlichkeit, von späteren Untersuchern bestätigt zu werden, auch wenn die nachweisbaren Symptome keineswegs eindeutig dafür sprechen. Es gibt Experimente, die noch viel deutlicher ergeben haben, dass Psychiater der sogenannten Prestigesuggestion unterliegen. Wenn von autoritativer Seite suggestive, aber objektiv unzutreffende Bemerkungen zur Diagnose eines bestimmten Patienten gemacht wurden, ließen sich viele dazu verführen, bei Beurteilung eines Interviews auf Tonband eine Diagnose im Sinne der Suggestion zu stellen (Temerlin 1968).

Die Verfälschung der Diagnostik durch affektive Befangenheit des Arztes gegenüber seinem Patienten ist praktisch wichtiger als jene durch suggestive Einflüsse. Sein Blick für die Konfliktsituation des Patienten wird leicht getrübt durch persönlichkeitsbedingte Voreingenommenheiten und eigene Abwehrvorgänge. Was der Arzt bei sich verurteilt und unterdrückt, nimmt er mit Vorliebe am Patienten wahr. Psychiater und Psychotherapeuten entwickeln deshalb leicht ein begrenztes Repertoire diagnostischer Formulierungen, denen eine gewisse Stereotypie eigen ist. Abhilfe von dieser diagnostischen Einengung schaffen nur die sorgfältige und fortgesetzte Kontrolle der eigenen gefühlsmäßigen Einstellung zum Patienten und allenfalls diagnostische Übungen und Besprechungen im Kollegenkreis im Sinne diagnostischer Qualitätszirkel.

Weil psychiatrische Diagnosen mit solchen Hypotheken belastet sind, wird man in zweifelhaften Fällen zunächst eine definitive Diagnosestellung aufschieben. Die Diagnose nach der psychiatrischen Untersuchung wird dann als Verdachtsdiagnose im Sinne einer Hypothese dokumentiert und differentialdiagnostische Überlegungen werden angefügt. Auch bei dieser Verdachtsdiagnose soll in unklaren Fällen danach getrachtet werden, jene Diagnose zu formulieren, die für den Patienten am wenigsten soziale und therapeutische Risiken mit sich bringt. Dieser Aspekt der Diagnose ist bei unklaren Fällen immer im Auge zu behalten.

Ebenso problematisch ist aber auch die schönfärberische Deckdiagnose, die den wahren Sachverhalt verschleiern soll, z. B. Borderline-Syndrom statt akuter schizophrener Episode. Dort, wo eindeutige Diagnosen gestellt werden können, sollte dieser Schritt auch getan und das Ergebnis den Patienten einfühlsam mitgeteilt werden.

Besondere Vorsicht ist gegenüber sog. „Anhiebsdiagnosen" geboten. Gemeint sind damit jene psychiatrischen Diagnosen, die aufgrund eines ersten Eindrucks oder eines kurzen Gesprächs formuliert werden. Sie sind besonders gefährlich, weil sie für den Patienten doch schwerwiegende soziale Diskriminierungen zur Folge haben können, z. B. Schizophrenie, abnorme Persönlichkeit, Intelligenzminderung. Zwar mag auch der Psychiater versucht sein, diagnostischen Scharfsinn und berufliche Kompetenz durch solche Blitzdiagnosen zu demonstrieren. Er muss sich gleichzeitig aber bewusst sein, dass seine Diagnose unter Umständen weitreichende Folgen hat, die sich nicht nur auf den Patienten selbst, sondern auf dessen ganze Umgebung beziehen. Es ist auch sehr häufig, dass solche Ersteindrücke durch eingeholte weitere Daten und die Beobachtung des Verlaufs einer Störung revidiert werden müssen. So wie eine gute Therapie eine gute Diagnose voraussetzt, ist für eine zuverlässige Diagnose eine gute psychiatrische Untersuchung unabdingbar. Erst diese kann die Informationen liefern, die letztlich in der Gesamtschau eine Bewertung der Einzelsachverhalte ermöglicht und eine Diagnosestellung erlaubt.

Eine gute Übereinstimmung verschiedener Untersucher bei demselben Patienten lässt sich nur erzielen, wenn die Diagnostiker manualisierte Psychopathologie- und operationalisierte

Diagnostikinstrumente nutzen und sich im Umgang mit diesen Systemen immer wieder üben. Eine Systematisierung psychopathologischer Begrifflichkeiten liefert das AMDP-System (AMDP 2016), das wie oben dargestellt, erlaubt, Phänomene des Erlebens und Verhaltens von Menschen nach einheitlichen Kriterien zu beurteilen. Die Anwendung des AMDP-Systems liefert damit zwar eine Verbesserung der Reliabilität, aber – alleine verwendet – auch nur eine blutleere Aufzählung von Symptomen, die kein Bild der Persönlichkeit und der Gesamtsituation vermittelt in der sich diese Person befindet. AMDP muss deshalb mit frei formulierten ergänzenden Angaben aus Anamnese und Befund kombiniert werden. Das eine (die systematische Beschreibung der Symptomatik in Fachbegriffen) kann das andere (die Beschreibung individueller Fallbesonderheiten im frei formulierten Befund) nicht ersetzen. Ein solcher frei formulierter Befund ist umgekehrt mit allen Fehlermöglichkeiten subjektiven Ermessens belastet.

Psychiatrische Diagnosen sind aus den genannten Gründen immer mit erheblichen Fehlerquellen behaftet. Einen verlässlichen Wert bekommen sie erst, wenn das Beobachtungsmaterial, das ihrer Formulierung zugrunde liegt, bekannt gemacht wird. Wesentliche Faktoren sind dabei die Dauer und Intensität der Untersuchung, die Vielfalt der verfügbaren Quellen und die Kompetenz des Untersuchers. Zuverlässiger als Ein-Wort-Diagnosen sind kurze Beschreibungen der Hauptsymptome und der hervorstechenden Persönlichkeitszüge. Die Unschärfe der immer subjektiven Beurteilung und Beobachtung lässt sich nicht grundsätzlich vermeiden. Dieser Einfluss der Persönlichkeit des Psychiaters ist aber zweifellos nicht nur ein Nachteil. Schließlich ist sie auch sein wichtigstes Behandlungsinstrument, und in dieser Hinsicht bleibt sie auf jeden Fall unersetzlich.

Die grundsätzlichen Schwierigkeiten, denen die psychiatrische Diagnose beim heutigen Stand der Erkenntnisse begegnet, sind bisher stillschweigend vorausgesetzt worden, ohne dass jedes Mal darauf hingewiesen wurde. Zur Verdeutlichung seien einige aber ausdrücklich erwähnt. Man kann den Aussagegehalt einer psychiatrischen Diagnose nur abschätzen, wenn man um diese Begrenztheit weiß. Eine der wichtigsten Unsicherheiten hat damit zu tun, dass bei sehr vielen psychischen Störungen Pathogenese und Ätiologie nur ungenau und in einer wenig differenzierten Weise bekannt sind. Es fehlen vorläufig die Möglichkeiten, die Wechselwirkungen von Anlage und Umwelt anders als in groben Verallgemeinerungen zu erkennen. Die Abgrenzung von Persönlichkeitsvarianten und psychoreaktiven Störungen ist konstruiert. Sie bezeichnet nur Typen, die in Wirklichkeit in reiner Form nicht vorkommen. Ähnliches gilt für die Abgrenzung von lebensgeschichtlich erklärbaren Störungen und biologisch begründeten Störungen.

Eine weitere Schwierigkeit liegt im Problem der Quantifizierung. Wenn von einer depressiven Episode nach Verlust eines Liebesobjektes gesprochen wird, ist damit impliziert, dass es sich um mehr als um „normale" Trauer handelt. Eine Grenze ist nicht verbindlich festzulegen, sie bleibt dem Ermessen des Patienten und des Arztes überlassen. Oft bestimmt der Patient diese Grenze durch den Gang zum Arzt. Das Problem stellt sich in der gesamten Medizin, in der Psychiatrie aber oft mit besonderer Schärfe, weil sich die Auffassungen des Arztes bzw. der Gesellschaft und des Patienten über die Grenze des Krankseins nicht immer decken.

## 7.8 Berücksichtigung der gesunden Anteile der Person

Zur umfassenden Diagnose gehört nicht nur die klare Erkennung des Abnormen, Krankhaften, sondern auch die Berücksichtigung der positiven Seiten, der Kräfte und Fähigkeiten, die die Anpassung an die Behinderung oder ihre Kompensation erlauben. Darauf ist besonderes Gewicht zu legen, weil dieser Aspekt der Person des Patienten für die Wahl der Therapie und für die Prognose entscheidend sein kann. Ein Patient, der sich bisher in seinem Beruf bewährt und gezeigt hat, dass er sich veränderten beruflichen Bedingungen anpassen kann, der zudem die Bindungsfähigkeit bewiesen hat, die zur Führung einer ihn und die Partnerin oder den Partner befriedigenden Beziehung notwendig ist, hat größere Chancen, eine psychische Störung zu überwinden oder zu kompensieren als jemand, dem diese Fähigkeiten fehlen.

# Dokumentation

© Springer-Verlag GmbH Deutschland 2017
A. Haug, *Psychiatrische Untersuchung*,
DOI 10.1007/978-3-662-54666-6_8

Der Gang der Untersuchung und ihr Ergebnis finden ihren Niederschlag in der Patientengeschichte. An den meisten Orten ist der Arzt von Gesetzes wegen verpflichtet, eine Dokumentation über seine Patienten und die getroffenen Behandlungsmaßnahmen zu führen. In der somatischen Medizin wurden seit langem vorgedruckte Untersuchungsbogen eingeführt, die ein arbeitssparendes Ankreuzen der zutreffenden Befunde gleich während der Untersuchung erlauben. Bei körperlichen Untersuchungen ist es sowohl für den Arzt wie für den Patienten selbstverständlich, dass sich der Arzt fortlaufend Notizen macht. Darin wird keine Störung gesehen. Anders in der Psychiatrie.

Es gibt keine allgemein gültigen Regeln zu der Frage von Notizen während der Untersuchungen. Der Psychiater muss sich aber vom Bestreben leiten lassen, alles zu vermeiden, was den unmittelbaren Kontakt zum Patienten im Untersuchungsgespräch stören könnte. Je nach der individuellen Untersuchungssituation und auch nach dem Zweck der Untersuchung wird er mehr oder weniger Aufmerksamkeit für Notizen aufbringen können. Im „Normalfall" eines Untersuchungsgesprächs wird er sich mit der Niederschrift einzelner Stichwörter oder charakteristischer Formulierungen des Patienten begnügen. Mehr würde wohl meistens die Spontaneität des Gesprächs stören. Auch in diesem Fall kann er durch demonstratives Weglegen von Papier und Stift dem Patienten seine ungeteilte Aufmerksamkeit zeigen und ihn so ermutigen, mit dem angeschnittenen Thema fortzufahren.

Im Untersuchungsgespräch, das gleichzeitig eine therapeutische Funktion hat, ist es in der Regel meist falsch, die Aussagen des Patienten genau protokollieren zu wollen. Dieses Verhalten des Arztes verkehrt das Gespräch in den Augen des Patienten in eine Einvernahme. Nur im Rahmen von Begutachtungen, wenn dem Patienten von Anfang an klar ist, dass alle seine Angaben für das Gutachten verwendet werden, kann dieses Vorgehen zeitsparend sein, auch dort, wo es um die Erhebung eines Lebenslaufs und äußerer Daten geht. Gut ist es in der Regel, mit dem Patienten kurz zu besprechen, dass und warum Notizen angefertigt werden.

**Tonband- und Videotape-Aufnahmen**    Die vollständige maschinelle Aufzeichnung des Untersuchungsgesprächs erleichtert und verbessert natürlich die Dokumentation erheblich. Im Allgemeinen kommt sie aber nur für wissenschaftliche oder didaktische Zwecke in Betracht. Für das Anlegen von Patientengeschichten ist das Verfahren viel zu zeitraubend und umständlich, weil aus den Bandaufnahmen nun die schriftliche Fixierung der Befunde gemacht werden muss, was ein Abspielen des ganzen Gesprächs verlangt. Das Stapeln der Bänder allein verhindert jede Übersicht oder das schnelle Heraussuchen von Einzelheiten. Nicht unerwähnt bleiben darf die strikte Regel, obwohl sie selbstverständlich ist, dass alle Bandaufnahmen nur mit Wissen und Einwilligung des Patienten gemacht werden dürfen, der vorher auch über den gewünschten Verwendungszweck (Unterricht, wissenschaftliche Studie usw.) informiert werden muss. Alles andere wäre, abgesehen von juristischen Aspekten, ein grober Verstoß gegen Treu und Glauben und würde sich früher oder später verhängnisvoll auf die Arzt-Patienten-Beziehung auswirken. Eine systematische Datenerfassung und ein einfacherer Zugriff auf die gesamte Informationsmenge wird heute fast überall durch die Einführung der elektronischen Datenverarbeitung der ganzen Krankengeschichte (Klinikinformationssystem) gelöst.

**Das Anlegen der Krankengeschichte**    Die Krankengeschichte hat den Zweck, die im Laufe des Untersuchungsgesprächs erhaltenen Mitteilungen des Patienten, die Beobachtungen des Arztes und seine Beurteilung des Zustandes des Patienten schriftlich zu fixieren. Im Laufe der Zeit hat sich eine zur Tradition gewordene Struktur dieser psychiatrischen Patientengeschichte entwickelt. Sie umfasst in der Regel die folgenden Elemente.

**Elemente der psychiatrischen Krankengeschichte**
- Kurze Beschreibung der Erstuntersuchung beim Eintritt des Patienten in die Klinik
- Kurze Zusammenfassung der Familienanamnese
- Chronologische Beschreibung der Lebensgeschichte
- Spezielle Schilderung des jetzigen Leidens
- Beschreibung des psychopathologischen Befundes (möglichst strukturiert durch AMDP-Bogen)
- Beschreibung der im Vordergrund stehenden Syndrome
- Fremdanamnestische Angaben
- Zusammenfassung der zusätzlichen Befunde (Körperliche Untersuchung, Labor, Bildgebung)
- Operationalisierte Diagnose nach ICD-10

Ähnlich wie der Psychiater im Untersuchungsgespräch ständig sowohl die Rolle des distanzierten Beobachters als auch jene des engagierten Gesprächspartners benutzen muss, sollte auch die Patientengeschichte beide Aspekte der Untersuchung widerspiegeln. Sie muss also einerseits eine genaue Dokumentation der Befunde enthalten, die dem Leser die Identifikation der Symptome und Daten und ihren Vergleich erlauben; anderseits soll sie eine Beschreibung der Persönlichkeit des Patienten in allen ihren Aspekten geben, ihres Verhaltens, der vorherrschenden Konflikte, der mitmenschlichen Beziehungen, der Interessen und Fähigkeiten. Für eine systematische Dokumentation psychopathologischer Befunde steht das AMDP-System zur Verfügung (AMDP 2016). Es erlaubt die einheitliche Fixierung der Befunde und damit deren Vergleich und statistische Auswertung. Das AMDP-System dient in erster Linie der Interraterreliabilität und einer Präzisierung und Festlegung der psychopathologischen Fachsprache. Ein zusätzlich zum AMDP-System verfasster frei formulierter Befund sollte in jedem Fall Bestandteil der Patientengeschichte sein und den AMDP Befund ergänzen. Hier sollte dann darauf fokussiert werden, ein anschauliches Bild des Patienten, Einblick in allfällige psychodynamische Vorgänge und eine Beschreibung seiner gesunden Seiten zu geben.

**Allgemeine Regeln für die Erstellung von Patientengeschichten**
- Für den Leser muss deutlich sein, woher eine Angabe stammt. Handelt es sich um eine Aussage des Patienten, eines Angehörigen, um eine direkte Beobachtung des Untersuchers oder um die Interpretation von Beobachtungen durch den Untersucher?
- Auskunftgebende Angehörige sollten mit Name und Adresse identifiziert sein, ebenso Auszüge aus anderen Patientengeschichten bzgl. Herkunft, Datum, Hersteller des Auszugs usw.
- Mit der Beschreibung des Patienten soll ein anschauliches Bild eines Menschen und seines Verhaltens entstehen.
- Davon klar zu unterschieden sind die Einsichten und Interpretationen des Untersuchers bzgl. der psychodynamischen Vorgänge. Es sollte ersichtlich sein, auf welche Äußerungen des Patienten und welche Beobachtungen sich diese Interpretation stützt.
- Neben der Schilderung der krankhaften Symptome und Verhaltensweisen ist auf die gesunden Persönlichkeitsanteile Gewicht zu legen. Ihre Berücksichtigung ist für die Therapie von entscheidender Bedeutung.

Wenn Angaben aus anderen Quellen als vom Patienten selbst verwendet werden, ist es vorzuziehen, diese gesondert zu notieren, als sie in die Schilderung des Patienten einzuflechten. Meist wird dann die Quellenangabe vergessen, was den dokumentarischen Wert der ganzen Patientengeschichte sofort beeinträchtigt. In Deutschland, in der Schweiz und in vielen anderen Ländern besteht heute für den Patienten ein Einsichtsrecht in seine Patientengeschichte. Wahrscheinlich überall sind die Angaben von Drittpersonen davon ausgenommen, weil sie einen eigenen Geheimnisanspruch haben (betroffene Rechte Dritter). Es hat sich deshalb in manchen Einrichtungen bewährt, solche Angaben auf verschiedenfarbige Blätter zu notieren. Hierher würde auch jener Text gehören, der als persönliche Notizen des Arztes zu bezeichnen ist, für die in der Regel ebenfalls kein Einsichtsrecht besteht (hierzu gibt es allerdings unterschiedliche Rechtsauffassungen).

Bei ambulanten Untersuchungen kann in der Regel aus Zeitgründen oft keine so umfangreiche Patientengeschichte wie im Krankenhaus angelegt werden. Grundsätzlich gelten aber dieselben Regeln. Für die tägliche Praxis und die fortlaufende Dokumentation der anfallenden Befunde müssen oft rudimentäre schriftliche Fixierungen genügen. Wenn keine besonderen wissenschaftlichen Interessen wahrzunehmen sind, wird mit Recht der Zeitaufwand für die Führung umfangreicher Patientengeschichten angesichts der überfüllten Sprechstunden fast aller Psychiater gescheut. Immerhin muss auch eine bescheidene Dokumentation einige grundlegende Angaben enthalten. Dazu gehören, abgesehen von Personalien, Beruf, Adresse usw., die Antworten auf folgende 4 Fragen: Wer hat den Patienten überwiesen und weshalb? Welche Klagen und Beschwerden bringt der Patient vor? Welches Zustandsbild stellt der Arzt fest? Was hat der Arzt getan, sei es an Behandlung, Beratung, Überweisung, Absprache weiterer Untersuchungen, Vereinbarung neuer Konsultationstermine u. a.?

Die schriftliche Fixierung dieser Angaben stellt das Minimum an Notizen dar, das nach einem Erstinterview auch bei noch so überfüllter Praxis in geeigneter Form festzuhalten ist. Ohne dieses Minimum wird der Arzt später nicht in der Lage sein, jene Auskünfte zu erteilen, die Patienten und später behandelnde Kollegen mit Recht von ihm erwarten dürfen. Besser ist es natürlich, wenn etwas mehr als dieses Minimum vorhanden ist, nämlich ein Abriss des Lebenslaufs und eine Schilderung der Persönlichkeit und der Lebensumstände des Patienten.

Über nachfolgende Konsultationen, zusätzliche Untersuchungen, Behandlungen u. a. werden in gleicher Weise Notizen gemacht. Ein Nachteil vieler Patientengeschichten beruht darauf, dass der betreffende Schreiber nicht an den zukünftigen Leser und Benutzer gedacht hat. Er schreibt gewissermaßen für sich persönlich das, was ihn interessiert oder ihm auffällt. Er sollte aber so schreiben, dass er einem anderen den Patienten und die Geschichte seines Leidens vertraut macht.

# Besondere Untersuchungssituationen

© Springer-Verlag GmbH Deutschland 2017
A. Haug, *Psychiatrische Untersuchung*,
DOI 10.1007/978-3-662-54666-6_9

Was bisher über das psychiatrische Untersuchungsgespräch gesagt wurde, galt im Wesentlichen für den „Normalfall", d.h. für die Untersuchung eines Patienten, der von sich aus oder überwiesen vom Arzt, Psychologen oder einer anderen Betreuungsinstanz in die Praxis des Psychiaters oder Psychologen mehr oder weniger freiwillig gekommen ist. Eingangs zum Kapitel Gesprächsführung (▶ Kap. 2) wurde schon erwähnt, dass bei vielen beschriebenen Gesichtspunkten ein Ideal vorgestellt wurde, das nicht in allen klinischen Situationen auch erreicht werden kann. Aus der Tatsache, dass der Patient in diesen normalen Situationen zum Schritt bereit war, den Psychiater oder Psychologen aufzusuchen, darf aber meistens ein Minimum an Bereitschaft zum Gespräch abgeleitet werden, ebenso eine wenn auch möglicherweise verklausulierte Anerkennung des Umstandes, dass psychische Probleme im Spiele sind. Freilich gilt diese Annahme nicht für jeden Patienten, der das Sprechzimmer aufsucht. Hier gibt es immer wieder besonders schwierige Gesprächssituationen.

## 9.1    Der scheinbar freiwillige Patient

Manche Patienten lassen sich zum Besuch des Psychiaters nur durch den ausdrücklichen Wunsch ihres behandelnden Arztes oder auch oft der Angehörigen bewegen. Sie tun es nicht, weil sie seelische Probleme im Zusammenhang mit ihrem Leiden anerkennen würden, sondern im Gegenteil, um den anderen Personen durch ihre Bereitschaft gerade zu beweisen, dass sie mit ihren Vermutungen auf dem Holzweg sind. Der Psychiater soll also im Dienste der soliden Abwehr des Patienten bestätigen, dass dieser nicht seelisch, sondern körperlich krank sei. Diese Patienten akzeptieren scheinbar das Gespräch mit dem Psychiater. Der Gang zu ihm soll demonstrieren: „Schaut, ich bin zu allem bereit, ich habe nichts zu befürchten. Auch der Psychiater wird nur herausfinden können, dass ich seelisch gesund bin und dass meine Beschwerden nichts mit meinem Seelenleben zu tun haben."

Ein solcher Patient wird zwar verbal zum Gespräch bereit sein, er wird aber voller Widerstand jede Exploration seiner inneren Haltungen, seiner Ängste und Befürchtungen vereiteln und nur ausweichende Antworten auf Fragen geben. Es wäre in diesem Fall ganz falsch, in den Patienten dringen zu wollen oder gar sein Verhalten ihm gegenüber als Abwehr zu deuten. Damit würde nur die Angst des Patienten verstärkt, das Hauptanliegen des Psychiaters sei seine Entlarvung als „Psycho-Fall". Wenn es innerhalb nützlicher Frist nicht gelingt, das Vertrauen des Patienten so weit zu erwerben, dass er sich auf ein spontanes Gespräch einlässt, dann kann es besser sein, das Gespräch abzubrechen und ihm mitzuteilen, er könne sich jederzeit wieder melden, wenn er selbst ein Bedürfnis nach einem Gespräch mit dem Psychiater verspüre. Man wird auch seine Widerstände gegen das offene Gespräch in einer affektiv neutralen Weise zur Sprache bringen und evtl. fragen, was es denn für ihn bedeuten würde, angenommen er hätte seelische Probleme. Gelegentlich gelingt es auf diese Weise doch noch, ein Gespräch zu führen, das dem Patienten etwas Einsicht in sein Erleben und Verhalten vermitteln kann.

Es geschieht gelegentlich, dass bei diesen trotz äußerer Bereitwilligkeit im Grunde „unfreiwilligen" Patienten ein Gespräch in Gang kommt, wenn ihnen nicht von vornherein die Hypothese des seelischen Hintergrundes ihrer im Körperlichen lokalisierten Beschwerden zugemutet wird. Sie können dann zugeben, „nervös" zu sein oder Schwierigkeiten in ihrem Leben zu haben, die sie besprechen möchten, sofern kein Zusammenhang mit ihrem Leiden postuliert wird. Freilich besteht die Gefahr, dass der Patient in diesem Falle den Psychiater in gleicher Weise manipuliert, wie er das bereits mit dem behandelnden Hausarzt getan hat. Er wird nämlich die Anerkennung seines somatischen Erklärungskonzepts verlangen und damit Ablauf und Zweck des Untersuchungsgesprächs infrage stellen.

Gelegentlich zeigt sich bei dieser Art „unfreiwilligem" Patienten auch eine Kommunikationsschwierigkeit zwischen Hausarzt und Patient. Der Hausarzt möchte mithilfe des Psychiaters dem Patienten etwas nahe bringen, nämlich die seelische Natur seines Leidens, was er ihm direkt nicht so sagen kann oder will. Der Hausarzt hofft, dem Psychiater werde gelingen, was er selbst nicht erreicht hat, und er werde den schwierigen Patienten beeinflussen können. Der Psychiater hat in diesen Fällen auch ein Augenmerk auf die Beziehung des Patienten zu seinem Arzt zu legen. Er muss versuchen, eventuelle Missverständnisse zu beseitigen, und alles vermeiden, was neue Störungen bringen könnte, z. B. indem er sich insgeheim mit dem Patienten gegen den zuweisenden Kollegen solidarisiert.

## 9.2 Der unfreiwillige Patient

Der unfreiwillige Patient im eigentlichen Sinne des Wortes kommt zum Psychiater nur unter mehr oder weniger großem Druck von Angehörigen, Fürsorgeinstanzen, Behörden u. a. In diesen Fällen muss der Psychiater vor dem Kontakt mit dem Patienten genau über die Gründe dieser erzwungenen Untersuchung und die Fragen, die sie beantworten soll, informiert sein. Er wird dann das Gespräch mit dem Patienten mit einer kurzen Schilderung dieser Gründe eröffnen und versuchen, Interesse und Kooperation des Patienten zu erhalten, indem er ihm darlegt, dass eine offene Mitteilung seiner Meinungen und Überzeugungen ihm helfen werde, seinen eigenen Standpunkt zur Geltung zu bringen. Er wird beifügen, dass niemand den Patienten zum Sprechen zwingen könne noch wolle, dass er im Falle einer Ablehnung der Zusammenarbeit aber eher damit rechnen müsse, dass über ihn verfügt werde. Meist gelingt es auf diese Weise, besonnene Patienten zu einem Gespräch zu bewegen, das diagnostische Rückschlüsse erlaubt. Auch in solchen Fällen ist es Aufgabe des Psychiaters, in erster Linie die Interessen des Patienten und nicht jene der zuweisenden Instanz zu vertreten. Nur wenn der Patient diese Überzeugung gewinnt, wird er das nötige Vertrauen fassen, um sich offen mitzuteilen. In jenen Fällen, in denen der Psychiater in der Rolle des amtsärztlichen Sachverständigen oder als Gutachter tätig ist, wird er dies dem Patienten unmissverständlich sagen, sodass dieser weiß, dass das Ziel der psychiatrischen Untersuchung nicht die Entwicklung einer effizienten Behandlung ist und seine Aussagen für ein Gutachten rückhaltlos verwendet werden müssen.

Der unfreiwillige Patient befürchtet häufig, und dies ist dann einer der Gründe für seine Weigerung zum Gespräch, dass der behandelnde Psychiater von vornherein die Partei seiner Angehörigen oder anderer Instanzen ergreifen werde, die ihn zur Untersuchung veranlasst haben. In diesen Situationen gewinnt das Ziel der Beziehungsgestaltung besondere Bedeutung. Die Einleitungsphase des Gesprächs muss darin bestehen, den Patienten wissen zu lassen, dass der Psychiater in erster Linie dazu da ist, seine Nöte und Schwierigkeiten zu verstehen und evtl. Hilfsmittel dagegen zu finden. Das kann selbstverständlich nicht bedeuten, die krankhaften Ideen und Überzeugungen des Patienten zu übernehmen oder auch nur scheinbar zu bejahen. Falsche Vorspiegelungen dieser Art werden sich immer früher oder später rächen. Der Patient muss aber spüren, dass der Arzt ein echtes Interesse an ihm und seinem Schicksal hat, auch wenn er sich in Einzelfragen nicht festlegen will oder sogar einmal andere Auffassungen vertritt.

Kommt ein Gespräch in Gang, so wird es nach den gleichen Grundsätzen geführt, wie sie in den vorhergehenden Kapiteln dargelegt worden sind. Ausgangspunkt ist, wie bereits erwähnt, die aktuelle Situation bzw. die Umstände, die überhaupt zur Untersuchung geführt haben. Vielleicht wird man sich zunächst an Äußerlichkeiten halten, z. B. an eine Schilderung des Arbeitsplatzes oder auch an die körperliche Anamnese, wenn der Patient eher bereit ist, darauf einzugehen. Dies wird Gelegenheit bieten, auch einen Einblick in die Denkvorgänge, die intellektuellen Funktionen u. a. zu gewinnen.

Häufig gründet der Widerstand des unfreiwilligen Patienten zum Gespräch in der Befürchtung, er werde als verrückt erklärt und es werde rücksichtslos über ihn verfügt. Eine sachliche Erklärung der Situation kann dann entspannend wirken, wobei dem Patienten durchaus gesagt werden kann, dass Teile seiner Ideen, seines Denkens oder auch seine Verstimmung als krankhaft eingeschätzt werden, dass er in anderer Hinsicht aber wieder wie ein Gesunder funktioniere und dass er keineswegs verrückt sei. Am besten ist aber, wenn auch in solchen Situationen eine Bewertung weitgehend vermieden werden kann. Dem Patienten sollte erklärt werden, dass es erst einmal nur darum gehe, zu verstehen, was er erlebe und wie er sich verhalte. Erst nach der Kenntnis der Fakten könne und werde der Untersucher dann eine Einschätzung der Situation geben.

## 9.3    Der Patient mit Alkohol- oder Drogenabhängigkeit

Zu den unfreiwilligen oder nur scheinbar freiwilligen Patienten gehören viele Alkoholiker, Drogen- und Medikamentenabhängige. Sie werden von Fürsorgeinstanzen oder auch von Arbeitgebern unter Druck zum Psychiater geschickt. Oft sind sie von Anfang an in einer Verteidigungshaltung und bereit, alle Vorhaltungen bzgl. übermäßigen Alkohol- oder Drogenkonsums zu bestreiten. Die Untersuchung muss dieser inneren Einstellung Rechnung tragen. Es geht darum, erst das Vertrauen des Patienten zu gewinnen, bevor das heikle Problem der Sucht exploriert werden kann. Man beginnt am besten mit den aktuellen Umständen, die Anlass gaben, ihn zum Arzt zu schicken. Je unvoreingenommener der Psychiater sich dem Patienten zuwenden kann, desto eher wird dieser bereit sein, ein Gespräch zu führen. Man wird dann zuerst den körperlichen Zustand erfragen, sich nach Appetit, Verdauungsfunktionen, Schlaf, körperlichen Beschwerden u. a. erkundigen. Anschließend fragt man nach den Lebensgewohnheiten, der Situation am Arbeitsort und in der Familie. Ergibt sich auf diese Weise ein Bild der aktuellen Lebenssituation des Patienten, so wird man ihn auch fragen, was seiner Meinung nach die Ursache der Schwierigkeiten sei, die jetzt Anlass zur Überweisung an den Psychiater gaben. Unter Umständen wird der Patient dann selbst den Vorwurf der Abhängigkeit nennen, der von der Familie oder am Arbeitsort erhoben werde. Andernfalls kann man erwähnen, dass anscheinend der Alkohol beziehungsweise die Drogen für ihn ein Problem geworden seien.

Im halbstrukturierten Teil des Interviews versucht man, sich ein möglichst detailliertes Bild über die Trinkgewohnheiten zu machen, ohne aber darüber zu urteilen. Man wird also fragen, welche Alkoholsorten er bevorzugt, ob er gern Wein, Bier, Schnäpse u. a. trinkt. Besser als nach einer Globalmenge zu fragen, ist es, sich in Einzelheiten schildern zu lassen, ob der Patient zu den Mahlzeiten trinkt, wie viel, ob täglich, ob er zwischen den Mahlzeiten trinkt, was und wie viel, ob am Feierabend zu Hause oder auch schon zum Frühstück, im Restaurant, was und wie viel, am Wochenende, wo, was und wie viel. Viele Patienten haben die Tendenz, ihre Trinkmengen zu bagatellisieren. In dieser Hinsicht darf man Suggestivfragen stellen. Wenn der Patient z. B. erwähnt hat, dass er zu den Mahlzeiten Wein trinkt, so kann man in freundlichem und ruhigem Ton fragen, ob es pro Mahlzeit eine Flasche sei. Selbstverständlich wird man sich anschließend vergewissern, wie groß das Volumen einer solchen Flasche ist. In dieser Hinsicht gibt es oft Missverständnisse. Überhaupt kann man nicht detailliert genug fragen, wenn man ein zutreffendes Bild von den Trinkgewohnheiten bekommen will.

Nicht nur die Mengen sind wichtig, sondern auch der Rhythmus des Trinkens. Trinkt der Patient regelmäßig? Kann er Tage oder Wochen ohne Alkohol auskommen? Wie fühlt er sich dann? Wann war das letztmals? Anschließend versucht man, sich über die Dauer des Trinkens ein Bild zu machen. Wann hat der Patient begonnen, regelmäßig Alkohol zu konsumieren? Wie waren seine Trinkgewohnheiten früher? Hat sich seine Alkoholtoleranz verändert? Wie wirkt der Alkohol auf ihn? Wie beeinflusst er seine Stimmung und sein Verhalten? Wie reagiert der Patient, wenn er angetrunken ist? Wann und wie oft kommt das seiner Meinung nach vor? Denkt der Patient selbst, dass der Alkohol für ihn Probleme schafft, wenn ja, welcher Art? Man wird diese Fragen in der Regel nicht im Stil einer Einvernahme stellen, sondern sie im Laufe der Erhebung der Lebensgeschichte vorbringen. Oft muss man wiederholt auf den gleichen Fragenkomplex zurückkommen, weil der Patient erst mit zunehmendem Vertrauen zu offeneren Antworten bereit ist.

Ganz analog geht man bei der Exploration einer Drogenabhängigkeit oder Medikamentensucht vor. Man muss auch in diesen Fällen ganz detailliert nach den Konsumgewohnheiten fragen: Welches Mittel? – Wie oft? – Täglich? – Mehrmals täglich? – Bei welchen Gelegenheiten? – Aus welchen Gründen? – Mit welcher Wirkung? – Bei Schmerz- und Schlafmittelabhängigkeit, bei welchen meist der Konsum geringer angegeben wird, als es der Wirklichkeit entspricht, kann man fragen, wie oft die Patienten sich Tablettenpackungen beschaffen, in welcher Größe. Im Übrigen gelten selbstverständlich auch bei der Untersuchung von Suchtpatienten die weiter oben geschilderten allgemeinen Richtlinien für das Untersuchungsgespräch.

## 9.4    Die Untersuchung in der psychiatrischen Klinik

Grundsätzlich ist der Ablauf des psychiatrischen Untersuchungsgesprächs in der Klinik beim stationären Patienten der gleiche wie in der ambulanten Praxis. Der wesentliche Unterschied liegt darin, dass in der Klinik meist mehr Zeit zur Verfügung steht und dass deshalb das Gespräch von Anfang an auf mehrere Etappen verteilt wird. Hier wird daher auch öfters die erwähnte Verzahnung von Diagnostik, Verlaufsbeurteilung und Therapie eine Rolle spielen.

Einleitendes Thema des Untersuchungsgesprächs ist der Anlass zur Hospitalisierung. Eine unbestimmte Frage analog der ambulanten Untersuchung könnte den Patienten, der nicht ganz freiwillig in die Klinik kam, denken lassen, der Arzt mache sich über ihn lustig oder er sei so naiv, nicht zu wissen, unter welchen Begleitumständen der Patient in die Klinik gebracht wurde. Der Arzt wird also den Patienten um eine Schilderung der Umstände aus seiner Sicht bitten, die zur Hospitalisierung führten. Besonders bei unfreiwilliger Einweisung sollte der Patient ausgiebig Gelegenheit erhalten, seine Version der Dinge zu erzählen. Der Psychiater wird sich dabei von Anfang an hüten, die Haltung des Untersuchungsrichters oder des Polizisten einzunehmen, der herausfinden will, ob der Patient die „Wahrheit" sagt. Das Untersuchungsgespräch hat noch dringender als im „Normalfall" der ambulanten Untersuchung die Aufgabe, eine tragfähige Beziehung zum Patienten herzustellen.

Bei abweisenden, mutistischen Patienten kann die körperliche Untersuchung einen ersten Anknüpfungspunkt geben, wobei die einfache Zuwendung zu den körperlichen Funktionen dem Patienten die Anbahnung des Kontaktes erleichtert. Im Übrigen bietet der Tagesablauf des Patienten in der Klinik zahlreiche Möglichkeiten der Kontaktaufnahme, seien es Probleme der Ernährung, der Körperpflege, der Beschäftigung u. a., die alle genutzt werden müssen.

## 9.5    Die konsiliarische Untersuchung im Krankenhaus

Der konsiliarisch tätige Psychiater, der zu hospitalisierten Patienten gerufen wird oder dem solche zur Untersuchung zugewiesen werden, befindet sich oft in einer besonderen Situation. Noch mehr als bei ambulanten Patienten müssen die Umstände der Überweisung sorgfältig beachtet werden. Im Gegensatz zur Untersuchung ambulanter Patienten ist meist von vornherein klar, dass der Psychiater weder die Behandlung übernehmen soll noch kann, sondern nur um seinen fachmännischen Rat für die weitere Behandlung gefragt wird. Er muss deshalb das Anliegen des überweisenden Kollegen doppelt sorgfältig im Auge behalten. Oft geht es auch weniger um den Patienten als um den zuweisenden Arzt bzw. das zuweisende Team und um deren Probleme mit dem Patienten. Es ist deshalb gut, bei der konsiliarischen Untersuchung einige Regeln zu beachten.

Die Gründe für die Überweisung müssen wenn irgend möglich vor dem Kontakt mit dem Patienten geklärt werden. Die Überweisung des Patienten bedeutet nicht notwendigerweise, dass dieser psychiatrische Hilfe braucht. Es könnte sich auch in erster Linie um einen Beziehungskonflikt zwischen behandelndem Arzt oder Team und dem Patienten handeln. Es empfiehlt sich deshalb, vor der Untersuchung des Patienten persönlich mit dem Überweiser Kontakt aufzunehmen.

Bei dieser Besprechung sollen die Fragen des Überweisers erörtert werden, wobei dem Psychiater die Aufgabe zukommt, klarzustellen, welche möglichen Antworten es auf diese Fragen überhaupt gibt.

Zu Beginn des Untersuchungsgesprächs soll der Patient erfahren, warum der Psychiater gerufen wurde, wie viel Zeit etwa für das Gespräch zur Verfügung steht und ob evtl. eine Fortsetzung in Betracht kommt. Die Fragen des Überweisers sollen dem Patienten in geeigneter Form mitgeteilt werden und ebenso die grundsätzlich möglichen Antworten des Psychiaters darauf. Der Psychiater wird deshalb auch das gelegentlich vorgebrachte Anliegen ablehnen, er möchte anonym oder als „Neurologe" den Patienten untersuchen, weil eine psychiatrische Visite den Patienten schockieren könnte. Meist handelt es sich in diesen Fällen mehr um ein Problem des Überweisers als um ein Problem des Patienten bzw. um eine Kommunikationslücke zwischen diesen beiden Personen. Eine Untersuchung unter falschen Voraussetzungen kann von vornherein nur zweifelhafte Resultate erbringen; aber schlimmer als das: es wird geradezu zerstört, was doch oft ein Hauptanliegen der konsiliarischen Untersuchung sein sollte, nämlich die Klärung der Beziehung des Patienten zu seiner Krankenhausumgebung.

Oft steht nicht viel Zeit für eine konsiliarische Untersuchung zur Verfügung, manchmal weniger als eine halbe Stunde. Der Psychiater soll deshalb in erster Linie das tun, wonach er vom Auftraggeber gefragt ist, möglicherweise überhaupt nur das. Die Beziehung des Patienten zum Psychiater wird oft rasch unerwünscht eng, weil er sich besser verstanden fühlt. Der Psychiater muss sich aber vor der Konkurrenz mit dem behandelnden Arzt hüten. Diese enge Beziehung des Patienten zum Konsiliarius bewirkt beim Überweiser leicht ein Gefühl des Ausgeschlossenseins, das sich auf seine Beziehung zum Patienten negativ auswirkt. Zudem kann dem entstandenen Bedürfnis des Patienten zur weiteren Behandlung auf der Station durch den Psychiater meist nicht entsprochen werden. Um diese Schwierigkeiten zu vermeiden, wird oft ein Gespräch zu dritt, d. h. gemeinsam mit Patient und behandelndem Arzt, sinnvoll sein. Der Psychiater exploriert den Patienten in Gegenwart des behandelnden Kollegen. Dieser erfährt gleich anschaulich den Gebrauch des wichtigsten Untersuchungsinstrumentes des Psychiaters, nämlich des ärztlichen Gesprächs. Freilich ist diese Konsiliartätigkeit nicht jedermanns Sache. Sie setzt ein genügend großes Maß an Erfahrung und Selbstvertrauen voraus. Dem Anfänger ist eher davon abzuraten, weil zu leicht eine für den Verlauf des Gesprächs unheilvolle Konkurrenzsituation entsteht. Der Erfahrene wird die Gelegenheit aber auch nutzen, um einen Beitrag zur „Psychologisierung" der Medizin zu leisten.

Den äußeren Bedingungen des Gesprächs mit dem Patienten ist besondere Aufmerksamkeit zu schenken. Die Gegenwart von Drittpersonen im Patientenzimmer (mit Ausnahme des behandelnden Arztes) ist wohl in jedem Falle störend. Es kann zweckmäßiger sein, das

Untersuchungsgespräch im momentan unbenutzten Badezimmer oder in einer stillen Korridorecke zu führen als im mehrfach belegten Patientenzimmer. Der Patient sollte sich bequem fühlen. Weder sollte der Psychiater ihn beim Essen stören, noch sollte er gerade durch irgendwelche Behandlungs- oder Pflegemaßnahmen abgelenkt sein. Die sorgfältige Berücksichtigung der subjektiven Situation des Patienten, die oft genug im Krankenhaus vernachlässigt wird, macht sich für den Psychiater im Allgemeinen durch eine größere Bereitschaft zum Gespräch bezahlt. Ein informativer Telefonanruf bei der diensthabenden Pflegekraft lohnt sich in der Regel. Der autoritative Stil mancher chirurgischer oder internistischer Visiten, der wenig Rücksicht auf die momentane psychische Lage des Patienten nimmt, eignet sich schlecht für die psychiatrische Konsiliartätigkeit. Es kann zweckmäßiger sein, ein Gespräch zu verschieben, als es unter ungünstigen äußeren Bedingungen durchzuführen.

Die konsiliarische Untersuchung schließt immer auch einen Bericht an den Überweiser ein. In erster Linie sind darin dessen Fragen zu beantworten. Mit Mitteilungen an den behandelnden Arzt, die der Patient selbst nicht kennt, sollte man eher zurückhaltend sein. Trotz Zusicherung von Verschwiegenheit wird die Beurteilung des Psychiaters wohl in den meisten Fällen in irgendeiner Form den Weg zum Patienten finden. Abgesehen davon hat heute der Patient ein Einsichtsrecht in seine Krankengeschichte und damit auch in den Bericht des Psychiaters. Es ist deshalb besser, den Patienten direkt zu informieren, wobei wie immer die Wortwahl sorgfältig zu treffen ist und dem Verstehenshorizont des Patienten angepasst werden soll.

Eine der konsiliarischen Aufgabe verwandte Tätigkeit ist die des Liaison-Psychiaters. Dieser ist im Auftrag des behandelnden Arztes neben der Bestandsaufnahme auch für die unter Umständen längerfristige psychiatrische Mitbehandlung des Patienten zuständig.. Das Buch über die Grundlagen des ärztlichen Gesprächs von Meerwein (1998) ist speziell auf die Bedürfnisse des Liaison-Psychiaters ausgerichtet. Einen vertieften Einblick in das Gebiet der Konsiliar- und Liaisonpsychiatrie bieten Saupe und Diefenbacher (1995).

## 9.6 Der fremdsprachige und kulturell andersartige Patient

Die psychiatrische Untersuchung basiert auf dem Gespräch. Wo dieses nicht möglich ist, sind die Mittel des Psychiaters sehr begrenzt. Dieses Gespräch setzt aber eine gemeinsame Sprache voraus. Damit ist nicht nur die Kenntnis der Landessprache des Patienten gemeint, sondern auch die seines kulturellen Hintergrundes. Wo diese Kenntnisse fehlen, sind die genaue Verständigung und die Einfühlung in den Patienten stark erschwert. In der Regel ist eine differenzierte Untersuchung nur durchführbar, wenn der Psychiater die Landessprache des Patienten einigermaßen fließend beherrscht und auch gewisse Kenntnisse vom sozialen und kulturellen Hintergrund des Patienten hat. Bei der heutigen multikulturellen Zusammensetzung der Bevölkerung sind diese Voraussetzungen oft nicht mehr gegeben. Nicht selten muss diese Begrenzung dem Überweiser in Erinnerung gerufen werden, weil die allgemeine Medizin trotz rudimentärer sprachlicher Verständigung immer noch effektvoll eingesetzt werden kann, die Hilfen der Psychiatrie aber nicht. Immerhin kann unvoreingenommene Beobachtung, verbunden mit Auskünften von Drittpersonen, in vielen Fällen noch einige psychiatrische Schlüsse erlauben.

Gelegentlich ist eine Untersuchung mit Hilfe eines Dolmetschers unumgänglich. Sie erlaubt meist nur eine recht rudimentäre Untersuchung. Der Dolmetscher sollte dazu angehalten werden, Satz für Satz zu übersetzen, nicht selbst Fragen zu formulieren oder eigene Interpretationen der Aussagen des Patienten zu geben. Dies ist besonders schwierig, wenn der Dolmetscher ein naher Familienangehöriger des Patienten ist, der direkt mit dem Patienten engagiert ist. Oft hat der Patient die Tendenz, sich an den Dolmetscher zu wenden und in ihm einen Verbündeten zu suchen.

Bei der Untersuchung von Angehörigen fremder Kulturen oder auch sehr verschiedener sozialer Schichten denke man daran, dass die Fähigkeit zum spontanen Gespräch nicht überall gleich entwickelt ist. Oft ist auch die Fähigkeit zur Introspektion gering. Der Psychiater muss deshalb bei solchen Patienten meist von Anfang an in vermehrtem Maße als sonst direkte Fragen stellen, weil unbestimmte Fragen den Patienten unter Umständen unsicher machen, was eigentlich von ihm erwartet werde. Natürlich ist, wie früher erwähnt, die Suggestivkraft der Fragen sorgfältig zu prüfen. Man wird in erster Linie durch direkte Fragen versuchen, die aktuellen Lebensumstände des Patienten und die Art der gegenwärtigen Störungen zu erhellen. Oft geht solchen Patienten aber das Verständnis für Fragen über die persönliche Entwicklung ab. Das Gespräch kann recht mühsam sein, weil eben der Psychiater alles erfragen muss. Er fühlt sich darum leicht frustriert. Solche Patienten sind auch nicht gewohnt, ihre Gefühle und Stimmungen gegenüber anderen Menschen zu beschreiben.

Entsprechend der mehr konkreten Denkweise und der kulturellen Andersartigkeit erwarten solche Patienten vom Psychiater oft ganz direkte Hilfe in allen möglichen äußeren Schwierigkeiten oder doch handgreifliche Maßnahmen und nicht bloße Worte. Dies macht die Behandlung schwierig und oft frustrierend. Man muss sich aber vor einer herablassenden Haltung hüten, wenn der Patient wenig Einsicht im gewohnten Sinne zeigt.

## 9.7   Der psychiatrische Notfallpatient

In der Medizin spricht man im Allgemeinen von einem Notfall, wenn ein akut entstandener Zustand der ernsthaften Gesundheits- oder gar Lebensbedrohung rasche Hilfsmaßnahmen notwendig macht. Im typischen Fall ist diese Notfallsituation allen Beteiligten einsichtig, nicht selten bestehen aber Divergenzen, indem häufiger der Patient seinen Zustand als Notfall empfindet, während der Arzt die Dringlichkeit nicht so hoch einschätzt. Seltener wird der Arzt einen Zustand, den der Patient selbst nicht als notfallmäßig erkennt, als dringlich erachten, obwohl natürlich auch diese Konstellation vorkommt. In der Psychiatrie geht die Einschätzung eines seelischen Krankheitszustandes als Notfall in der Regel vom Patienten oder vielleicht von den Angehörigen oder einer weiteren Umgebung aus.

Mehr oder weniger akut entstandene, ausgeprägte Angst, Depression, Erregung oder Verwirrung, die den Patienten und seine Umgebung alarmieren, sind Zeichen des psychiatrischen Notfalls. Die Angehörigen fühlen sich hilflos und erschreckt, der Patient gefährdet sich selbst oder evtl. auch andere. Vom Psychiater wird deshalb rasche Abhilfe und Auflösung der beängstigenden und/oder bedrohlichen Situation erwartet. Notfälle ereignen sich meist nicht im Sprechzimmer des Arztes, sondern an Orten, die für eine psychiatrische Untersuchung wenig geeignet sind, und zu unbequemen Zeiten. Trotzdem sollten die allgemeinen Bedingungen des psychiatrischen Untersuchungsgesprächs so gut wie möglich eingehalten werden. Diese verlangen von Seiten des Psychiaters die Bereitschaft zu einem ruhigen Gespräch ohne Zeitdruck und ohne störende Nebenumstände.

Wird der Psychiater nach Hause oder an den Arbeitsort des Patienten gerufen, so gilt die erste Frage der Identifikation des Patienten. Bei allgemeiner Aufregung kann dies nicht ganz selbstverständlich sein. Der Arzt wird also zuerst abzuklären versuchen, wer eigentlich das Bedürfnis nach Hilfe verspürt, wer die vorliegende Situation als psychiatrischer Intervention bedürftig erklärte und weshalb und welches die auslösenden Umstände der akuten Krise waren. Je nach

Beantwortung der beiden ersten Fragen wird sich der Psychiater überhaupt für zuständig erachten oder bei Bedarf eine somatische Untersuchung und Behandlung veranlassen, oder auch die Polizei avisieren.

Handelt es sich nach einer ersten Einschätzung der Lage tatsächlich um ein psychiatrisches Problem, wird im Laufe des Untersuchungsgesprächs, das den allgemeinen Regeln folgt, über das weitere Vorgehen entschieden. Das Ergebnis des Gesprächs wird stark davon abhängen, ob der Psychiater selbst die Ruhe bewahrt, das Geschehen in der Hand behält und sowohl beim Patienten als auch bei seinem Umfeld Vertrauen zu erwecken vermag.

Sehr häufig wird sich in Notfallsituationen die Frage stellen, ob der Patient psychiatrisch hospitalisiert werden muss oder ob eine ambulante Untersuchung und Behandlung erfolgversprechend und ratsam sind. Einer der häufigsten Gründe für die notfallmäßige Hospitalisierung ist das Suizidrisiko. Andere Gründe sind selbstgefährdende Verwirrtheit und Desorientierung, zielloses Umherirren, nicht innerhalb nützlicher Frist zu dämpfende panikartige Ängste, Erregungen, Stuporzustände aus den verschiedensten psychiatrischen Diagnosen, oder allgemein die ernsthafte Selbst- oder Fremdgefährdung aus psychiatrischen Gründen. Der Psychiater muss selbstverständlich die am Ort des Patienten geltenden gesetzlichen Vorschriften für die unfreiwillige Hospitalisierung im Einzelnen kennen. Er hat sorgfältig die Interessen des Patienten abzuwägen und wird sich vor möglichen Tendenzen zur Dramatisierung durch die Umgebung hüten. Nicht selten wird er allerdings auch den Angehörigen nachdrücklich den Rat zur Hospitalisierung der akut erkrankten Patienten geben müssen, wenn diese unfähig oder unwillig sind, den Ernst der Situation realistisch einzuschätzen. Solche Entscheidungen lassen sich oft erst nach einem längeren Untersuchungsgespräch fällen, wobei dieses von Anfang an therapeutische Funktion hat. Die Notfallpsychotherapie wurde in den letzten Jahren zum Begriff, verlangt aber vertiefte psychotherapeutische und tiefenpsychologische Kenntnisse. Eine Einführung geben z. B. Berzewski (2009) oder Hewer und Rössler (2007).

## 9.8    Die psychiatrische Untersuchung von Kindern und Jugendlichen

Die Kinder- und Jugendpsychiatrie hat sich bekanntlich zu einem eigenen Fach entwickelt. Der Verschiedenheit des Kindes vom Erwachsenen entsprechend hat sie eigene Techniken für die Untersuchung psychisch gestörter Kinder erarbeitet. Zwar ist auch deren Mittelpunkt das Gespräch, jedoch wird es in viel höherem Maße als beim Erwachsenen ergänzt durch Tests, die Beobachtung im Spiel sowie beim Malen und Zeichnen und nicht zuletzt die Wahrnehmung der Kommunikation mit den Eltern oder anderen Begleitpersonen. Die nichtverbale Kommunikation spielt eine größere Rolle. Das Gespräch muss dem Verstehenshorizont der Entwicklungsstufe des Kindes Rechnung tragen, und die beobachteten Verhaltensweisen sind in Relation zum normgemäßen Verhalten der Altersstufe zu sehen. Anleitungen zur Untersuchung von Kindern finden sich in den Lehrbüchern der Kinderpsychiatrie (Steinhausen 2016).

# Serviceteil

© Springer-Verlag GmbH Deutschland 2017
A. Haug, *Psychiatrische Untersuchung*,
DOI 10.1007/978-3-662-54666-6

# Literatur

Aigner, M., Paulitsch, K., Berg, D. & Lenz, G. (2014). *Psychopathologie. Anleitung zur psychiatrischen Exploration*. Wien: Facultas UTB.

Alsheimer, G.W. (1968). *Vietnamesische Lehrjahre*. Berlin: Suhrkamp.

AMDP, Arbeitsgemeinschaft für Methodik und Dokumentation in der Psychiatrie (Hrsg.) (2016). *Das AMDP-System. Manual zur Dokumentation psychiatrischer Befunde*. 9. Auflage. Hogrefe.

APA, American Psychiatric Association (2015). *Diagnostisches und Statistisches Manual Psychischer Störungen*, DSM-5. Deutsche Ausgabe herausgegeben von P. Falkei und H.J. Möller. Göttingen: Hogrefe.

OPD, Arbeitskreis OPD (2014). *OPD-2 Operationalisierte Psychodynamische Diagnostik: Das Manual für Diagnostik und Therapieplanung*. 3. Auflage. Bern: Huber.

Argelander, H. (20110). *Das Erstinterview in der Psychotherapie*. 10. Auflage. Darmstadt: Wissenschaftliche Buch Gesellschaft.

Balint, E. (2010). *Der Arzt, sein Patient und die Krankheit*. 11. Auflage. Stuttgart: Klett-Cotta.

Becker, P., Schulz, P. & Schlotz, W. (2004). Persönlichkeit, chronischer Stress und körperliche Gesundheit: Eine prospektive Studie zur Überprüfung eines systemischen Anforderungs-Ressourcen-Modells. *Zeitschrift für Gesundheitspsychologie, 12* (1), 11–23.

Berger, M. (2014). *Psychische Erkrankungen – Klinik und Therapie*. 5. Auflage. München: Urban & Fischer.

Berzewski, H. (2009) *Der psychiatrische Notfall*. 3. Auflage. Berlin: Springer.

Blankenburg, W. (2012). *Der Verlust der natürlichen Selbstverständlichkeit*. Berlin: parodos.

Bleuler, E. (1983). *Lehrbuch der Psychiatrie*. 15. Auflage. Berlin: Springer.

Bortz, J. & Schuster, Ch. (2016) *Statistik für Human- und Sozialwissenschaftler*. Berlin: Springer.

Buddeberg, C. (2005). *Sexualberatung. Eine Einführung für Ärzte, Psychotherapeuten und Familienberater*. 4. Auflage. Stuttgart: Enke.

Carlat, D.J. (2013). *Das psychiatrische Gespräch. Interviewstrategie, Anamnese, Befunderhebung, diagnostische und therapeutische Gesprächstechniken*. Bern: Huber.

Chaplin, R., McGeorge, M. & Lelliott, P, (2006). The National Audit of Violence: in-patient care for adults of working age. *Psychiatric Bulletin 30*, 444–446.

CIPS, Collegium Internationale Pychiatriae Scalarum (Hrsg.) (2015). *Internationale Skalen für Psychiatrie*. 6. Auflage. Göttingen: Hogrefe.

Conrad, K. (2010). *Die beginnende Schizophrenie: Versuch einer Gestaltanalyse des Wahns*. Köln: Psychiatrie-Verlag.

Davidson, C.L., Wingate, L.R., Rasmussen, K.A. & Slish, M.L. (2009). Hope as a Predictor of Interpersonal Suicide Risk. *Suicide and Life-Threatening Behavior, 39* (5), 499–507.

Degkwitz, R., Helmchen, H., Kockott, G. & Mombour, W. (Hrsg.) (1980). *Diagnosenschlüssel und Glossar psychiatrischer Krankheiten*, 5. Auflage korrigiert nach der 9. Revision der ICD. Berlin: Springer.

Saupe, R. & Diefenbacher, A. (1996). *Praktische Konsiliarpsychiatrie und Konsiliarpsychotherapie*. Stuttgart: Enke.

Dilling, H. & Reinhardt, K. (2015). *Überleitungstabellen ICD-10 / DSM-5*. Göttingen: Hogrefe.

Dilling, H. & Freyberger, H.J. (Hrsg.) (2015). *WHO Taschenführer zur ICD-10-Klassifikation psychischer Störungen: nach dem Pocket Guide von J.E. Cooper*. 8. Auflage. Göttingen: Hogrefe.

Dilling, H., Mombour, M. & Schmidt, M.H. (Hrsg.) (2016a) *WHO: ICD-10 Kapitel V(F) Klinisch Diagnostische Leitlinien*. 10. Auflage. Göttingen: Hogrefe.

Dilling, H., Mombour, M., Schmidt, M.H. & Schulte-Markwort, E. (Hrsg.) (2016b) *WHO: ICD-10 Kapitel V(F) Diagnostische Kriterien für Forschung und Praxis*. 6. Auflage. Göttingen: Hogrefe.

Dittmann, V., Dilling, H., Freyberger, H.J. (2000). *Psychiatrische Diagnostik nach ICD-10. Klinische Erfahrungen bei der Anwendung*. Bern: Huber.

Dührssen, A. (2010). *Die biographische Anamnese unter tiefenpsychologischem Aspekt*. Stuttgart: Schattauer.

Fähndrich, E. & Renfordt, E. (1985). The AMDP system for the documentation of psychiatric symptoms. Course and effectivity of a training seminar. *Pharmacopsychiatry 18* (4), 278–281.

Fähndrich, E. & Stieglitz, R.-D. (2016). *Leitfaden zur Erfassung des psychopathologischen Befundes*, 4. Auflage, Göttingen: Hogrefe.

Franke, A. (2012). *Modelle von Gesundheit und Krankheit*. Bern: Huber.

Freyberger, H.J. & Möller, H.-J. (2003). *Die AMDP-Module*. Göttingen: Hogrefe.

Freyberger, H.J. & Dilling, H. (2014) *Fallbuch Psychiatrie – Kasuistiken zum Kapitel V(F) der ICD-10*. 2. Auflage. Bern: Huber.

Füeßel, H. & Middeke, M. (2014). *Duale Reihe Anamnese und klinische Untersuchung*. Stuttgart: Thieme.

Gebhardt, R., Pietzcker, A., Strauss, A., Stoeckel, M., Langer, C. & Freudenthal, K. (1983). Skalenbildung im AMDP-System. *Archiv für Psychiatrie und Nervenkrankheiten, 233*, 234–245.

Glauser, F. (2002). *Das erzählerische Werk in 4 Bänden*. Zürich: Limmat-Verlag.

Goldenberg, G. (2016) *Neuropsychologie: Grundlagen, Klinik, Rehabilitation*. 5. Auflage. München: Urban & Fischer.

Hamilton, M. (1984). *Klinische Psychopathologie*. Stuttgart: Enke.

Haug, H.-J. & Stieglitz, R.-D. (Hrsg.)(1997). *Das AMDP-System in der klinischen Anwendung und Forschung*. Göttingen: Hogrefe.

Haug, A. & Trabert, W. (2017). Vermittlung von psychopathologischem Wissen mit AMDP. In: Stieglitz et al.: *Praxisbuch AMDP*. Göttingen: Hogrefe.

HAWIE-R (1991). *Hamburg Wechsler Intelligenztest für Erwachsene*. Bern: Huber.

Hewer, W. & Rössler, W. (2007). *Akute psychische Erkrankungen – Management und Therapie*. München: Urban & Fischer.

Jacob, G., Lieb, K. & Berger, M. (2009). *Schwierige Gesprächssituationen in Psychiatrie und Psychotherapie*. München: Elsevier.

Jaspers, K. (1973). *Allgemeine Psychopathologie*. 9. Auflage. Berlin: Springer.

Ketelsen, R., Zechert, C., Driessen, M. & Schulz, M. (2007). Characteristics of aggression in a German psychiatric hospital and predictors of patients at risk. *Journal of Psychiatric and Mental Health Nursing 14*, 92–99.

Kretschmer, E. (1963). *Medizinische Psychologie*. 12. Auflage. Stuttgart: Thieme.

Leff, J. (1977). International variations in the diagnosis of psychiatric illness. *British Journal of Psychiatry 131*: 329–338.

*Lehrbuch der Verhaltenstherapie. BandGrundlagen, Diagnostik, Verfahren, Rahmenbedingungen*Margraf, J., Schneider, S. (Hrsg.)(2009). *Lehrbuch der Verhaltenstherapie. Band 1: Grundlagen, Diagnostik, Verfahren, Rahmenbedingungen*. Berlin: Springer.

Meerwein, F. (1998). *Die Grundlage des ärztlichen Gesprächs*. 4. Auflage. Bern: Huber.

Merton, R.K. (1957). *Social Theory and Social Structure*. Glencoe, IL: Free Press.

Meyer, A. (1951). Outlines of examination. In: Winters E.E. *Collected papers of Adolf Meyer, Vol III*. Baltimore: Hopkins, pp 224–258.

MoCA, Montreal Cognitive Assessment. *http://www.mocatest.org*.

Möller, H.-J. & Laux, G. (2015). *Duale Reihe Psychiatrie, Psychosomatik und Psychotherapie*. 6. Auflage. Stuttgart: Thieme.

Möllers, Ch. (2015). *Die Möglichkeit der Normen*. Berlin: Suhrkamp.

Müller, J.L. & Nedopil, N. (2017) *Forensische Psychiatrie: Klinik, Begutachtung und Behandlung zwischen Psychiatrie und Recht. Stuttgart*: Thieme.

Müßigbrodt, H., Kleinschmidt, S., Schürmann, A., Freyberger, H.J. und Dilling, H. (2014). *Psychische Störungen in der Praxis: Leitfaden zur Diagnostik und Therapie in der Primärversorgung nach dem Kapitel V(F) der ICD-10*. 5. Auflage. Göttingen: Hogrefe.

Nussbaum, A.M. (2013). *The pocket guide to the DSM-5 diagnostic exam*. Washington: APA.

Payk, T.R. (2015). *Psychopathologie: Vom Symptom zur Diagnose*. 4. Auflage. Berlin: Springer.

Pöldinger, W. (1989) The psychopathology and psychodynamics of self-destruction. *Crisis 10* (2), 113–122.

Pöldinger, W. (1996) Suizidalität aus ganzheitlicher Sicht. *Therapeutische Umschau 53* (3), 166–169.

Pöldinger, W. & Zapotoczky, H.G. (Hrsg.) (1997) *Der Erstkontakt mit psychisch kranken Menschen*. Wien, New York: Springer.

Rasmussen, K.A. & Wingate, L.R. (2011). The role of optimism in the interpersonal-psychological theory of suicidal behavior. *Suicide and Life-Threatening Behavior 41*, 137–148.

Reimann, S. & Hammelstein, Ph. (2006). Ressourcenorientierte Ansätze. In: B. Renneberg & P. Hammelstein: *Gesundheitspsychologie*. Berlin: Springer.

Reischies, F.M. (2007). *Psychopathologie: Merkmale psychischer Krankheitsbilder und klinische Neurowissenschaft*. Berlin: Springer.

Richter, D. & Berger, K. (2000). Physische und psychische Folgen bei Mitarbeitern nach einem Patientenübergriff: Eine prospektive Untersuchung in sechs psychiatrischen Kliniken. *Arbeitsmedizin, Sozialmedizin, Umweltmedizin 35*, 357–362.

Ringel, E. (2007). *Der Selbstmord*. Magdeburg: Dietmar Klotz.

Scharfetter, Ch. (2017). *Allgemeine Psychopathologie: Eine Einführung*. 7. Auflage. Stuttgart: Thieme.

Schneider, K. (2007). *Klinische Psychopathologie*. Stuttgart: Thieme.

Schneider, F., Frister, H., Olzen, D. (2014) *Begutachtung psychischer Störungen*. 3. Auflage. Berlin: Springer.

Schnorpfeil, F. & Reuter, W. (Hrsg.) (2010). *Neurologische Untersuchung*. München: Urban & Fischer.

SGPP, Schweizerische Gesellschaft für Psychiatrie und Psychotherapie (2012). Qualitätsleitlinien für psychiatrische Gutachten in der Eidgenössischen Invalidenversicherung. www.swiss-insurance-medicine.ch.

Spitzer,R.L. und Fleiss,J.L. (1974). A re-analysis of the reliability of psychiatric diagnosis. *The British Journal of Psychiatry 125* (0), 341–347.

Stasch, M., Grande, T., Janssen, P., Oberbracht, C. & Rudolf, G. (2015). *OPD-2 im Psychotherapie-Antrag: Psychodynamische Diagnostik und Fallformulierung*. 2. Auflage. Göttingen: Hogrefe.

Steinhausen, H.C. (Hrsg.) (2016). *Psychische Störung bei Kindern und Jugendlichen: Lehrbuch der Kinder- und Jugendpsychiatrie und –psychotherapie*. 8. Auflage. München: Urban & Fischer.

Sullivan, H.S. (1970) *The psychiatric interview*. New York: W.W. Norton.

Stieglitz, R.-D., Haug, A., Kis, B., Kleinschmidt, S. & Thiel, A. (Hrsg.)(2017). *Praxisbuch AMDP*. Göttingen: Hogrefe.

Temerlin, M.K. (1968). Suggestion effects in psychiatric diagnosis. *Journal of Nervous and Mental Disease* *147*: 349–353.

Thomä, H., Kächele, H. (2006) *Psychoanalytische Therapie. Set: Grundlagen, Praxis, Forschung*. Berlin: Springer.

Venzlaff, U., Foerster, K., Dreßing, C. & Habermeyer, E. (2015). *Psychiatrische Begutachtung*. 6. Auflage. München: Urban & Fischer.

WHO, Weltgesundheitsorganisation (1946). Constitution of the World Health Organization. http://apps. who.int/gb/bd/PDF/bd47/EN/constitution-en.pdf.

WHO, Weltgesundheitsorganisation. WHO-Disability Assessment Schedule WHO-DAS-s 2.0. www.who. int/classifications/icf/form_whodas_downloads/en/.

WHO und Dilling, H. (Hrsg.) (2012). *WHO Fallbuch zu ICD-10 Kapitel V(F) Psychische- und Verhaltensstörungen - Falldarstellungen von Erwachsenen*. 2. Auflage. Bern: Huber.

WHO, Weltgesundheitsorganisation (2016). *ICD-10-GM-2017 Systematisches Verzeichnis: Internationale statistische Klassifikationen der Krankheiten und verwandter Gesundheitsprobleme*. Köln: Deutscher Ärzteverlag.

Wirtz, M.A. (2014). *Dorsch Lexikon der Psychologie*. 14. Auflage. Bern:Huber.

Wittchen, H.-U., Freyberger, H.J. & Stieglitz, R.D. (2001) Interviews. In: R.-D. Stieglitz, U. Baumann & H.-J. Freyberger (Hrsg.). Psychodiagnostik in Klinischer Psychologie, *Psychiatrie, Psychotherapie*. S. 107–117. Stuttgart: Thieme.

# Stichwortverzeichnis

# Ihr Bonus als Käufer dieses Buches

Als Käufer dieses Buches können Sie kostenlos das eBook zum Buch nutzen.
Sie können es dauerhaft in Ihrem persönlichen, digitalen Bücherregal
auf **springer.com** speichern oder auf Ihren PC/Tablet/eReader downloaden.

Gehen Sie bitte wie folgt vor:

1. Gehen Sie zu **springer.com/shop** und suchen Sie das vorliegende Buch
   (am schnellsten über die Eingabe der eISBN).
2. Legen Sie es in den Warenkorb und klicken Sie dann auf:
   **zum Einkaufswagen/zur Kasse.**
3. Geben Sie den untenstehenden Coupon ein. In der Bestellübersicht wird
   damit das eBook mit 0 Euro ausgewiesen, ist also kostenlos für Sie.
4. Gehen Sie weiter **zur Kasse** und schließen den Vorgang ab.
5. Sie können das eBook nun downloaden und auf einem Gerät Ihrer Wahl lesen.
   Das eBook bleibt dauerhaft in Ihrem digitalen Bücherregal gespeichert.

## EBOOK INSIDE

**eISBN**
**Ihr persönlicher Coupon**

Sollte der Coupon fehlen oder nicht funktionieren, senden Sie uns bitte
eine E-Mail mit dem Betreff: **eBook inside** an **customerservice@springer.com**.

978-3-662-54666-6
tfSnPc6d27KtXaD

Printed by Printforce, the Netherlands